大学数学入門編

初めから学べる線形代数

キャンパス・ゼミ

大学数学を楽しく短期間で学べます!

馬場敬之

MATHEMA
マセマ出版社

◆ はじめに ◆

みなさん，こんにちは。数学の**馬場敬之（ばばけいし）**です。これまで発刊した**大学数学『キャンパス・ゼミ』シリーズ（微分積分，線形代数，確率統計など）**は多くの方々にご愛読頂き，大学数学学習の新たなスタンダードとして定着してきたようで，嬉しく思っています。

しかし，度重なる大学入試制度の変更により，**理系**の方でも，**AO入試**や**推薦入試**や**共通テスト**のみで，本格的な大学受験問題の洗礼を受けることなく進学した皆さんにとって，**大学数学の敷居は相当に高く**感じるはずです。また，**経済学部**，**法学部**，**商学部**，**経営学部**など，**文系志望**で高校時代に十分な数学教育を受けることなく進学して，いきなり大学の**線形代数**の講義を受ける皆さんにとって，**大学数学の壁は想像以上に大きい**と思います。

しかし，いずれにせよ大学数学を難しいと感じる理由，それは，
「大学数学を学習するのに必要な基礎力が欠けている」からなのです。
これまでマセマには，「高校数学から大学数学へスムーズに橋渡しをする，分かりやすい参考書を是非マセマから出版してほしい」という読者の皆様からの声が，連日寄せられて参りました。確かに，**「欠けているものは，満たせば解決する」**わけですから，この読者の皆様のご要望にお応えするべく，この**『初めから学べる 線形代数キャンパス・ゼミ』**を書き上げました。
本書は，大学の**線形代数**に入る前の基礎として，高校数学レベルの**"複素数平面"，"平面・空間ベクトル"，"2次正方行列"，"行列と1次変換"**から，**大学の基礎的な線形代数**まで**明解にそして親切に解説した参考書**なのです。もちろん，理系の大学受験のような込み入った問題を解けるようになる必要はありません。しかし，大学数学をマスターするためには，**相当の基礎学力**が必要となります。本書は**短期間でこの基礎学力が身につく**ように工夫して作られています。

さらに，**"固有値と固有ベクトル"**や**"2次・3次正方行列の行列式"**や**"2次・3次正方行列の対角化"**，それに**"複素行列の対角化"**など，高校で習っていない内容のものでも，これから必要となるものは，**その基本を丁寧に解説**しました。ですから，本書を一通り学習して頂ければ，**大学数学へも違和感なくスムーズに入っていける**はずです。

この『**初めから学べる 線形代数キャンパス・ゼミ**』は，全体が**3**章から構成されており，各章をさらにそれぞれ**10**ページ程度のテーマに分けていますので，非常に読みやすいはずです。大学数学を難しいと感じたら，**本書をまず1回流し読みする**ことをお勧めします。初めは公式の証明などは飛ばしても構いません。小説を読むように本文を読み，図に目を通して頂ければ，**大学基礎数学 線形代数の全体像**をとらえることができます。この**通し読みだけなら，おそらく1週間もあれば十分**だと思います。

1回通し読みが終わりましたら，後は各テーマの詳しい解説文を**精読**して，例題も**実際に自力で解きながら**，勉強を進めていきましょう。

そして，この精読が終わりましたら，大学の**線形代数**の講義を受講できる力が十分に付いているはずですから，自信を持って，講義に臨んで下さい。その際に，『**線形代数キャンパス・ゼミ**』が大いに役に立つはずですから，是非利用して下さい。

それでも，講義の途中で**行き詰まった箇所**があり，上記の推薦図書でも理解できないものがあれば，**基礎力が欠けている証拠**ですから，またこの『**初めから学べる 線形代数キャンパス・ゼミ**』に戻って，所定のテーマを再読して，**疑問を解決**すればいいのです。

数学というのは，他の分野と比べて**最も体系が整った美しい学問分野**なので，基礎から応用・発展へと順にステップ・アップしていけば，どなたでも**大学数学の相当の高見まで登って行く**ことができます。読者の皆様が，本書により大学数学に開眼され，さらに楽しみながら強くなって行かれることを願ってやみません。

マセマ代表　馬場 敬之(けいし)

この「初めから学べる 線形代数キャンパス・ゼミ」は，初級の大学数学により親しみをもって頂くために「大学基礎数学 線形代数キャンパス・ゼミ」の表題を変更したものです。さらに，**Appendix**(付録)の補充問題として双曲線の回転の問題を加えました。

◆ 目 次 ◆

講義1 複素数平面とベクトル

§1. 複素数平面の基本 …… 8
§2. 平面ベクトル …… 26
§3. 空間ベクトル …… 44
● 複素数平面とベクトル 公式エッセンス …… 60

講義2 行列と1次変換 [線形代数入門(Ⅰ)]

§1. 行列の基本 …… 62
§2. 行列と **1** 次変換 …… 82
§3. **2** 次正方行列の n 乗計算 …… 102
§4. 固有値と固有ベクトル …… 126
● 行列と **1** 次変換 公式エッセンス …… 140

講義3 3次の正方行列 [線形代数入門(Ⅱ)]

§1. 3次正方行列の行列式 ……… 142
§2. 連立1次方程式と逆行列 ……… 158
§3. 3次正方行列の対角化 ……… 180
● 3次の正方行列 公式エッセンス ……… 197

◆ *Appendix*（付録） ……… 198
◆ *Term・Index*（索引） ……… 200

講義 Lecture 1

複素数平面とベクトル

テーマ

▶ 複素数平面の基本

（ド・モアブルの定理：
$(\cos\theta + i\sin\theta)^n = \cos n\theta + i\sin n\theta$）

▶ 平面ベクトルの基本

（$\boldsymbol{a} = [x_1,\ y_1]$ と $\boldsymbol{b} = [x_2,\ y_2]$ の内積
$\boldsymbol{a} \cdot \boldsymbol{b} = x_1x_2 + y_1y_2$）

▶ 空間ベクトルの基本

（$\boldsymbol{a} = [x_1,\ y_1,\ z_1]$ と $\boldsymbol{b} = [x_2,\ y_2,\ z_2]$ の外積
$\boldsymbol{a} \times \boldsymbol{b} = [y_1z_2 - y_2z_1,\ z_1x_2 - z_2x_1,\ x_1y_2 - x_2y_1]$）

§1. 複素数平面の基本

さァ，これから“**複素数平面**”の講義に入ろう。複素数 $a+bi$ $(a, b:$実数，$i^2=-1)$ そのものは $\mathbf{2}$ 次方程式の解としてご存知のはずだ。でも，度重なる高校数学のカリキュラムの変更により，この複素数と平面図形の関係，すなわち“**複素数平面**”については，年度によって，学んだ方と学んでいない方がおられるはずだ。

しかし，大学数学を学ぶ上で，この複素数平面まで含めた複素数の知識は必要不可欠だ。ここで，その基本を押さえておこう。

● 複素数は複素数平面上の点を表す！

まず，“**複素数**” $\alpha=a+bi$ と，その“**共役複素数**” $\overline{\alpha}$ の定義を下に示そう。

複素数の定義

一般に複素数 α は次の形で表される。

$\alpha=a+bi$ $\left(a,\ b:\text{実数},\ i:\text{虚数単位}\ (i^2=-1)\right)$

（a：実部，b：虚部）

ここで，$\begin{cases} a\text{ を，}\alpha\text{ の“実部”} \\ b\text{ を，}\alpha\text{ の“虚部”} \end{cases}$ と呼び，

$a=\mathrm{Re}(\alpha)$，$b=\mathrm{Im}(\alpha)$ と表す。

また，複素数 $\alpha=a+bi$ に対して“**共役複素数**” $\overline{\alpha}$ は，

$\overline{\alpha}=a-bi$　で定義される。

したがって，たとえば複素数 $\alpha=2+i$ について，実部 $\mathrm{Re}(\alpha)=2$，虚部 $\mathrm{Im}(\alpha)=1$ となり，またこの共役複素数 $\overline{\alpha}$ は $\overline{\alpha}=2-i$ となるんだね。

一般に，複素数 $\alpha=a+bi$ について，

$\begin{cases} \text{(i)}\ b=0\ \text{のとき，}\alpha=a\ \text{となって，“実数”となる。} \\ \text{(ii)}\ a=0\ (b\neq 0)\ \text{のとき，}\alpha=bi\ \text{となる。これを“純虚数”という。} \end{cases}$

このように，複素数 α は実数をその部分集合にもつ，新たな“数”ということになるんだね。

そして，この複素数 $\alpha=a+bi$ を，xy 座標平面上の点 $\mathrm{A}(a,\ b)$ に対応

させて考えると，複素数はすべてこの平面上の点として表すことができる。

このように，複素数 $\alpha = a + bi$ を座標平面上の点 $\mathrm{A}(a,\ b)$ で表すとき，この平面のことを“**複素数平面**”，また x 軸，y 軸のことをそれぞれ“**実軸**”，“**虚軸**”と呼ぶ。そして，複素数 α を表す点 A を，$\mathrm{A}(\alpha)$ や $\mathrm{A}(a+bi)$ と表したりするけれど，複素数 α そのものを“点 α”と呼んでもいい。また，点 α の y 座標は，b または bi のいずれで表してもいい。

図 1　複素数平面上の点 α

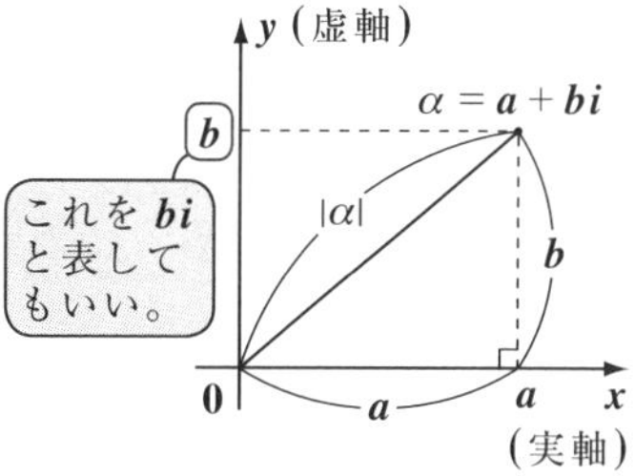

注意

複素数の点 α を $(a,\ b)$ ではなく，$a+bi$ で表すことに抵抗があるかもしれないね。これは，ベクトル

$\vec{\alpha} = [a,\ b] = a\underbrace{[1,\ 0]}_{\vec{e_1}} + b\underbrace{[0,\ 1]}_{\vec{e_2}}$

$= a\vec{e_1} + b\vec{e_2}$　($\vec{e_1}$，$\vec{e_2}$: 基底ベクトル)

と対比して考えると分かりやすい。

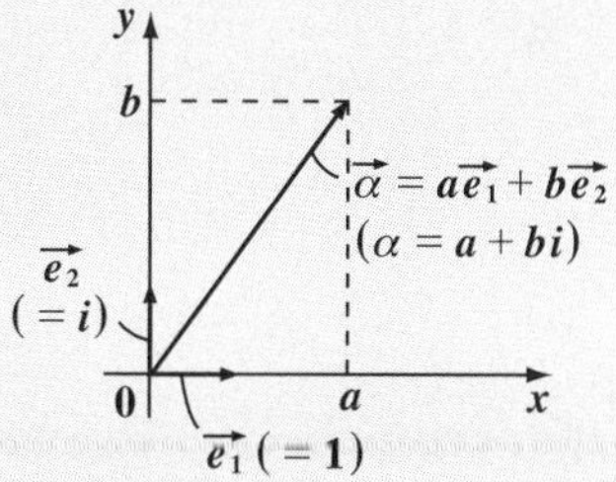

$\vec{e_1} = [1,\ 0]$ と $\vec{e_2} = [0,\ 1]$ は，ベクトルを成分表示するときの基となるベクトルなので“**基底**(きてい)**ベクトル**”と呼ぶんだけれど，複素数の場合，これに相当するのが図から明らかなように，それぞれ 1 と i なんだね。よって，複素数 $\alpha = a + bi$ は $\alpha = a\cdot 1 + b\cdot i$ と考えると，α は複素数平面上の点を表していることが分かるはずだ。納得いった？ベクトルについては，この後詳しく解説しよう！

ここで，純虚数には実数の時のような大小関係は存在しない。だから，たとえば $-i < 2i$ や $0 < 3i$ など…の不等式は一般には成り立たないんだね。

（これらは間違いだ！）

また，2 つの複素数 α，β についても，$\alpha \leqq \beta$ などの不等式は一般には成り立たない。シッカリ頭に入れておこう。

● 複素数の計算に強くなろう！

それでは次，2つの複素数αとβについて，その相等（そうとう）と四則演算（$+$，$-$，$\times$，$\div$）の公式を下に示そう。

複素数の計算公式

$\alpha = a + bi$，$\beta = c + di$（a，b，c，d：実数，i：虚数単位）のとき，
αとβの相等と四則演算を次のように定義する。

(1) 相等：$\alpha = \beta \iff a = c$ かつ $b = d$ ← 実部同士，虚部同士が等しい。

(2) 和　：$\alpha + \beta = (a + c) + (b + d)i$

(3) 差　：$\alpha - \beta = (a - c) + (b - d)i$

(4) 積　：$\alpha \cdot \beta = (ac - bd) + (ad + bc)i$

(5) 商　：$\dfrac{\alpha}{\beta} = \dfrac{ac + bd}{c^2 + d^2} + \dfrac{bc - ad}{c^2 + d^2}i$　（ただし，$\beta \neq 0$）

(1)のαとβの相等において，特に$\beta = 0$（$= 0 + 0i$）のとき，$\alpha = 0 + 0i$，すなわち，$a + bi = 0 + 0i$となるので，$a = 0$かつ$b = 0$となるんだね。

(4)のαとβの積は，

$$\alpha \cdot \beta = (a + bi)(c + di) = ac + adi + bci + bd\underbrace{i^2}_{(-1)}$$

$$= \underbrace{(ac - bd)}_{\text{実部 Re}(\alpha\beta)} + \underbrace{(ad + bc)}_{\text{虚部 Im}(\alpha\beta)}i$$　となるのもいいだろう。

(5)のαをβで割った商は，

$$\frac{\alpha}{\beta} = \frac{a + bi}{c + di} = \frac{(a + bi)(c - di)}{(c + di)(c - di)} = \frac{ac - adi + bci - bd\overbrace{i^2}^{(-1)}}{c^2 - d^2\underbrace{i^2}_{(-1)}}$$

$$= \underbrace{\frac{ac + bd}{c^2 + d^2}}_{\text{実部 Re}\left(\frac{\alpha}{\beta}\right)} + \underbrace{\frac{bc - ad}{c^2 + d^2}}_{\text{虚部 Im}\left(\frac{\alpha}{\beta}\right)}i$$　となる。

それでは，次の例題を解いて練習してみよう。

例題1　$\alpha = 1 + 2i$，$\beta = 2 - i$のとき，次の複素数を求めよう。

(1) $\alpha + \beta$　　(2) $\alpha - \beta$　　(3) $\alpha\beta$　　(4) $\dfrac{\alpha}{\beta}$

$\alpha = \mathbf{1} + \mathbf{2}i,\ \ \beta = \mathbf{2} - i$　より，

(1) $\alpha + \beta = 1 + 2i + 2 - i = (1 + 2) + (2 - 1)i = 3 + i$

(2) $\alpha - \beta = 1 + 2i - (2 - i) = (1 - 2) + (2 + 1)i = -1 + 3i$

(3) $\alpha \cdot \beta = (1 + 2i)(2 - i) = 2 - i + 4i - 2\underset{(-1)}{i^2} = 4 + 3i$

(4) $\dfrac{\alpha}{\beta} = \dfrac{1 + 2i}{2 - i} = \dfrac{(1 + 2i)(2 + i)}{(2 - i)(2 + i)}$ ← 分子・分母に $2 + i$ をかけた。

$= \dfrac{2 + i + 4i + 2i^2}{4 - i^2} = \dfrac{(2 - 2) + (4 + 1)i}{4 + 1} = \dfrac{5}{5}i = i$　となる。

このように，複素数の四則演算 $(+,\ -,\ \times,\ \div)$ においては，(ⅰ) $i^2 = -1$ とすること，(ⅱ) 最終的には，(実部)+(虚部)i の形にまとめることの **2** 点に注意すれば，後は実数の四則演算とまったく同様なんだね。

次，図 **2** に示すように，複素数平面における原点 **0** $(= 0 + 0i)$ と複素数 $\alpha = a + bi$ $(a,\ b$：実数$)$ との間の距離を，α の "**絶対値**" と呼び，$|\alpha|$ で表す。三平方の定理より，

$|\alpha| = \sqrt{a^2 + b^2}$　となることは，大丈夫だね。

図 **2**　α の絶対値 $|\alpha|$

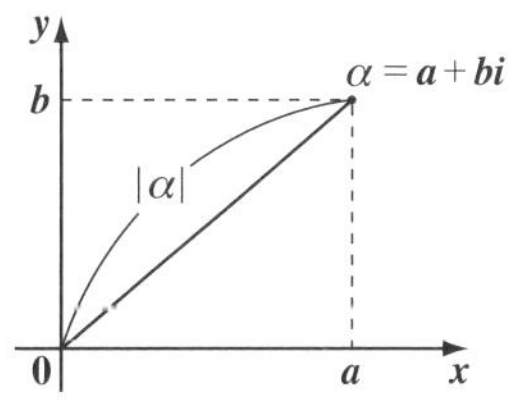

ここで，$\alpha \cdot \overline{\alpha} = (a + bi)(a - bi) = a^2 - b^2\underset{(-1)}{i^2} = a^2 + b^2$　より，

$|\alpha|^2 = \alpha \cdot \overline{\alpha}$　の公式が導ける。それでは $\alpha,\ \overline{\alpha},\ |\alpha|$ の公式を下に示そう。

α，$\overline{\alpha}$，絶対値の公式

複素数 α について，次の公式が成り立つ。

(1) $|\alpha| = |\overline{\alpha}| = |-\alpha| = |-\overline{\alpha}|$

4 点 $\alpha,\ \overline{\alpha},\ -\alpha,\ -\overline{\alpha}$ の原点からの距離はすべて等しい。

(2) $|\alpha|^2 = \alpha\overline{\alpha}$

複素数の絶対値の **2** 乗は，この公式を使って展開する。

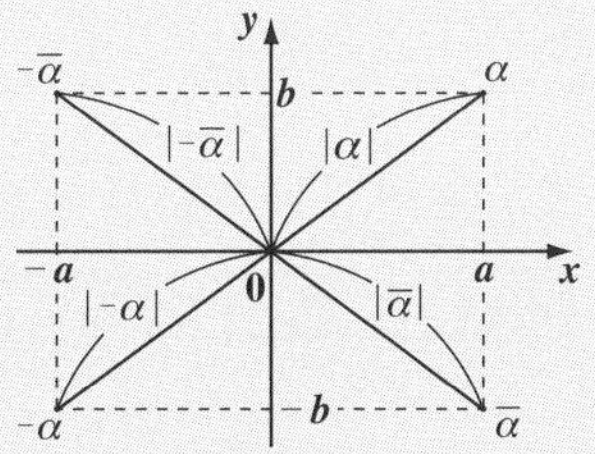

$\left(\begin{array}{l}\alpha = a + bi \text{ のとき，} \\ \overline{\alpha} = a - bi,\ -\alpha = -a - bi \\ -\overline{\alpha} = -a + bi \text{ となる。}\end{array}\right)$

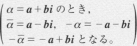

さらに，2 つの複素数 α と β の共役複素数と絶対値の公式についても下に示す。これらも重要公式だから，シッカリ頭に入れてくれ！

α，β の共役複素数と絶対値の性質

(Ⅰ) 共役複素数の性質

(1) $\overline{\alpha+\beta}=\overline{\alpha}+\overline{\beta}$　　(2) $\overline{\alpha-\beta}=\overline{\alpha}-\overline{\beta}$

(3) $\overline{\alpha\cdot\beta}=\overline{\alpha}\cdot\overline{\beta}$　　(4) $\overline{\left(\frac{\alpha}{\beta}\right)}=\frac{\overline{\alpha}}{\overline{\beta}}$　$(\beta\neq 0)$

(Ⅱ) 絶対値の性質

(1) $|\alpha\cdot\beta|=|\alpha|\cdot|\beta|$　　(2) $\left|\frac{\alpha}{\beta}\right|=\frac{|\alpha|}{|\beta|}$　$(\beta\neq 0)$

(3) $|\alpha|-|\beta|\leqq|\alpha+\beta|\leqq|\alpha|+|\beta|$ ← 絶対値は実数だから，大小関係が存在する。

それでは，次の例題で公式の確認をしてみよう。

例題 2　$\alpha=1+2i$，$\beta=2-i$ のとき，次の公式が成り立つことを確認しよう。

(1) $\overline{\alpha\cdot\beta}=\overline{\alpha}\cdot\overline{\beta}$　　(2) $\overline{\left(\frac{\alpha}{\beta}\right)}=\frac{\overline{\alpha}}{\overline{\beta}}$

(3) $|\alpha\cdot\beta|=|\alpha|\cdot|\beta|$　　(4) $\left|\frac{\alpha}{\beta}\right|=\frac{|\alpha|}{|\beta|}$

$\alpha=1+2i$ と $\beta=2-i$ の共役複素数はそれぞれ $\overline{\alpha}=1-2i$，$\overline{\beta}=2+i$ だ。

また，例題 1 (P10) の結果より，$\alpha\cdot\beta=4+3i$，$\frac{\alpha}{\beta}=i$ だね。以上より，

(1) $\overline{\alpha\cdot\beta}=\overline{4+3i}=4-3i$ となる。また，

$$\overline{\alpha}\cdot\overline{\beta}=(1-2i)\cdot(2+i)=2+i-4i-2\underbrace{i^2}_{(-1)}=4-3i$$ だね。

よって，$\overline{\alpha\cdot\beta}=\overline{\alpha}\cdot\overline{\beta}$ となる。

(2) $\overline{\left(\frac{\alpha}{\beta}\right)}=\overline{i}=\overline{0+1\cdot i}=0-1\cdot i=-i$　だね。また，

$$\frac{\overline{\alpha}}{\overline{\beta}}=\frac{1-2i}{2+i}=\frac{(1-2i)(2-i)}{(2+i)(2-i)}=\frac{2-i-4i+2\underbrace{i^2}_{(-1)}}{4-\underbrace{i^2}_{(-1)}}=\frac{-5i}{5}=-i$$

よって，公式：$\overline{\left(\frac{\alpha}{\beta}\right)}=\frac{\overline{\alpha}}{\overline{\beta}}$ が成り立つことも確認できた。

(3) $|\alpha\cdot\beta|=|4+3i|=\sqrt{4^2+3^2}=\sqrt{25}=5$ だね。次，

$|\alpha|\cdot|\beta|=|1+2i|\cdot|2-1\cdot i|=\sqrt{1^2+2^2}\cdot\sqrt{2^2+(-1)^2}=\sqrt{5}\cdot\sqrt{5}=5$

よって，公式 $|\alpha\cdot\beta|=|\alpha|\cdot|\beta|$ も確認できた。

(4) $\left|\frac{\alpha}{\beta}\right|=|i|=|0+1\cdot i|=\sqrt{0^2+1^2}=1$ となる。また，

$\frac{|\alpha|}{|\beta|}=\frac{|1+2i|}{|2-1\cdot i|}=\frac{\sqrt{1^2+2^2}}{\sqrt{2^2+(-1)^2}}=\frac{\sqrt{5}}{\sqrt{5}}=1$ となるので，

公式：$\left|\frac{\alpha}{\beta}\right|=\frac{|\alpha|}{|\beta|}$ が成り立つことも，今回の例から確認できた。大丈夫？

実数 a の共役複素数は，$\overline{a}=\overline{a+0i}=a-0i=a$ なので，実数 a については，$\overline{a}=a$ が成り立つんだね。これを使って，次の **2** 次方程式の虚数解の問題を解いてみよう。

> 例題 **3**　実数係数の **2** 次方程式：
>
> $ax^2+bx+c=0$ ……①　(a，b，c：実数定数，$a\neq0$)
>
> が虚数解 α を解にもつとき，その共役複素数 $\overline{\alpha}$ も①の解となることを証明しよう。

虚数 $\alpha=p+qi$　(p，q：実数，$q\neq0$) が①の解と言っているので，これを①に代入しても成り立つ。よって，

$a\alpha^2+b\alpha+c=0$ ……②

②の両辺は実数だけれど，この両辺の共役複素数をとると，

$\overline{a\alpha^2+b\alpha+c}=\overline{0}$ ← $\overline{0}=0$　$\overline{a}=a$ だからね。

$\overline{a\alpha^2+b\alpha+c}=\overline{a\alpha^2}+\overline{b\alpha}+\overline{c}$ ← 公式：$\overline{\alpha+\beta}=\overline{\alpha}+\overline{\beta}$ を使った！

$\overline{a\alpha^2}+\overline{b\alpha}+\overline{c}=0$

$\overline{c}=c$ ← a，b，c は実数より，$\overline{a}=a$，$\overline{b}=b$，$\overline{c}=c$

$\overline{b\alpha}=\overline{b}\cdot\overline{\alpha}=b\overline{\alpha}$ ← 公式 $\overline{\alpha\cdot\beta}=\overline{\alpha}\cdot\overline{\beta}$ を使った！

$\overline{a\alpha\alpha}=\overline{a}\,\overline{\alpha}\,\overline{\alpha}=a\overline{\alpha}^2$

$\therefore a\overline{\alpha}^2+b\overline{\alpha}+c=0$ となる。これは，$\overline{\alpha}$ を①の x に代入したものなので，虚数 $\alpha=p+qi$ が解ならば，その共役複素数 $\overline{\alpha}=p-qi$ も解になることが分かった。

同様に考えれば，$n \geqq 3$ のときの実数係数の n 次方程式：

$$a_n x^n + a_{n-1} x^{n-1} + \cdots\cdots + a_2 x^2 + a_1 x + a_0 = 0$$

$(a_n,\ a_{n-1},\ \cdots\cdots,\ a_2,\ a_1,\ a_0$：実数定数，$a_n \neq 0)$

が，虚数解 α をもてば，その共役複素数 $\overline{\alpha}$ も解となることが分かると思う。

では次，複素数の絶対値の問題を解いてみよう。

例題 4　$|z-3i|^2$ を展開してみよう。

$$|z-3i|^2 = (z-3i)(\overline{z-3i})$$

←公式：$|\alpha|^2 = \alpha \cdot \overline{\alpha}$ を使った。

$\overline{z-3i} = \overline{z} - \overline{3} \cdot \overline{i} = \overline{z} + 3i$　←公式：$\overline{\alpha - \beta} = \overline{\alpha} - \overline{\beta}$，$\overline{\alpha \cdot \beta} = \overline{\alpha} \cdot \overline{\beta}$

$$= (z-3i)(\overline{z}+3i)$$

$$= z\overline{z} + 3zi - 3\overline{z}i - 9i^2 \quad (i^2 = -1)$$

$$= z\overline{z} + 3zi - 3\overline{z}i + 9$$　となる。

$z\overline{z} = |z|^2$ より，$|z|^2 + 3(z-\overline{z})i + 9$　を解答としても，もちろんいいよ。

それでは最後に，複素数 α が (ⅰ) 実数となるための条件と (ⅱ) 純虚数となるための条件について，それぞれ公式を示しておこう。

複素数の実数条件，純虚数条件

複素数 $\alpha = a + bi$ について，

(ⅰ) α が実数 $\Leftrightarrow$ $\alpha = \overline{\alpha}$

・$\alpha = a + 0i$ (実数) のとき，$\overline{\alpha} = a - 0i$ より，$\alpha = \overline{\alpha}$ となる。
・$\alpha = \overline{\alpha}$ のとき，$a + bi = a - bi$ より，$2bi = 0$　$b = 0$
$\therefore \alpha = a$ (実数) である。

(ⅱ) α が純虚数 $\Leftrightarrow$ $\alpha + \overline{\alpha} = 0$，かつ $\alpha \neq 0$

$\alpha = 0$ (実数) のとき，$\alpha + \overline{\alpha} = 0$ をみたすので，$\alpha \neq 0$ の条件がいるんだね。

・$\alpha = 0 + bi\ (b \neq 0)$ のとき，$\alpha + \overline{\alpha} = 0 + bi + 0 - bi = 0$ となる。
・$\alpha + \overline{\alpha} = 0$ かつ $\alpha \neq 0$ のとき，$a + bi + a - bi = 0$ より，$2a = 0$　$a = 0$
$\therefore \alpha = bi\ (b \neq 0)$ (純虚数) である。

では，次の例題で複素数の実数条件の公式を実際に使ってみよう。

例題 5　$z + \dfrac{1}{z}$ が実数となるような，複素数 z の条件を求めてみよう。

$z+\frac{1}{z}=\alpha$ とおくと，α が実数となるための条件は $\alpha=\overline{\alpha}$ より，

$z+\frac{1}{z}=\overline{z+\frac{1}{z}}$ となる。よって，

$\overline{z}+\overline{\left(\frac{1}{z}\right)}=\overline{z}+\frac{\overline{1}}{\overline{z}}=\overline{z}+\frac{1}{\overline{z}}$

公式
$\cdot\ \overline{\alpha+\beta}=\overline{\alpha}+\overline{\beta}$
$\cdot\ \overline{\left(\frac{\alpha}{\beta}\right)}=\frac{\overline{\alpha}}{\overline{\beta}}$

$z+\frac{1}{z}=\overline{z}+\frac{1}{\overline{z}}$　　この両辺に $z\overline{z}$ をかけて，

$z^2\overline{z}+\overline{z}=z\overline{z}^2+z$　　$(z^2\overline{z}-z\overline{z}^2)-(z-\overline{z})=0$

$z\overline{z}(z-\overline{z})-(z-\overline{z})=0$　　$(z\overline{z}-1)(z-\overline{z})=0$

$(|z|^2-1)(z-\overline{z})=0$　となる。（$z\overline{z}=|z|^2$）

$\therefore |z|^2=1$，または $\overline{z}=z$

ここで，$|z|\geqq 0$　より，求める z の条件は，

$|z|=1$，または $z=\overline{z}$　（ただし，$z\neq 0$）　である。大丈夫だった？

これは，中心 0，半径 1 の円のこと。

これは，“z が実数である”ことを表している。

● 複素数は極形式でも表せる！

これまで，複素数は $z=a+bi$　$(a,\ b：実数,\ i^2=-1)$ の形で表してきたけれど，$z=0$ を除く複素数はすべて“**極形式**（きょくけいしき）”で表すことができる。複素数を極形式で表すことにより，複素数の世界がさらに大きな広がりを見せることになる。ここではまず，その基本事項を下に示そう。

複素数の極形式

$z=0$ を除く複素数 $z=a+bi$　$(a,\ b：実数)$ は，

絶対値 $|z|=r$ とおき，また
偏角（へんかく） $\arg z=\theta$ とおくと，

“アーギュメント z”と読む。
実軸（x 軸）の正の向きと線分 $0z$ のなす角のこと

極形式 $z=r(\cos\theta+i\sin\theta)$　で表せる。

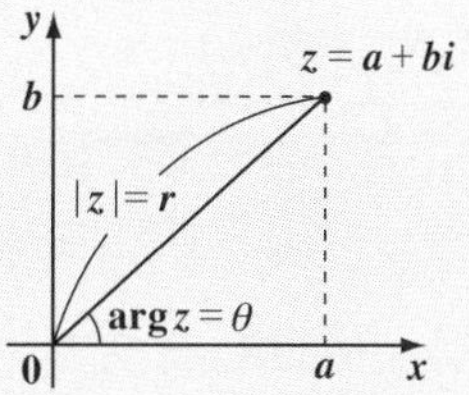

実際に，$z=a+bi$ を変形してみると，

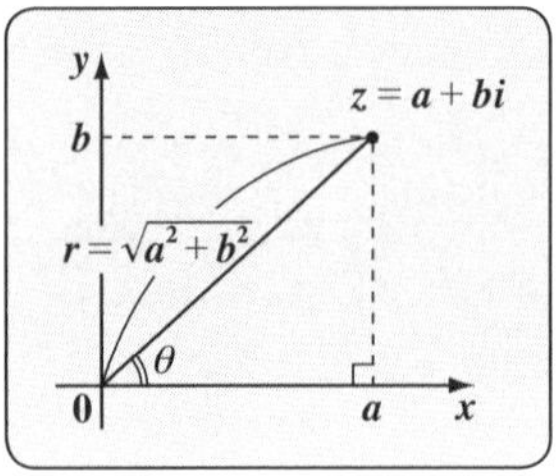

$z=a+bi$ 　まず，$r=\sqrt{a^2+b^2}$ をムリヤリくくり出す。

$=\underbrace{\sqrt{a^2+b^2}}_{|z|=r}\left(\underbrace{\frac{a}{\sqrt{a^2+b^2}}}_{\frac{a}{r}=\cos\theta}+\underbrace{\frac{b}{\sqrt{a^2+b^2}}}_{\frac{b}{r}=\sin\theta}i\right)$

$=r(\cos\theta+i\sin\theta)$　と，極形式で表せることが分かるだろう。

$\left(\text{ただし，} r=\sqrt{a^2+b^2},\ \cos\theta=\frac{a}{\sqrt{a^2+b^2}},\ \sin\theta=\frac{b}{\sqrt{a^2+b^2}}\right)$

これから，偏角 θ は“°”(度)で表すよりも，“**弧度法**（こどほう）”を用いて(ラジアン)で表示することにする。それは，“**微分・積分**”での三角関数の角度は，すべて(ラジアン)で表すことを前提としているからなんだ。弧度法においては，**180°** $=\pi$(ラジアン)と表す。(π はもちろん，円周率 **3.14159**……のことだ。)　よって，

（一般に，単位の“ラジアン”は省略する。）

$30°=\frac{\pi}{6},\ 45°=\frac{\pi}{4},\ 60°=\frac{\pi}{3},\ 90°=\frac{\pi}{2},\ 120°=\frac{2}{3}\pi,\ 135°=\frac{3}{4}\pi,$

$150°=\frac{5}{6}\pi,\ 180°=\pi,\ 210°=\frac{7}{6}\pi,\ 225°=\frac{5}{4}\pi,\ 240°=\frac{4}{3}\pi,\ 270°=\frac{3}{2}\pi,$

$300°=\frac{5}{3}\pi,\ 315°=\frac{7}{4}\pi,\ 330°=\frac{11}{6}\pi,\ 360°=2\pi(=0)$

と換算される。角度のラジアン表示にも是非慣れよう。

ここで，絶対値 $r=\sqrt{a^2+b^2}$ は一意（いちい）に定まるけれど，偏角 $\arg z=\theta$ は一般角 $\theta+2n\pi$ (n：整数)で表せるので一意には定まらない。よって，偏角を一意に定めるためには θ を **1** 周分のみとることにして，$0\leqq\theta<2\pi$ (または，$-\pi<\theta\leqq\pi$)の範囲に限定すればいいんだね。

（一意：“1通りに”という意味）（$2n\pi$：360°×n のこと）（0：0°，2π：360°，$-\pi$：−180°，π：180°）

ここで，$z=0$ $(=0+0i)$ について，絶対値 $r=0$ は定まるけれど，偏角 θ は不定で，極形式で一意には表せない。よって，$z=0$ は $z=0$ と表す以外にないんだね。

> 例題 6　偏角 θ の範囲を $0 \leqq \theta < 2\pi$ として，次の複素数を極形式で表そう。
> (1) $z_1 = 2 + 2i$　　(2) $z_2 = -\sqrt{3} + 3i$　　(3) $z_3 = -5i$

極形式 $r(\cos\theta + i\sin\theta)$ は，絶対値 r と偏角 θ の値さえ求まればいいので，グラフのイメージから直感的に求めてもかまわない。

(1) $r_1 = |z_1| = \sqrt{2^2 + 2^2} = \sqrt{8} = 2\sqrt{2}$　より，

（$r_1 = 2\sqrt{2}$ をくくり出す。）

$$z_1 = 2\sqrt{2}\left(\frac{1}{\sqrt{2}} + \frac{1}{\sqrt{2}}i\right) = 2\sqrt{2}\left(\cos\frac{\pi}{4} + i\sin\frac{\pi}{4}\right)$$

（$\frac{1}{\sqrt{2}} = \cos\frac{\pi}{4}$，$\frac{1}{\sqrt{2}} = \sin\frac{\pi}{4}$）

となる。

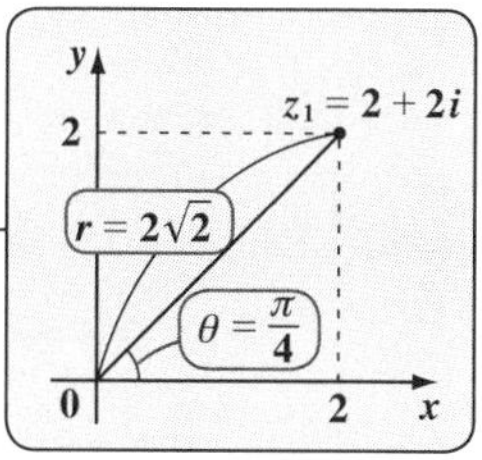

(2) $r_2 = |z_2| = \sqrt{(-\sqrt{3})^2 + 3^2} = \sqrt{12} = 2\sqrt{3}$　より，

（$r_2 = 2\sqrt{3}$ をくくり出す。）

$$z_2 = 2\sqrt{3}\left(-\frac{1}{2} + \frac{\sqrt{3}}{2}i\right) = 2\sqrt{3}\left(\cos\frac{2}{3}\pi + i\sin\frac{2}{3}\pi\right)$$

（$-\frac{1}{2} = \cos\frac{2}{3}\pi$，$\frac{\sqrt{3}}{2} = \sin\frac{2}{3}\pi$）

となる。

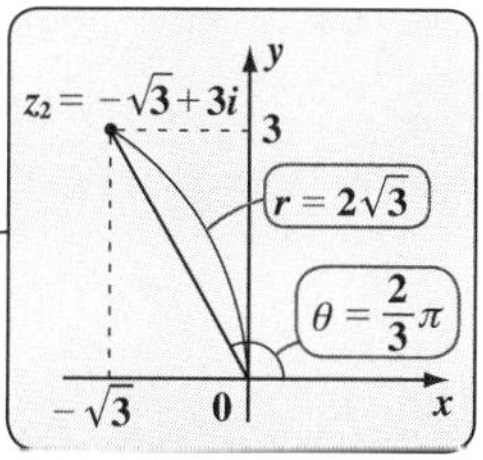

(3) $r_3 = |z_3| = \sqrt{0^2 + (-5)^2} = \sqrt{25} = 5$　より，

（$r_3 = 5$ をくくり出す。）

$$z_3 = 5(0 - 1 \cdot i) = 5\left(\cos\frac{3}{2}\pi + i\sin\frac{3}{2}\pi\right)$$

（$0 = \cos\frac{3}{2}\pi$，$-1 = \sin\frac{3}{2}\pi$）

となる。

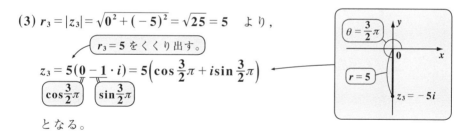

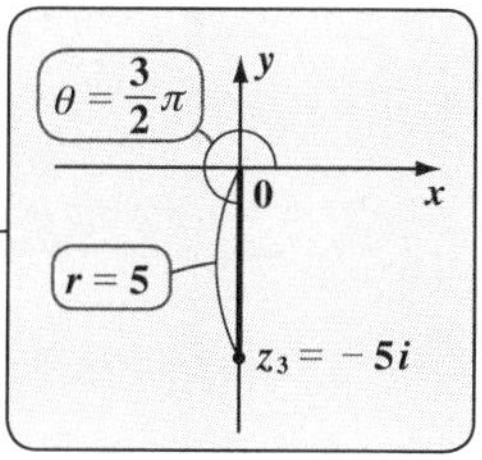

どう？ グラフのイメージがあると，極形式も簡単に表せるだろう。

それでは次，2 つの極形式で表示された複素数 $z_1 = r_1(\cos\theta_1 + i\sin\theta_1)$ と $z_2 = r_2(\cos\theta_2 + i\sin\theta_2)$ の積と商の公式を示す。

極形式表示の複素数の積と商

$z_1 = r_1(\cos\theta_1 + i\sin\theta_1)$, $z_2 = r_2(\cos\theta_2 + i\sin\theta_2)$ のとき,

(1) $z_1z_2 = r_1r_2\{\cos(\theta_1+\theta_2) + i\sin(\theta_1+\theta_2)\}$ ← 複素数同士の“かけ算”では，偏角は“たし算”になる。

(2) $\dfrac{z_1}{z_2} = \dfrac{r_1}{r_2}\{\cos(\theta_1-\theta_2) + i\sin(\theta_1-\theta_2)\}$ ← 複素数同士の“わり算”では，偏角は“引き算”になる。

実際に (1), (2) を証明してみよう。

(1) $z_1 \cdot z_2 = r_1(\cos\theta_1 + i\sin\theta_1) \cdot r_2(\cos\theta_2 + i\sin\theta_2)$

$= r_1r_2(\cos\theta_1 + i\sin\theta_1)(\cos\theta_2 + i\sin\theta_2)$

$= r_1r_2(\cos\theta_1\cos\theta_2 + i\cos\theta_1\sin\theta_2 + i\sin\theta_1\cos\theta_2 + i^2\sin\theta_1\sin\theta_2)$ （$i^2 = -1$）

$= r_1r_2\{(\cos\theta_1\cos\theta_2 - \sin\theta_1\sin\theta_2) + i(\sin\theta_1\cos\theta_2 + \cos\theta_1\sin\theta_2)\}$

三角関数の加法定理 → $\cos(\theta_1+\theta_2)$　　$\sin(\theta_1+\theta_2)$

$= r_1r_2\{\cos(\theta_1+\theta_2) + i\sin(\theta_1+\theta_2)\}$ となって，成り立つ。

(2) $\dfrac{z_1}{z_2} = \dfrac{r_1(\cos\theta_1 + i\sin\theta_1)}{r_2(\cos\theta_2 + i\sin\theta_2)}$

$= \dfrac{r_1}{r_2}\dfrac{(\cos\theta_1 + i\sin\theta_1)(\cos\theta_2 - i\sin\theta_2)}{(\cos\theta_2 + i\sin\theta_2)(\cos\theta_2 - i\sin\theta_2)}$ ← 分子・分母に $(\cos\theta_2 - i\sin\theta_2)$ をかけた。

（分母: $\cos^2\theta_2 - i^2\cdot\sin^2\theta_2 = \cos^2\theta_2 + \sin^2\theta_2 = 1$）

$= \dfrac{r_1}{r_2}(\cos\theta_1\cos\theta_2 - i\cos\theta_1\sin\theta_2 + i\sin\theta_1\cos\theta_2 - i^2\sin\theta_1\sin\theta_2)$ （$i^2 = -1$）

$= \dfrac{r_1}{r_2}\{(\cos\theta_1\cos\theta_2 + \sin\theta_1\sin\theta_2) + i(\sin\theta_1\cos\theta_2 - \cos\theta_1\sin\theta_2)\}$

三角関数の加法定理 → $\cos(\theta_1-\theta_2)$　　$\sin(\theta_1-\theta_2)$

$= \dfrac{r_1}{r_2}\{\cos(\theta_1-\theta_2) + i\sin(\theta_1-\theta_2)\}$ となって，(2) も証明終了だ。

これからさらに，次の“**ド・モアブルの定理**”も導ける。

ド・モアブルの定理

$(\cos\theta + i\sin\theta)^n = \cos n\theta + i\sin n\theta$ ……(＊1)　(n：整数)

ここでは，自然数 $n=1,\ 2,\ 3,\ \cdots$ について，ド・モアブルの定理が成り立つことを証明しておこう。もちろん，数学的帰納法を使えばいいんだね。

(i) $n=1$ のとき，

$(\cos\theta+i\sin\theta)^1=\cos 1\cdot\theta+i\sin 1\cdot\theta$　となって，$(*1)$ は成り立つ。

(ii) $n=k$ のとき，$(k=1,\ 2,\ 3,\ \cdots)$

$(\cos\theta+i\sin\theta)^k=\cos k\theta+i\sin k\theta$ ……① が成り立つと仮定して，

$n=k+1$ のときについて調べる。

$$(\cos\theta+i\sin\theta)^{k+1}=\underline{(\cos\theta+i\sin\theta)^k}\cdot(\cos\theta+i\sin\theta)$$

$\cos k\theta+i\sin k\theta$　(①より)

$$=(\cos k\theta+i\sin k\theta)(\cos\theta+i\sin\theta)$$
$$=\cos(k\theta+\theta)+i\sin(k\theta+\theta)$$
$$=\cos(k+1)\theta+i\sin(k+1)\theta$$

公式：
$(\cos\theta_1+i\sin\theta_1)(\cos\theta_2+i\sin\theta_2)$
$=\cos(\theta_1+\theta_2)+i\sin(\theta_1+\theta_2)$
(P18 の公式 (1) の $r_1=r_2=1$ の場合だね。)

よって，$n=k+1$ のときも $(*1)$ は成り立つ。

以上 (i)(ii) より，数学的帰納法から，$n=1,\ 2,\ 3,\ \cdots$ のとき，ド・モアブルの定理 $(*1)$ は成り立つ。大丈夫だった？

一般に複素数 z，w に対して，m，n が整数のとき，次の指数法則が成り立つので，実数のときと同様に計算できる。

複素数の指数法則

(1) $z^0=1$　　(2) $z^m\times z^n=z^{m+n}$　　(3) $(z^m)^n=z^{m\times n}$

(4) $(z\times w)^m=z^m\times w^m$　　(5) $\dfrac{z^m}{z^n}=z^{m-n}$　　(6) $\left(\dfrac{z}{w}\right)^m=\dfrac{z^m}{w^m}$

(ただし，z，w：複素数 ((5)では $z\neq 0$，(6)では $w\neq 0$)，m，n：整数)

しかし，指数部に分数や虚数がきた場合，つまり $9^{\frac{1}{2}}$ や i^{-i} などの計算になると，上の指数法則の公式はもはや通用しなくなる。$9^{\frac{1}{2}}=\sqrt{9}=\pm 3$　だし，$i^{-i}=e^{\frac{\pi}{2}+2n\pi}$ (n：整数) となるんだ。ン？何故そうなるのか，知りたいって？これについては，**「複素関数キャンパス・ゼミ」(マセマ)** で詳しく解説しているので，興味のある方は是非チャレンジしてみるといいよ。

演習問題 1 ● 複素数の計算 ●

$\alpha=\dfrac{4+2i}{3-i}$ と $\beta=2+\dfrac{1}{i}$ について，(i) $\overline{\alpha\cdot\beta}$，(ii) $\overline{\left(\dfrac{\beta}{\alpha}\right)}$，(iii) $|\overline{\alpha\cdot\beta}|$，

(iv) $\left|\overline{\left(\dfrac{\beta}{\alpha}\right)}\right|$ の値を求めよ。

ヒント！ まず，$\alpha=a+bi$ の形に表すために分子・分母に $3+i$ をかける。β については，$\dfrac{1}{i}=-\dfrac{i^2}{i}=-i$ の変形が大事だね。後は，共役複素数の公式：$\overline{\alpha}=a-bi$，絶対値の公式：$|\alpha|=\sqrt{a^2+b^2}$ などを使って解いていこう。

解答＆解説

α と β を変形して，

$$\cdot\ \alpha=\frac{4+2i}{3-i}=\frac{(4+2i)(3+i)}{(3-i)(3+i)}=\frac{12+4i+6i+2\overset{(-1)}{i^2}}{9-\underset{(-1)}{i^2}}$$

分子・分母に $(3+i)$ をかけた

$$=\frac{10+10i}{10}=1+i\quad\cdots\cdots\cdots\cdots①$$

$$\cdot\ \beta=2+\frac{1}{i}=2-\frac{i^2}{i}=2-i\quad\cdots\cdots②$$ となる。$(\because 1=-(-1)=-i^2)$

以上①，②より，$\alpha\cdot\beta$ と $\dfrac{\beta}{\alpha}$ を求めると，

$$\cdot\ \alpha\cdot\beta=(1+i)(2-i)=2-i+2i-\overset{(-1)}{i^2}=3+i\quad\cdots\cdots\cdots\cdots③$$

$$\cdot\ \frac{\beta}{\alpha}=\frac{2-i}{1+i}=\frac{(2-i)(1-i)}{(1+i)(1-i)}=\frac{2-2i-i+\overset{(-1)}{i^2}}{1-\underset{(-1)}{i^2}}=\frac{1-3i}{2}=\frac{1}{2}-\frac{3}{2}i\quad\cdots\cdots④$$ となる。

以上③，④より，

(i) $\overline{\alpha\cdot\beta}=\overline{3+i}=3-i$　　(ii) $\overline{\left(\dfrac{\beta}{\alpha}\right)}=\overline{\dfrac{1}{2}-\dfrac{3}{2}i}=\dfrac{1}{2}+\dfrac{3}{2}i$

(iii) $|\overline{\alpha\cdot\beta}|=\sqrt{3^2+(-1)^2}=\sqrt{10}$　　(iv) $\left|\overline{\left(\dfrac{\beta}{\alpha}\right)}\right|=\sqrt{\left(\dfrac{1}{2}\right)^2+\left(\dfrac{3}{2}\right)^2}=\sqrt{\dfrac{10}{4}}=\dfrac{\sqrt{10}}{2}$

となる。……………………………………………………………(答)

演習問題 2	● 3次方程式の解 ●

3次方程式 $2x^3 - 5x^2 + 6x + p = 0$ ……① （p：実数）は，1つの虚数解 $x = 1 - i$ をもつ。このとき，p の値を求めて，①の解をすべて求めよ。

ヒント！ $x = 1 - i$ は①の解より，これを①に代入して，p の値を求める。①は実数係数の3次方程式なので，$1 - i$ の共役複素数 $\overline{1 - i} = 1 + i$ も解になるんだね。

解答＆解説

$2x^3 - 5x^2 + 6x + p = 0$ ……① （p：実数）の1つの虚数解が，

$x = 1 - i$ より，これを①に代入して成り立つ。よって，

$2(1-i)^3 - 5(1-i)^2 + 6(1-i) + p = 0$ より，

$$\boxed{1 - 2i + i^2 = \cancel{1} - 2i - \cancel{1} = -2i}$$

$$\boxed{(1-i)^2 \cdot (1-i) = -2i \cdot (1-i) = -2i + 2i^2 = -2 - 2i}$$

$2(-2 - 2i) + 5 \cdot 2i + 6 - 6i + p = 0$

$2 + p = 0 \quad \therefore p = -2$ ……………………………………(答)

よって，①は，$2x^3 - 5x^2 + 6x - 2 = 0$ ……①′ となる。

①′は実数係数の3次方程式より，

$x = 1 - i$ が解ならば，$x = \overline{1-i} = 1 + i$ も解となる。よって，

$$\boxed{1-i \text{の共役複素数}}$$

①′の左辺は，$\{x - (1-i)\}\{x - (1+i)\} = x^2 - 2x + 2$

$$\boxed{x^2 - (1 - \cancel{i} + 1 + \cancel{i})x + (1-i)(1+i)}$$

$$\boxed{1 - i^2 = 1 + 1 = 2}$$

で割り切れるので，

$(2x - 1)(x^2 - 2x + 2) = 0$，すなわち

$(2x - 1)\{x - (1+i)\}\{x - (1-i)\} = 0$ となる。

```
              2x - 1  商
x²-2x+2 ) 2x³ - 5x² + 6x - 2
          2x³ - 4x² + 4x
          ─────────────────
               -x² + 2x - 2
               -x² + 2x - 2
          ─────────────────
                        0  余り
```

以上より，①の解をすべて示すと，

$x = \dfrac{1}{2}$，$1 + i$，$1 - i$ である。 ………………………………(答)

演習問題 3　●純虚数条件●

$z+\dfrac{2}{z}$ が純虚数となるような，複素数 z の条件を求め，それを複素数平面上に図示せよ。

ヒント！ 複素数 α が純虚数となるための条件は，$\alpha+\overline{\alpha}=0$ かつ $\alpha\neq 0$ である。$\alpha=0$ (実数) のときでも，$\alpha+\overline{\alpha}=0$ をみたすので，これを除くために，$\alpha\neq 0$ の条件が付くんだね。

解答＆解説

複素数 $z+\dfrac{2}{z}$ $(z\neq 0)$ が純虚数であるための

（分母は 0 にはならないので，自動的にこの条件は付く。）

（α が純虚数となるための条件は，(i) $\alpha+\overline{\alpha}=0$，かつ (ii) $\alpha\neq 0$）

条件は，(i) $z+\dfrac{2}{z}+\overline{z+\dfrac{2}{z}}=0$ ……①

（$\overline{z}+\left(\overline{\dfrac{2}{z}}\right)=\overline{z}+\dfrac{\overline{2}}{\overline{z}}=\overline{z}+\dfrac{2}{\overline{z}}$　$(\because \overline{2}=\overline{2+0i}=2-0i=2)$）

かつ，(ii) $z+\dfrac{2}{z}\neq 0$ ………………② である。

(i) ①より，$z+\dfrac{2}{z}+\overline{z}+\dfrac{2}{\overline{z}}=0$ の両辺に $z\overline{z}$ をかけて，

$z^2\overline{z}+2\overline{z}+z\overline{z}^2+2z=0$　　　$z\overline{z}(z+\overline{z})+2(z+\overline{z})=0$　（$z\overline{z}=|z|^2$）

$(|z|^2+2)(z+\overline{z})=0$　　ここで，$|z|^2\geqq 0$ より，$|z|^2+2>0$　（$|z|^2+2$ は $\oplus$）

$\therefore z+\overline{z}=0$ かつ $z\neq 0$ より，z は純虚数である。

(ii) ②より，$z+\dfrac{2}{z}\neq 0$　両辺に z をかけて，

$z^2+2\neq 0$　　$z^2\neq -2$

$\therefore z\neq \pm\sqrt{2}\,i$

（$z\neq\sqrt{2}\,i$ のとき $z^2\neq 2i^2=-2$，$z\neq-\sqrt{2}\,i$ のとき $z^2\neq 2i^2=-2$ となるからね。）

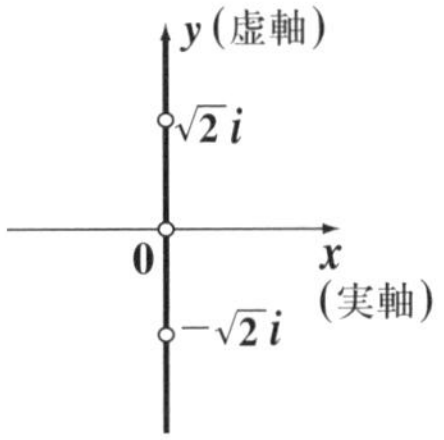

以上 (i)(ii) より，z は純虚数で，かつ $z\neq\pm\sqrt{2}\,i$

よって，z を複素数平面上に描くと，3点 $z=0$，$\pm\sqrt{2}\,i$ を除く虚軸上のすべての点となる。……………………………………(答)

演習問題 4　●極形式●

偏角 θ の範囲を $-\pi<\theta\leqq\pi$ として，次の複素数を極形式で表せ。

(1) $z_1=-2-2\sqrt{3}i$　　(2) $z_2=3-3i$　　(3) $z_3=-3+\sqrt{3}i$

ヒント！ 複素数を極形式 $r(\cos\theta+i\sin\theta)$ で表す問題だ。偏角 θ の範囲が $-\pi<\theta\leqq\pi$ であることに気を付けよう。

解答＆解説

(1) $z_1=-2-2\sqrt{3}i$ を極形式 $z_1=r_1(\cos\theta_1+i\sin\theta_1)$ で表す。

$r_1=|z_1|=\sqrt{(-2)^2+(-2\sqrt{3})^2}=\sqrt{4+12}=\sqrt{16}=4$ より，　← $z=a+bi$ のとき $r=\sqrt{a^2+b^2}$

$r_1=4$ をくくり出す。

$$z_1=4\left(-\frac{1}{2}-\frac{\sqrt{3}}{2}i\right)=4\left\{\cos\left(-\frac{2}{3}\pi\right)+i\sin\left(-\frac{2}{3}\pi\right)\right\}$$ ……………………(答)

（$-\frac{1}{2}=\cos\left(-\frac{2}{3}\pi\right)$，$-\frac{\sqrt{3}}{2}=\sin\left(-\frac{2}{3}\pi\right)$）

(2) $z_2=3-3i$ を極形式 $z_2=r_2(\cos\theta_2+i\sin\theta_2)$ で表す。

$r_2=\sqrt{3^2+(-3)^2}=\sqrt{9+9}=\sqrt{18}=3\sqrt{2}$ より，

$r_2=3\sqrt{2}$ をくくり出す。

$$z_2=3\sqrt{2}\left(\frac{1}{\sqrt{2}}-\frac{1}{\sqrt{2}}i\right)=3\sqrt{2}\left\{\cos\left(-\frac{\pi}{4}\right)+i\sin\left(-\frac{\pi}{4}\right)\right\}$$ ………………(答)

（$\frac{1}{\sqrt{2}}=\cos\left(-\frac{\pi}{4}\right)$，$-\frac{1}{\sqrt{2}}=\sin\left(-\frac{\pi}{4}\right)$）

(3) $z_3=-3+\sqrt{3}i$ を極形式

$z_3=r_3(\cos\theta_3+i\sin\theta_3)$ で表す。

$r_3=\sqrt{(-3)^2+(\sqrt{3})^2}=\sqrt{9+3}$

$=\sqrt{12}=2\sqrt{3}$ より，

$$z_3=2\sqrt{3}\left(-\frac{\sqrt{3}}{2}+\frac{1}{2}i\right)$$

（$-\frac{\sqrt{3}}{2}=\cos\frac{5}{6}\pi$，$\frac{1}{2}=\sin\frac{5}{6}\pi$）

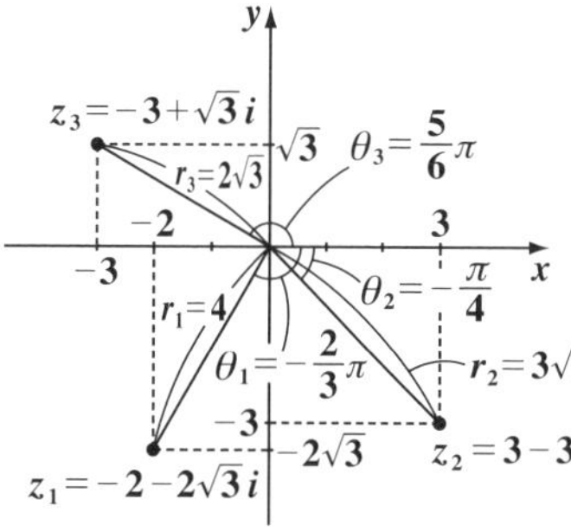

$$=2\sqrt{3}\left(\cos\frac{5}{6}\pi+i\sin\frac{5}{6}\pi\right)$$ ……………………………(答)

演習問題 5　●ド・モアブルの定理●

$\alpha=\sqrt{3}+i$，$\beta=\dfrac{\sqrt{3}}{2}-\dfrac{1}{2}i$，$\gamma=\dfrac{\alpha}{\beta}$ とおく。

(1) α，β，γ を極形式で表せ。ただし，偏角 θ は $-180°<\theta\leqq 180°$ とする。

(2) $S=1+\gamma+\gamma^2+\gamma^3+\gamma^4+\gamma^5$ であるとき，S の値を求めよ。

ヒント！ 極形式 $z=r(\cos\theta+i\sin\theta)$ と，ド・モアブルの定理 $(\cos\theta+i\sin\theta)^n=\cos n\theta+i\sin n\theta$ の問題だね。(2)では等比数列の和の公式も利用して解こう。

解答&解説

(1) α，β，γ を極形式で表すと，

・$\alpha=\sqrt{3}+1\cdot i=\underset{\sqrt{(\sqrt{3})^2+1^2}}{2}\left(\underset{\cos30°}{\dfrac{\sqrt{3}}{2}}+\underset{\sin30°}{\dfrac{1}{2}}i\right)=2(\cos30°+i\sin30°)$ ……① …………(答)

・$\beta=\underset{\cos(-30°)}{\dfrac{\sqrt{3}}{2}}-\underset{\sin(-30°)}{\dfrac{1}{2}}i=1\cdot\{\cos(-30°)+i\sin(-30°)\}$ …………②　…………(答)

$\dfrac{\cos\theta_1+i\sin\theta_1}{\cos\theta_2+i\sin\theta_2}=\cos(\theta_1-\theta_2)+i\sin(\theta_1-\theta_2)$

・$\gamma=\dfrac{2(\cos30°+i\sin30°)}{1\cdot\{\cos(-30°)+i\sin(-30°)\}}=2\{\cos(\underset{30°-(-30°)}{30°+30°})+i\sin(30°+30°)\}$　（①，②より）

$=2(\cos60°+i\sin60°)$ ……………………③ …………(答)

(2) S は，初項 1，公比 γ，項数 6 の等比数列の和なので，

$S=\dfrac{1\cdot(1-\gamma^6)}{1-\gamma}=\dfrac{1-\gamma^6}{1-\gamma}$ ……④ となる。

初項 a，公比 r，項数 n の等比数列の和 S は，$S=\dfrac{a(1-r^n)}{1-r}$

ここで，$\gamma=2\left(\dfrac{1}{2}+\dfrac{\sqrt{3}}{2}i\right)=1+\sqrt{3}i$ ……⑤

$\gamma^6=2^6(\cos60°+i\sin60°)^6=2^6(\underset{1}{\cos\overset{6\times60°}{360°}}+\underset{0}{i\sin\overset{6\times60°}{360°}})=2^6=64$ ……⑥

（ド・モアブルの定理）

⑤，⑥を④に代入して，

$S=\dfrac{1-64}{\cancel{1}-(\cancel{1}+\sqrt{3}i)}=\dfrac{63}{\sqrt{3}i}=\dfrac{21\sqrt{3}}{i}=21\sqrt{3}\left(-\dfrac{i^2}{i}\right)=-21\sqrt{3}i$ …………(答)

演習問題 6　● 複素数の 3 乗根 ●

方程式 $z^3 = -8i$ を解け。

ヒント！ $z = r(\cos\theta + i\sin\theta)$ とおいて，r と θ の値を求めればいいんだね。ポイントは，$-8i$ を極形式で表したときの偏角を $\frac{3}{2}\pi + 2n\pi$ $(n = 0, 1, 2)$ で表すことなんだね。典型問題の 1 つなので，この解法パターンをマスターしよう！

解答＆解説

$z^3 = -8i$ ……① とおく。

ここで，$z = r(\cos\theta + i\sin\theta)$ ……②　$(r > 0,\ 0 \leqq \theta < 2\pi)$ とおくと，

（予め，θ の範囲をこのように指定しておく。）

$z^3 = r^3(\cos\theta + i\sin\theta)^3 = r^3(\cos 3\theta + i\sin 3\theta)$ ……③ となる。（ド・モアブルの定理）

また，$-8i = 8\{0 + (-1) \cdot i\}$

$$= 8\left\{\cos\left(\frac{3}{2}\pi + 2n\pi\right) + i\sin\left(\frac{3}{2}\pi + 2n\pi\right)\right\} \cdots\cdots ④ \quad (n = 0, 1, 2)$$

（3 次方程式なので，n はこの 3 通りで十分！）

③，④を①に代入して，

$$r^3(\cos 3\theta + i\sin 3\theta) = 8\left\{\cos\left(\frac{3}{2}\pi + 2n\pi\right) + i\sin\left(\frac{3}{2}\pi + 2n\pi\right)\right\}$$

両辺の絶対値と偏角を比較して，

$$\begin{cases} r^3 = 8 \cdots\cdots ⑤ \\ 3\theta = \frac{3}{2}\pi + 2n\pi \cdots\cdots ⑥ \end{cases} \quad (n = 0, 1, 2) \text{ よって，}$$

⑤より $r = 2$，⑥より $\theta = \frac{\pi}{2} + \frac{2\pi}{3}n$ $(n = 0, 1, 2)$

（$\theta = \frac{\pi}{2}$ ← $n = 0$
$\theta = \frac{\pi}{2} + \frac{2}{3}\pi = \frac{7}{6}\pi$ ← $n = 1$
$\theta = \frac{\pi}{2} + \frac{4}{3}\pi = \frac{11}{6}\pi$ ← $n = 2$）

よって，①の解 z は，②より，

$$\begin{cases} z_1 = 2\left(\cos\frac{\pi}{2} + i\sin\frac{\pi}{2}\right) = 2 \times i = 2i \\ z_2 = 2\left(\cos\frac{7}{6}\pi + i\sin\frac{7}{6}\pi\right) = -\sqrt{3} - i \cdots\cdots (\text{答}) \\ z_3 = 2\left(\cos\frac{11}{6}\pi + i\sin\frac{11}{6}\pi\right) = \sqrt{3} - i \end{cases}$$

（$\cos\frac{\pi}{2} = 0$，$\sin\frac{\pi}{2} = 1$，$\cos\frac{7}{6}\pi = -\frac{\sqrt{3}}{2}$，$\sin\frac{7}{6}\pi = -\frac{1}{2}$，$\cos\frac{11}{6}\pi = \frac{\sqrt{3}}{2}$，$\sin\frac{11}{6}\pi = -\frac{1}{2}$）

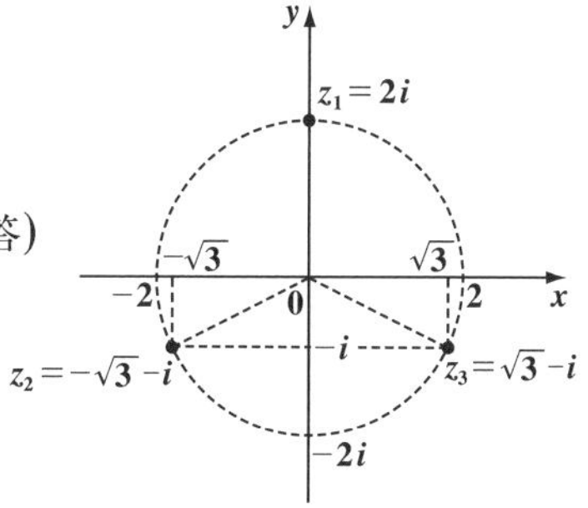

§2. 平面ベクトル

“線形代数”を学ぶ上で“**ベクトル**”(*vector*)の知識は必要不可欠なんだね。しかし，高校数学のカリキュラム上，特に文系の方でこのベクトルを学べなかった方もいらっしゃると思う。ここでは，既習・未習に関わらず線形代数を学ぶ上での基礎として，ベクトルの基本を解説しようと思う。

ベクトルは，主に“**平面ベクトル**”と“**空間ベクトル**”に大別することができる。ここではまず“**平面ベクトル**”について，その基本を教えるつもりだ。では早速講義を始めよう。

● ベクトルとは，大きさと向きをもった量のことだ！

-3 や 0 や $\sqrt{5}$ など，正・負が変化するにせよ，“**大きさ**”のみの量を“**スカラー**”(*scalar*)といい，一般には実数がこれに対応する。これに対して，“**大きさ**”と“**向き**”をもった量を“**ベクトル**”(*vector*)と呼び，これを，これからは $\boldsymbol{a}$ や $\boldsymbol{x}$ など，太字の小文字のアルファベットで表す。

(高校では，$\vec{a}$，$\vec{x}$ などと表したね。)

図1 ベクトル $\boldsymbol{a}$

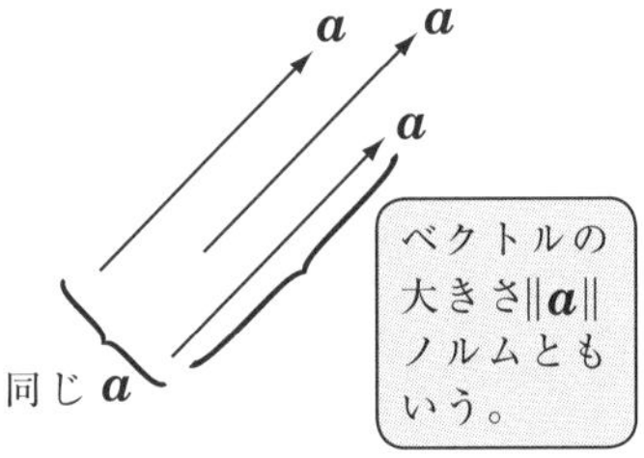

図1に示すように，

(i) “向き”は矢印の向きで，
(ii) “大きさ”は矢印の長さで，

それぞれ表す。大きさと向きさえ同じであれば，これを平行移動しても同じベクトルであることに気を付けよう。ここで，ベクトルの大きさを $\|\boldsymbol{a}\|$ で表し，さらに，これをこれからは“**ノルム**”とも呼ぶので，注意しよう。(高校では，$|\vec{a}|$ と表した。)

もちろん，右図に示すようにたとえば，
2点AからBに向かうベクトルは $\overrightarrow{\mathrm{AB}}$ と表し，
2点PからQに向かうベクトルは $\overrightarrow{\mathrm{PQ}}$ と表してよい。そして，これらのノルム（大きさ）は，それぞれ $\|\overrightarrow{\mathrm{AB}}\|$，$\|\overrightarrow{\mathrm{PQ}}\|$ と表せばいいんだね。

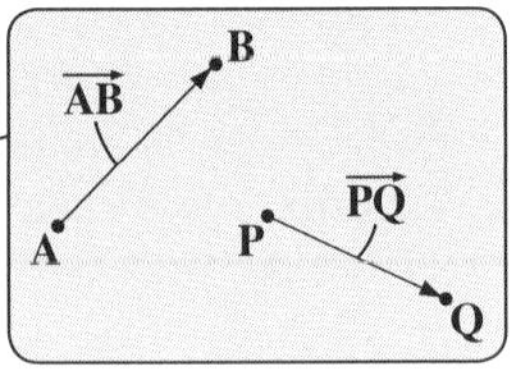

このように，大きさと向きをもったベクトル $\boldsymbol{a}$ や $\boldsymbol{b}$ や $\overrightarrow{\mathrm{AB}}$ などが，たとえば，xy 平面などある 1 つの平面上に描けるとき，これらのベクトルを総称して“**平面ベクトル**”と呼ぶことにしよう。

> これに対して，たとえば，xyz 座標空間上に存在するベクトルのことを，“**空間ベクトル**”と呼ぶことにする。空間ベクトルについては次の節で解説する。

ここで，ベクトル $\boldsymbol{a}$ を k 倍（スカラー倍）したものを定義する。図 2 に，$k=2,\ \frac{1}{2},\ -1$ の場合を示す。

特に，$k=-1$ のとき，$-1\cdot\boldsymbol{a}=-\boldsymbol{a}$ を $\boldsymbol{a}$ の“**逆ベクトル**”(*inverse vector*) と呼ぶ。また，$k=0$ のとき，$0\cdot\boldsymbol{a}=\boldsymbol{0}$ と，大きさ（ノルム）が 0 のベクトルを定義し，これを“**零**(ぜろ)**ベクトル**”(*zero vector*) と呼ぶ。もちろん零ベクトル $\boldsymbol{0}$ は，大きさがないので，図に表すことはできないんだね。

図2　$k\boldsymbol{a}$ 倍（スカラー倍）

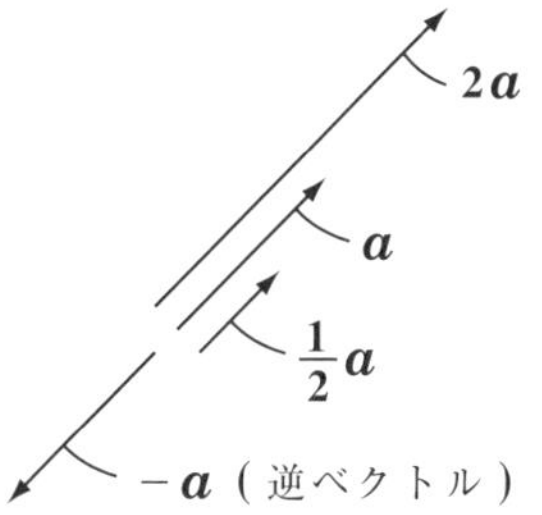

ここで，ベクトル $\boldsymbol{a}\ (\neq\boldsymbol{0})$ と同じ向きの“**単位ベクトル**” $\boldsymbol{e}$ (*unit vector*) についても示しておこう。

（単位ベクトル：大きさ（ノルム）1 のベクトルのこと）

単位ベクトル $\boldsymbol{e}$

ベクトル $\boldsymbol{a}$ と同じ向きの単位ベクトル $\boldsymbol{e}$ は，

$\boldsymbol{e}=\frac{1}{\|\boldsymbol{a}\|}\boldsymbol{a}$ となる。

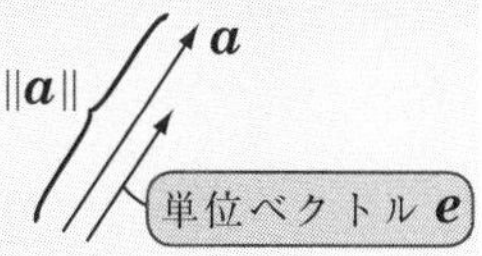

零ベクトルではないベクトル $\boldsymbol{a}$ を自分自身の大きさ（ノルム）$\|\boldsymbol{a}\|$ で割ると，当然 $\boldsymbol{a}$ と同じ向きで，大きさ（ノルム）1 の単位ベクトル $\boldsymbol{e}$ が作られるんだね。そして，数学ではこの大きさを 1 にすることを“**正規化**(せいきか)**する**”(*normalize*) といい，特に重要視するんだね。ン？重要視する，その理由を知りたいって？

その理由は，大きさ**1**は，色で表すと白と同じだからだ。白い画用紙の上には，自分の好きな様々な色が塗れるでしょう。これと同じで，大きさを一旦，**1**にしてしまうと，これに任意の長さをかけて，自分の好きな大きさのベクトルを自由に作ることが出来るからなんだね。

(*ex*1) ベクトル $\boldsymbol{a}$ のノルムが $\|\boldsymbol{a}\|=3$ であるとき，$\boldsymbol{a}$ と同じ向きの単位ベクトル $\boldsymbol{e}$ は，$\boldsymbol{e}=\dfrac{1}{\|\boldsymbol{a}\|}\boldsymbol{a}=\dfrac{1}{3}\boldsymbol{a}$ となる。

(*ex*2) ベクトル $\boldsymbol{b}$ のノルムが $\|\boldsymbol{b}\|=\dfrac{1}{2}$ であるとき，$\boldsymbol{b}$ と同じ向きの単位ベクトル $\boldsymbol{e}'$ は，$\boldsymbol{e}'=\dfrac{1}{\|\boldsymbol{b}\|}\boldsymbol{b}=\dfrac{1}{\frac{1}{2}}\boldsymbol{b}=2\boldsymbol{b}$ となる。

● ベクトルが，空間を張る！

さらに，ベクトルに，和と差を導入すると，ベクトルの計算が自由に出来るようになる。図**3**(i)に示すように，**2**つのベクトル $\boldsymbol{a}$ と $\boldsymbol{b}$ の和 $\boldsymbol{c}=\boldsymbol{a}+\boldsymbol{b}$ は $\boldsymbol{a}$ と $\boldsymbol{b}$ とでできる平行四辺形の対角線を有向線分にもつベクトルになる。ここで，図**3**(ii)のように $\boldsymbol{b}$ を平行移動して考えると面白い。これから，始点**A**と終点**B**が同じならば，$\boldsymbol{a}+\boldsymbol{b}$ のように中継点を通ってまわり道して行っても，$\boldsymbol{c}$ のように直線的に**A**から**B**に行っても，同じことになるんだね。ボクは，これを“まわり道の原理”と呼んでいる。

図**3**　ベクトルの和

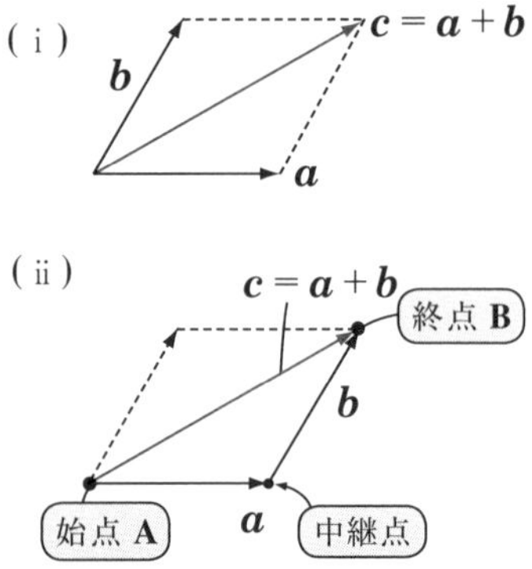

次に，ベクトルの差 $\boldsymbol{d}=\boldsymbol{a}-\boldsymbol{b}$ では $\boldsymbol{d}=\boldsymbol{a}+(-\boldsymbol{b})$ とみて，$\boldsymbol{a}$ と $-\boldsymbol{b}$ の和と考えればいいんだね。図**4**を見ればわかるはずだ。

図**4**　ベクトルの差

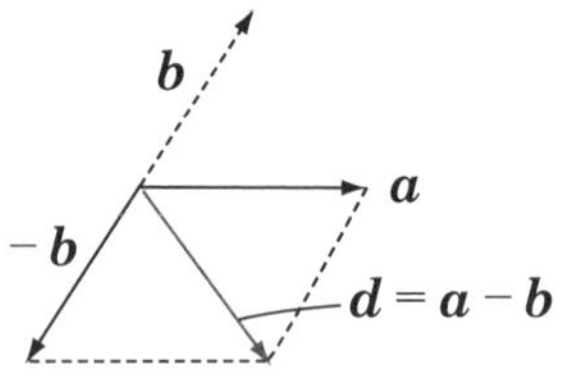

ここで，平行でなく，かつ $\mathbf{0}$ でもない 2 つのベクトル $\boldsymbol{a}$ と $\boldsymbol{b}$($\boldsymbol{a} \nparallel \boldsymbol{b}$, $\boldsymbol{a} \neq \mathbf{0}$, $\boldsymbol{b} \neq \mathbf{0}$)

（これを，$\boldsymbol{a}$，$\boldsymbol{b}$ は "**1次独立**" という。）

の 1 次結合 $s\boldsymbol{a}+t\boldsymbol{b}$ (s, $t \in R$) で

（"s と t は実数" の意味。R は実数全体を表す集合のこと。また，s と t は媒介変数（ばいかいへんすう）ということもある。）

図 5　2 次元平面を張る $\boldsymbol{a}$ と $\boldsymbol{b}$

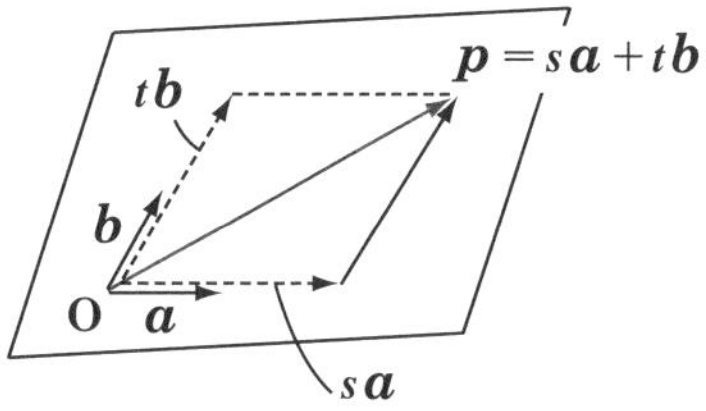

ベクトル $\boldsymbol{p}$ を表すと，$\boldsymbol{p}=s\boldsymbol{a}+t\boldsymbol{b}$ となり，ここで，実数(媒介変数)s と t の値を任意に変化させると，$\boldsymbol{p}$ の終点は，1 つの 2 次元平面を描くことがわかるはずだ。この平面を，2 つのベクトル "**$\boldsymbol{a}$ と $\boldsymbol{b}$ で張られた平面**" と表現することも覚えておこう。

● ベクトルの成分表示について解説しよう！

図 6(i) に示すように，xy 座標平面上で，原点 O(0, 0) を**始点**とし，点 A(x_1, y_1) を**終点**とするベクトル $\overrightarrow{OA}$ を $\boldsymbol{a}$ とおくと，$\boldsymbol{a}$ を成分で次のように表せる。

$\boldsymbol{a}=[x_1,\ y_1]$，または $\boldsymbol{a}=\begin{bmatrix} x_1 \\ y_1 \end{bmatrix}$

（x_1，y_1 は，それぞれ x **成分**，y **成分**と呼び，$\boldsymbol{a}=[x_1,\ y_1]$ のように成分を横に並べたものを "**行（ぎょう）ベクトル**" と呼び $\boldsymbol{a}=\begin{bmatrix} x_1 \\ y_1 \end{bmatrix}$ のように縦に並べたものを "**列（れつ）ベクトル**" という。どちらで表しても同じことで，式によって使い分ける。）

図 6(i)　ベクトルの成分表示

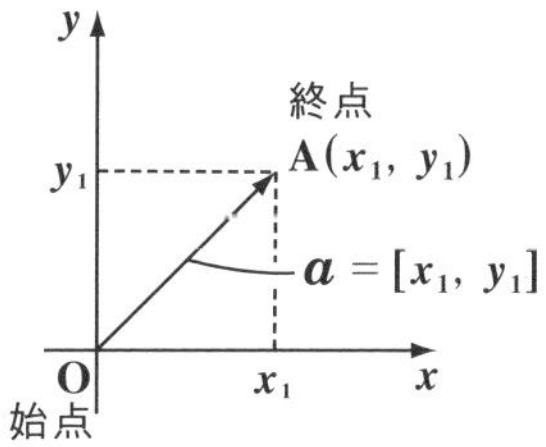

そして，ベクトル $\boldsymbol{a}=[x_1,\ y_1]$ と成分表示しても，図 6(ii) に示すように，大きさと向きが同じであれば，始点が原点 O でなくても同じ $\boldsymbol{a}$ なんだね。ただし，$\boldsymbol{a}=[x_1,\ y_1]$ と成分表示された場合，これは $\boldsymbol{a}$ を平行移動して始点を原点 O にもってきたときの終点の座標が (x_1, y_1) であるということを頭に入れておこう。

(ii)

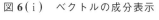

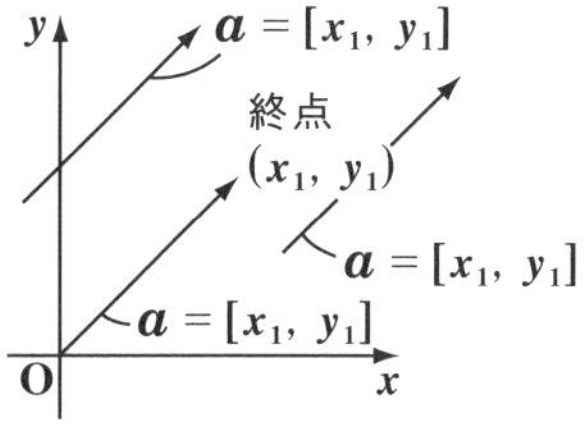

では次に，成分表示されたベクトル $\boldsymbol{a}=[x_1,\ y_1]$ のノルム(大きさ)$\|\boldsymbol{a}\|$ は，図7に示すように三平方の定理より

$\|\boldsymbol{a}\|^2=\underline{x_1{}^2+y_1{}^2}$ ……$(*1)$ となるので，

（x_1, y_1 は2乗するので，負の数でも構わない。）

$\|\boldsymbol{a}\|=\sqrt{x_1{}^2+y_1{}^2}$ となる。そして，ノルムは大きさだけの量なので，スカラーであることにも気を付けよう。

図7　$\|\boldsymbol{a}\|$ の成分表示

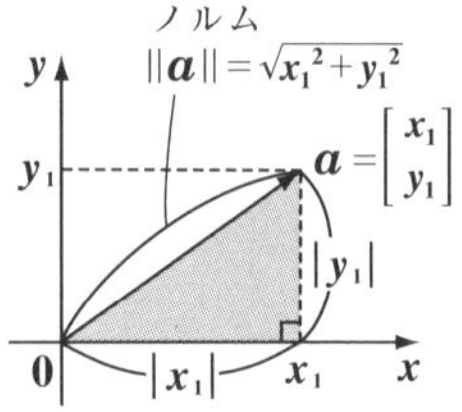

では，点 $\mathrm{A}(x_1,\ y_1)$ を始点とし，点 $\mathrm{B}(x_2,\ y_2)$ を終点とするベクトル $\overrightarrow{\mathrm{AB}}$ の成分表示についても解説しよう。

図8(ⅰ)に示すように，$\overrightarrow{\mathrm{AB}}$ は中継点Oを通るまわり道で表すこともできるので，

$\overrightarrow{\mathrm{AB}}=\underline{\overrightarrow{\mathrm{AO}}}+\overrightarrow{\mathrm{OB}}$ ……① ←（たし算形式のまわり道の原理）

（$\overrightarrow{\mathrm{AO}}=-\overrightarrow{\mathrm{OA}}$）

図8(ⅰ)　$\overrightarrow{\mathrm{AB}}=\overrightarrow{\mathrm{OB}}-\overrightarrow{\mathrm{OA}}$

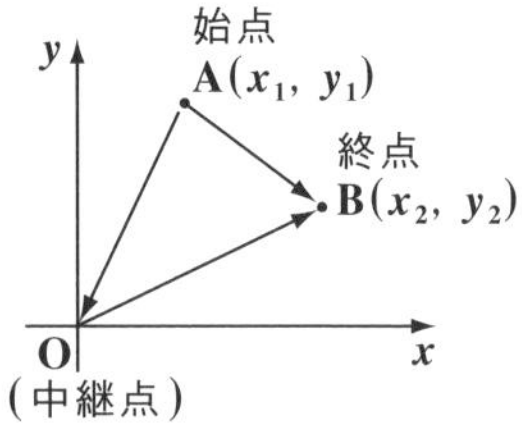

そして，$\overrightarrow{\mathrm{AO}}=-\overrightarrow{\mathrm{OA}}$ と表せるので，①は

$\overrightarrow{\mathrm{AB}}=\overrightarrow{\mathrm{OB}}-\overrightarrow{\mathrm{OA}}$ ……② となる。←（引き算形式のまわり道の原理）

よって，図8(ⅱ)に示すように，

$\overrightarrow{\mathrm{OA}}=\boldsymbol{a}=[x_1,\ y_1]$，$\overrightarrow{\mathrm{OB}}=\boldsymbol{b}=[x_2,\ y_2]$ とおくと，②は，

$\overrightarrow{\mathrm{AB}}=\boldsymbol{b}-\boldsymbol{a}$

$\quad=[x_2,\ y_2]-[x_1,\ y_1]$

$\quad=[x_2-x_1,\ y_2-y_1]$ ……②′

(ⅱ)

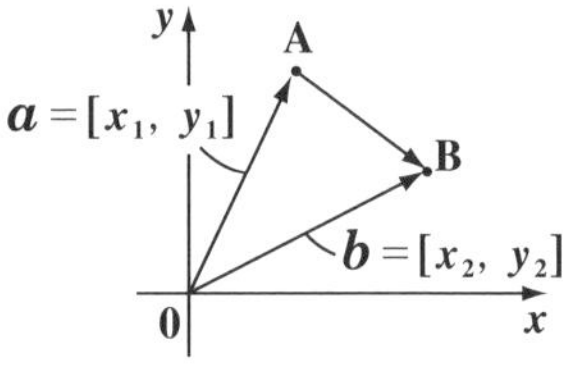

成分表示されたベクトル $\boldsymbol{a}=[x_1,\ y_1]$，$\boldsymbol{b}=[x_2,\ y_2]$ について，

(ⅰ) $k\boldsymbol{a}=k[x_1,\ y_1]=[kx_1,\ ky_1]$　(k：定数)　となり，また，

(ⅱ) $\boldsymbol{a}+\boldsymbol{b}=[x_1,\ y_1]+[x_2,\ y_2]=[x_1+x_2,\ y_1+y_2]$　となる。さらに，

(ⅲ) $\boldsymbol{b}-\boldsymbol{a}=[x_2,\ y_2]-[x_1,\ y_1]=[x_2-x_1,\ y_2-y_1]$　となる。

つまり，(ⅰ)係数 k は，それぞれの成分にかかり，(ⅱ)たし算では，それぞれの成分同士のたし算になり，(ⅲ)引き算でも，それぞれの成分同士の引き算になる。

よって，$\overrightarrow{AB} = \boldsymbol{b} - \boldsymbol{a}$ のノルム（大きさ）は右図より三平方の定理を用いて，公式：

$$\|\overrightarrow{AB}\| = \|\boldsymbol{b} - \boldsymbol{a}\| = \sqrt{(x_2 - x_1)^2 + (y_2 - y_1)^2} \quad \cdots (*2)$$

により求められるんだね。

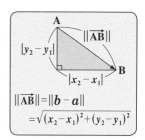

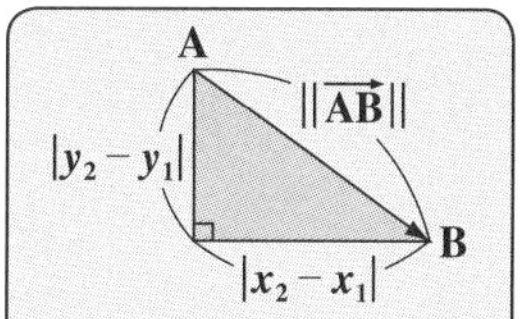

$\|\overrightarrow{AB}\| = \|\boldsymbol{b} - \boldsymbol{a}\|$
$= \sqrt{(x_2 - x_1)^2 + (y_2 - y_1)^2}$

それでは，成分表示されたベクトルの計算練習を次の例題でやっておこう。

> 例題 7　$\boldsymbol{a} = [2,\ -1]$，$\boldsymbol{b} = [-1,\ 3]$ のとき，次の問いに答えよ。
> (1) $\|\boldsymbol{a}\|$ と $\|\boldsymbol{b}\|$ と $\|\boldsymbol{b} - \boldsymbol{a}\|$ を求めよ。
> (2) $\|\boldsymbol{a} + 3\boldsymbol{b}\|$ と $\|2\boldsymbol{a} - \boldsymbol{b}\|$ を求めよ。

(1) $\boldsymbol{a} = [2,\ -1]$，$\boldsymbol{b} = [-1,\ 3]$ より，

$\boldsymbol{b} - \boldsymbol{a} = [-1,\ 3] - [2,\ -1] = [-1-2,\ 3-(-1)] = [-3,\ 4]$

（$\boldsymbol{a} = \overrightarrow{OA}$，$\boldsymbol{b} = \overrightarrow{OB}$ のとき，$\overrightarrow{AB} = \boldsymbol{b} - \boldsymbol{a}$ となる。）

よって，それぞれのベクトルのノルム（大きさ）を求めると，

$\|\boldsymbol{a}\| = \sqrt{2^2 + (-1)^2} = \sqrt{4+1} = \sqrt{5}$，$\|\boldsymbol{b}\| = \sqrt{(-1)^2 + 3^2} = \sqrt{1+9} = \sqrt{10}$，

$\|\boldsymbol{b} - \boldsymbol{a}\| = \sqrt{(-3)^2 + (-4)^2} = \sqrt{9+16} = \sqrt{25} = 5$　である。

(2) (i) $\boldsymbol{a} + 3\boldsymbol{b} = [2,\ -1] + 3[-1,\ 3] = [2,\ -1] + [-3,\ 9]$
$= [2-3,\ -1+9] = [-1,\ 8]$ より，

$\|\boldsymbol{a} + 3\boldsymbol{b}\| = \sqrt{(-1)^2 + 8^2} = \sqrt{1+64} = \sqrt{65}$　である。

(ii) $2\boldsymbol{a} - \boldsymbol{b} = 2[2,\ -1] - [-1,\ 3] = [4,\ -2] - [-1,\ 3]$
$= [4-(-1),\ -2-3] = [5,\ -5]$ より，

$\|2\boldsymbol{a} - \boldsymbol{b}\| = \sqrt{5^2 + (-5)^2} = \sqrt{25+25} = \sqrt{50} = 5\sqrt{2}$　である。

● ベクトルの内積について解説しよう！

整式の展開公式として，$(a-b)^2 = a^2 - 2ab + b^2$ があるでしょう。これと同様に実は，ベクトル $\boldsymbol{a} - \boldsymbol{b}$ のノルムの 2 乗も次のように展開できる。

$$\|\boldsymbol{a} - \boldsymbol{b}\|^2 = \|\boldsymbol{a}\|^2 - 2\underline{\boldsymbol{a} \cdot \boldsymbol{b}} + \|\boldsymbol{b}\|^2 \quad \cdots\cdots ①$$

（これが，$\boldsymbol{a}$ と $\boldsymbol{b}$ の“内積（ないせき）”になる。）

（$\boldsymbol{a} = \overrightarrow{OA}$，$\boldsymbol{b} = \overrightarrow{OB}$ のとき，$\boldsymbol{a} - \boldsymbol{b} = \overrightarrow{OA} - \overrightarrow{OB} = \overrightarrow{BA}$ のことだ。）

①の $\|\boldsymbol{a} - \boldsymbol{b}\|^2$ や $\|\boldsymbol{a}\|^2$ や $\|\boldsymbol{b}\|^2$ はすべて，ベクトルのノルム（大きさ）の 2 乗だから問題はないね。問題は，$\boldsymbol{a}$ と $\boldsymbol{b}$ のかけ算でこれを $\boldsymbol{a} \cdot \boldsymbol{b}$ と表し，

$\boldsymbol{a}$ と $\boldsymbol{b}$ の“内積(ないせき)”というんだね。
$\boldsymbol{a}$ と $\boldsymbol{b}$ はベクトルだから共に大きさと向きをもつけれど，①から明らかに，$\boldsymbol{a}$ と $\boldsymbol{b}$ の内積 $\boldsymbol{a}\cdot\boldsymbol{b}$ は，スカラー(ある数値)になるんだね。

$$\underbrace{\|\boldsymbol{a}-\boldsymbol{b}\|^2}_{\text{スカラー}}=\underbrace{\|\boldsymbol{a}\|^2}_{\text{スカラー}}-2\underbrace{\boldsymbol{a}\cdot\boldsymbol{b}}_{\text{スカラー}}+\underbrace{\|\boldsymbol{b}\|^2}_{\text{スカラー}}\ \cdots\cdots①$$

それでは，内積 $\boldsymbol{a}\cdot\boldsymbol{b}$ の基本事項を下にまとめて示しておこう。

ベクトルの内積

(Ⅰ) 2 つのベクトル $\boldsymbol{a}$ と $\boldsymbol{b}$ の内積 $\boldsymbol{a}\cdot\boldsymbol{b}$ は，次のように表される。

$\boldsymbol{a}\cdot\boldsymbol{b}=\|\boldsymbol{a}\|\|\boldsymbol{b}\|\cos\theta\ \cdots\cdots(*)$

(θ：$\boldsymbol{a}$ と $\boldsymbol{b}$ のなす角)

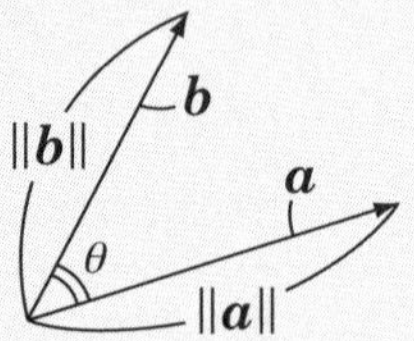

(Ⅱ) $\boldsymbol{a}=[x_1,\ y_1]$，$\boldsymbol{b}=[x_2,\ y_2]$ で成分表示されているとき，内積 $\boldsymbol{a}\cdot\boldsymbol{b}$ は，$\boldsymbol{a}\cdot\boldsymbol{b}=x_1x_2+y_1y_2\ \cdots\cdots(*)'$ で表される。

ン？何で，内積 $\boldsymbol{a}\cdot\boldsymbol{b}$ が $(*)$ や $(*)'$ の公式で表されるのか知りたい？いいよ，これから例題で解説していこう。

例題 8　右図に示すように，$\triangle$OAB について $\overrightarrow{OA}=\boldsymbol{a}$，$\overrightarrow{OB}=\boldsymbol{b}$，$\overrightarrow{BA}=\boldsymbol{a}-\boldsymbol{b}$ とおいて，$\boldsymbol{a}$ と $\boldsymbol{b}$ のなす角を θ とおく。
このとき，
$\|\boldsymbol{a}-\boldsymbol{b}\|^2=\|\boldsymbol{a}\|^2-2\boldsymbol{a}\cdot\boldsymbol{b}+\|\boldsymbol{b}\|^2\ \cdots\cdots①$
を用いて，内積の公式：$\boldsymbol{a}\cdot\boldsymbol{b}=\|\boldsymbol{a}\|\|\boldsymbol{b}\|\cos\theta\ \cdots\cdots(*)$
が成り立つことを示せ。

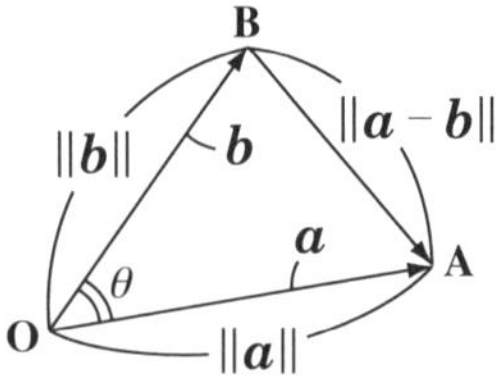

$\triangle$OAB に余弦定理を用いると，

$$\underbrace{BA^2}_{\|\boldsymbol{a}-\boldsymbol{b}\|^2}=\underbrace{OA^2}_{\|\boldsymbol{a}\|^2}+\underbrace{OB^2}_{\|\boldsymbol{b}\|^2}-2\underbrace{OA\cdot OB}_{\|\boldsymbol{a}\|\cdot\|\boldsymbol{b}\|}\cos\theta \text{ より，}$$

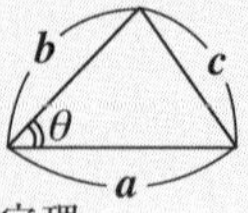

余弦定理
$c^2=a^2+b^2-2ab\cos\theta$

$\|\boldsymbol{a}-\boldsymbol{b}\|^2=\|\boldsymbol{a}\|^2-2\|\boldsymbol{a}\|\|\boldsymbol{b}\|\cos\theta+\|\boldsymbol{b}\|^2\ \cdots\cdots②$ となる。これと，

$\|\boldsymbol{a}-\boldsymbol{b}\|^2=\|\boldsymbol{a}\|^2-2\boldsymbol{a}\cdot\boldsymbol{b}\qquad+\|\boldsymbol{b}\|^2\ \cdots\cdots①$ とを比較して，

内積の公式：$\boldsymbol{a}\cdot\boldsymbol{b}=\|\boldsymbol{a}\|\|\boldsymbol{b}\|\cos\theta\ \cdots\cdots(*)$ が導けるんだね。大丈夫？

では次，成分表示された $\boldsymbol{a}$ と $\boldsymbol{b}$ の内積の公式 $(*)'$ も次の例題で導いてみよう。

> 例題 9　$\boldsymbol{a}=[x_1,\ y_1],\ \boldsymbol{b}=[x_2,\ y_2]$ のとき，
> $\|\boldsymbol{a}-\boldsymbol{b}\|^2=\|\boldsymbol{a}\|^2-2\boldsymbol{a}\cdot\boldsymbol{b}+\|\boldsymbol{b}\|^2$ ……①を用いて，
> 内積の公式：$\boldsymbol{a}\cdot\boldsymbol{b}=x_1x_2+y_1y_2$ ……$(*)'$ を導け。

$\boldsymbol{a}=[x_1,\ y_1],\ \boldsymbol{b}=[x_2,\ y_2]$ より，$\boldsymbol{a}-\boldsymbol{b}=[x_1-x_2,\ y_1-y_2]$ となる。よって，

$\|\boldsymbol{a}\|^2=x_1^2+y_1^2$ ……②，$\|\boldsymbol{b}\|^2=x_2^2+y_2^2$ ……③，

$\|\boldsymbol{a}-\boldsymbol{b}\|^2=(x_1-x_2)^2+(y_1-y_2)^2$ …④ となる。②，③，④を①に代入して，

$$\underbrace{(x_1-x_2)^2}_{x_1^2-2x_1x_2+x_2^2}+\underbrace{(y_1-y_2)^2}_{y_1^2-2y_1y_2+y_2^2}=x_1^2+y_1^2-2\boldsymbol{a}\cdot\boldsymbol{b}+x_2^2+y_2^2$$

$$\cancel{x_1^2}-2x_1x_2+\cancel{x_2^2}+\cancel{y_1^2}-2y_1y_2+\cancel{y_2^2}=\cancel{x_1^2}+\cancel{y_1^2}-2\boldsymbol{a}\cdot\boldsymbol{b}+\cancel{x_2^2}+\cancel{y_2^2}$$

$-2(x_1x_2+y_1y_2)=-2\boldsymbol{a}\cdot\boldsymbol{b}$ より，両辺を -2 で割って，

内積の公式：$\boldsymbol{a}\cdot\boldsymbol{b}=x_1x_2+y_1y_2$ ……$(*)'$ も導けるんだね。大丈夫？

$\boldsymbol{a}\neq\boldsymbol{0}$，$\boldsymbol{b}\neq\boldsymbol{0}$ のとき，$\boldsymbol{a}$ と $\boldsymbol{b}$ の直交条件，すなわち $\boldsymbol{a}\perp\boldsymbol{b}$ となる条件は，$\boldsymbol{a}\cdot\boldsymbol{b}=0$ なんだね。$\boldsymbol{a}$ と $\boldsymbol{b}$ のなす角 θ が $\theta=90°$ のとき，公式 $(*)$ より，

$\boldsymbol{a}\cdot\boldsymbol{b}=\|\boldsymbol{a}\|\|\boldsymbol{b}\|\underbrace{\cos 90°}_{0}=0$ となるからだ。

また，内積 $\boldsymbol{a}\cdot\boldsymbol{b}$ を使えば，ノルムの中にベクトルの式があるとき，たとえば $\|2\boldsymbol{a}-3\boldsymbol{b}\|$ の場合，これを 2 乗して整式と同様に次のように展開できる。

$\|2\boldsymbol{a}-3\boldsymbol{b}\|^2=4\|\boldsymbol{a}\|^2-12\boldsymbol{a}\cdot\boldsymbol{b}+9\|\boldsymbol{b}\|^2$ ← $(2a-3b)^2=4a^2-12ab+9b^2$ と同様。

さらにベクトルの式同士の内積，たとえば $(2\boldsymbol{a}-\boldsymbol{b})\cdot(\boldsymbol{a}+3\boldsymbol{b})$ も整式と同様に次のように展開できる。

$$(2\boldsymbol{a}-\boldsymbol{b})\cdot(\boldsymbol{a}+3\boldsymbol{b})=2\|\boldsymbol{a}\|^2+6\boldsymbol{a}\cdot\boldsymbol{b}-\underbrace{\boldsymbol{b}\cdot\boldsymbol{a}}_{\boldsymbol{a}\cdot\boldsymbol{b}}-3\|\boldsymbol{b}\|^2$$

$$=2\|\boldsymbol{a}\|^2+5\boldsymbol{a}\cdot\boldsymbol{b}-3\|\boldsymbol{b}\|^2$$

← $(2a-b)(a+3b)=2a^2+5ab-3b^2$ と同様。

公式 $(*)$ より，内積では，交換法則：$\boldsymbol{a}\cdot\boldsymbol{b}=\boldsymbol{b}\cdot\boldsymbol{a}$ が成り立つ。

では，次の例題で実際に内積の計算を行ってみよう。

例題 10　$\boldsymbol{a}=[1,\ -2]$, $\boldsymbol{b}=[3,\ 4]$ であるとき，次の各問いに答えよ。

(1) $\boldsymbol{a}$ と $\boldsymbol{b}$ のなす角を θ ($0^\circ \leqq \theta \leqq 180^\circ$) とおく。このとき $\cos\theta$ の値を求めよ。

(2) $\boldsymbol{a}-\boldsymbol{b}$ と $\boldsymbol{a}+s\boldsymbol{b}$ が直交するような，定数 s の値を求めよ。

(1) $\boldsymbol{a}=[1,\ -2]$, $\boldsymbol{b}=[3,\ 4]$ より，

$$\|\boldsymbol{a}\|=\sqrt{1^2+(-2)^2}=\sqrt{5}$$

$$\|\boldsymbol{b}\|=\sqrt{3^2+4^2}=\sqrt{25}=5$$

> $\boldsymbol{a}=[x_1,\ y_1]$, $\boldsymbol{b}=[x_2,\ y_2]$
> $\|\boldsymbol{a}\|=\sqrt{x_1{}^2+y_1{}^2}$, $\|\boldsymbol{b}\|=\sqrt{x_2{}^2+y_2{}^2}$
> $\boldsymbol{a}\cdot\boldsymbol{b}=x_1y_2+y_1y_2$

$\boldsymbol{a}\cdot\boldsymbol{b}=1\times3+(-2)\times4=-5$　よって，$\boldsymbol{a}$ と $\boldsymbol{b}$ のなす角を θ とおくと，

内積の公式：$\boldsymbol{a}\cdot\boldsymbol{b}=\|\boldsymbol{a}\|\|\boldsymbol{b}\|\cos\theta$ より，

$$\cos\theta=\frac{\boldsymbol{a}\cdot\boldsymbol{b}}{\|\boldsymbol{a}\|\|\boldsymbol{b}\|}=\frac{-5}{\sqrt{5}\cdot5}=-\frac{1}{\sqrt{5}}=-\frac{\sqrt{5}}{5}$$ である。

(2) 次に，$(\boldsymbol{a}-\boldsymbol{b})\perp(\boldsymbol{a}+s\boldsymbol{b})$ (直交) であるとき，

$(\boldsymbol{a}-\boldsymbol{b})\cdot(\boldsymbol{a}+s\boldsymbol{b})=0$ より，

$\underbrace{\|\boldsymbol{a}\|^2}_{5}+(s-1)\underbrace{\boldsymbol{a}\cdot\boldsymbol{b}}_{-5}-s\underbrace{\|\boldsymbol{b}\|^2}_{25}=0$

> $(a-b)(a+sb)$
> $=a^2+(s-1)ab-sb^2$ と同様

よって，$5-5(s-1)-25s=0$　両辺を 5 で割って，

$1-s+1-5s=0$　$6s=2$　$\therefore s=\dfrac{1}{3}$ である。

では次，ベクトルの内積と正射影の関係についても説明しておこう。図 9 に示すように，$\boldsymbol{a}$ と $\boldsymbol{b}$ が与えられたとき $\boldsymbol{a}$ を地面，$\boldsymbol{b}$ を斜めにささった棒と考えよう。このとき，$\boldsymbol{a}$ に垂直に真上から光が射したとき，$\boldsymbol{b}$ が $\boldsymbol{a}$ に落とす影を "**正射影**(せいしゃえい)" といい，この長さは，$\dfrac{\boldsymbol{a}\cdot\boldsymbol{b}}{\|\boldsymbol{a}\|}$ と表すことができる。なぜなら，

$$\frac{\boldsymbol{a}\cdot\boldsymbol{b}}{\|\boldsymbol{a}\|}=\frac{\|\boldsymbol{a}\|\|\boldsymbol{b}\|\cos\theta}{\|\boldsymbol{a}\|}=\|\boldsymbol{b}\|\cos\theta$$

となるからなんだね。

図 9　内積と正射影

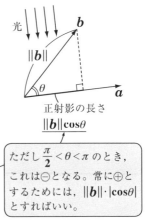

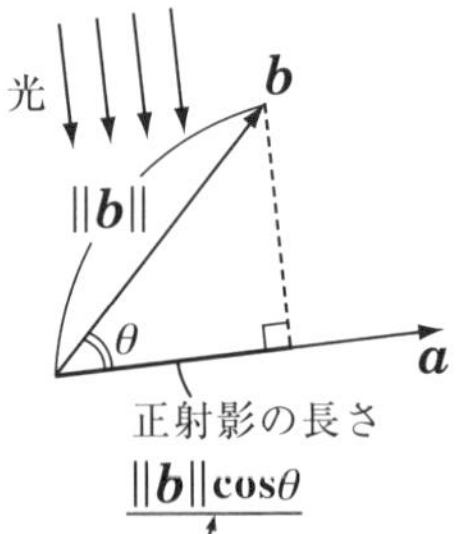

> ただし $\dfrac{\pi}{2}<\theta<\pi$ のとき，これは⊖となる。常に⊕とするためには，$\|\boldsymbol{b}\|\cdot|\cos\theta|$ とすればいい。

● ベクトル方程式で円を描こう！

　これから“**ベクトル方程式**”(***vector equation***)により，xy 平面上に円や直線や線分を描く手法について解説しよう。その際に，動ベクトル $\boldsymbol{p}=[x,\ y]$ を利用することになるんだけれど，実は，これは xy 平面が **2** つの直交する単位ベクトルが張る平面であることを表しているんだね。ン？何のことかよく分からないって？これから解説しよう。

動ベクトル $\boldsymbol{p}=[x,\ y]$ の始点は原点 **O**，終点を $\mathrm{P}(x,\ y)$ とおくと，**2** つの変数 $x,\ y$ について何の制約条件もなければ，x と y は自由に値を取り得るので，図 **10** に示すように，動点 $\mathrm{P}(x,\ y)$ は xy 平面全体を動く。つまり，動点 **P** は xy 平面全体を表すと考えることができるんだね。

図 **10**　$\mathrm{P}(x,\ y)$ は xy 平面全体を表す

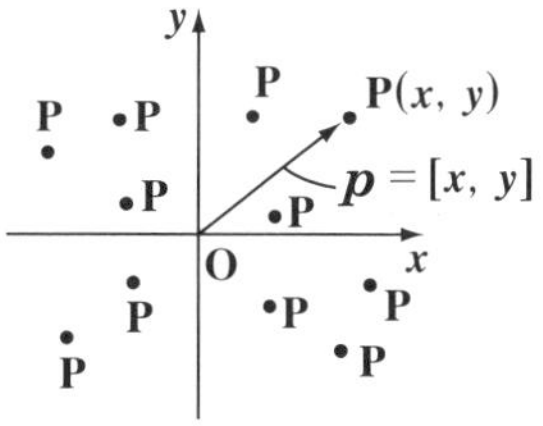

　では次に動ベクトル $\boldsymbol{p}=\overrightarrow{\mathrm{OP}}=[x,\ y]$ について考えよう。この成分表示された $\boldsymbol{p}$ の式を変形すると，

$$\boldsymbol{p}=\begin{bmatrix} x \\ y \end{bmatrix}=\begin{bmatrix} x \\ 0 \end{bmatrix}+\begin{bmatrix} 0 \\ y \end{bmatrix}$$ ← 列ベクトルで表している。

$$=x\underbrace{\begin{bmatrix} 1 \\ 0 \end{bmatrix}}_{\text{これを } \boldsymbol{e}_1}+y\underbrace{\begin{bmatrix} 0 \\ 1 \end{bmatrix}}_{\text{これを } \boldsymbol{e}_2 \text{ とおく。}}$$ となる。

ここで，$\boldsymbol{e}_1=[1,\ 0],\ \boldsymbol{e}_2=[0,\ 1]$ とおくと，

（これは，$\boldsymbol{e}_1=\begin{bmatrix} 1 \\ 0 \end{bmatrix}$，$\boldsymbol{e}_2=\begin{bmatrix} 0 \\ 1 \end{bmatrix}$ と表すのと同じこと。）

図 **11**　$\boldsymbol{e}_1$ と $\boldsymbol{e}_2$ が xy 平面を張る

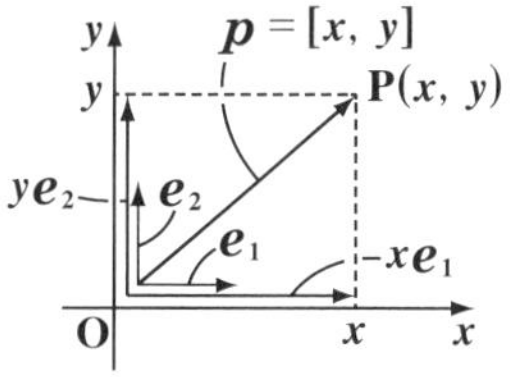

図 **11** に示すように，$\boldsymbol{e}_1$ と $\boldsymbol{e}_2$ は直交する大きさ **1** の単位ベクトルで

（$\boldsymbol{e}_1\cdot\boldsymbol{e}_2=[1,\ 0]\cdot[0,\ 1]=1\times0+0\times1=0$ となって，$\boldsymbol{e}_1\perp\boldsymbol{e}_2$ となる。）

あり，動ベクトル $\boldsymbol{p}=x\boldsymbol{e}_1+y\boldsymbol{e}_2$ となるので，$\boldsymbol{e}_1$ と $\boldsymbol{e}_2$ の **1** 次結合が $\boldsymbol{p}$ ということになる。したがって $x,\ y\in R$(実数全体の集合)より，変数 $x,\ y$ が様々な値をとって変化すると，動ベクトル $\boldsymbol{p}$ の終点 **P** は，xy 平面全体を自由に動くことになる。つまり，**2** つの単位ベクトル $\boldsymbol{e}_1$ と $\boldsymbol{e}_2$ が張る平面が xy 平面であるということを示しているんだね。大丈夫？

それでは，円のベクトル方程式，すなわち動点 $\mathbf{P}(x,\ y)$ が円周上のみを動くようにする制約条件の式について解説しよう。図 **12** に示すように，動点 $\mathbf{P}(x,\ y)$ が中心 $\mathbf{A}(a,\ b)$，半径 r の円を描くためには $\overrightarrow{\mathbf{AP}}$ のノルムを常に正の定数 r と等しくすればいい。よって，

図 **12**　円のベクトル方程式

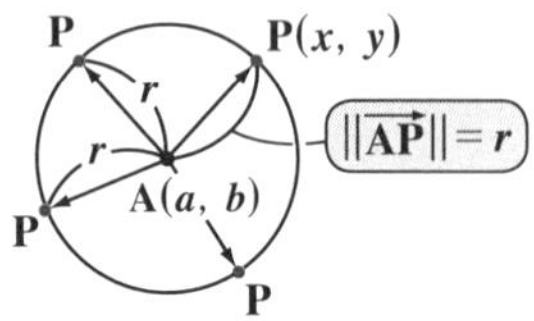

$\|\overrightarrow{\mathbf{AP}}\| = r$ ……① となる。

ここで，まわり道の原理より，

$\overrightarrow{\mathbf{AP}} = \overrightarrow{\mathbf{OP}} - \overrightarrow{\mathbf{OA}}$ ……② より，$\overrightarrow{\mathbf{OP}} = \underbrace{\boldsymbol{p} = [x,\ y]}_{\text{これは，動ベクトル}}$，$\overrightarrow{\mathbf{OA}} = \underbrace{\boldsymbol{a} = [a,\ b]}_{\text{これは，変化しない定ベクトル}}$ とおくと，

②は，$\overrightarrow{\mathbf{AP}} = \boldsymbol{p} - \boldsymbol{a}$ ……②′ となる。よって，②′を①に代入すると，求める円のベクトル方程式が次のように導けるんだね。

円のベクトル方程式

中心 $\mathbf{A}(a,\ b)$，半径 r の円のベクトル方程式は，$\overrightarrow{\mathbf{OA}} = \boldsymbol{a} = [a,\ b]$，
動ベクトル $\boldsymbol{p} = [x,\ y]$ とおくと，次式で表される。
$\|\boldsymbol{p} - \boldsymbol{a}\| = r$ ……$(*)$

$\boldsymbol{p} - \boldsymbol{a} = [x,\ y] - [a,\ b] = [x-a,\ y-b]$ より，
$(*)$ の両辺を **2** 乗すると
$\underbrace{\|\boldsymbol{p} - \boldsymbol{a}\|^2}_{(x-a)^2+(y-b)^2} = r^2$ だから，よく知られた円の方程式：
$(x-a)^2 + (y-b)^2 = r^2$ …$(*)'$（中心 $(a,\ b)$，半径 r の円）が導けるんだね。
また，$(*)$ の左辺は，ノルムの中にベクトルの式が入っているので，$(*)$ の両辺を **2** 乗して，次のように変形することもできる。

$\underbrace{\|\boldsymbol{p} - \boldsymbol{a}\|^2}_{\|\boldsymbol{p}\|^2 - 2\boldsymbol{a}\cdot\boldsymbol{p} + \|\boldsymbol{a}\|^2} = r^2$　　$\|\boldsymbol{p}\|^2 - 2\boldsymbol{a}\cdot\boldsymbol{p} + \underbrace{\|\boldsymbol{a}\|^2 - r^2}_{\text{これは，定数（スカラー）}c\text{ とおける。}} = 0$

よって，円のベクトル方程式は，
$\|\boldsymbol{p}\|^2 - 2\boldsymbol{a}\cdot\boldsymbol{p} + c = 0$ ……$(*)''$（c：定数）と表すこともできるんだね。
面白かったでしょう？

では，次の例題で円のベクトル方程式の問題を解いてみよう。

例題 11　動ベクトル $\boldsymbol{p}=\overrightarrow{\mathrm{OP}}=[x,\ y]$ と定ベクトル $\boldsymbol{b}=[-2,\ 4]$ が方程式：$\|\boldsymbol{p}\|^2-\boldsymbol{b}\cdot\boldsymbol{p}=0$ ……①をみたすとき，動点 $\mathrm{P}(x,\ y)$ の描く図形を求めよ。

$\boldsymbol{a}=[-1,\ 2]$ とおくと，$\|\boldsymbol{a}\|^2=(-1)^2+2^2=5$ であり，$\boldsymbol{b}=2\boldsymbol{a}$ …② となる。

②を①に代入して，$\|\boldsymbol{p}\|^2-2\boldsymbol{a}\cdot\boldsymbol{p}+\|\boldsymbol{a}\|^2=\|\boldsymbol{a}\|^2$ ←（両辺に $\|\boldsymbol{a}\|^2$ をたした。）（5）

$\|\boldsymbol{p}-\boldsymbol{a}\|^2=5$ より，$\|\boldsymbol{p}-\boldsymbol{a}\|=\sqrt{5}$ ……③（r）

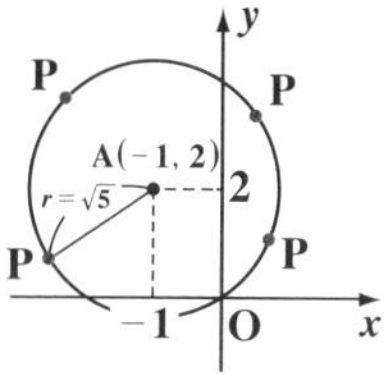

となる。よって，$\boldsymbol{p}=\overrightarrow{\mathrm{OP}}$ の終点 P は，$\boldsymbol{a}=\overrightarrow{\mathrm{OA}}=[-1,\ 2]$ とおくと，右図に示すように，中心 $\mathrm{A}(-1,\ 2)$，半径 $r=\sqrt{5}$ の円を描く。

● 直線のベクトル方程式にもチャレンジしよう！

では次，直線は，通る点 $\mathrm{A}(x_1,\ y_1)$ と方向ベクトル $\boldsymbol{d}=[l,\ m]$ により，描けるんだね。

直線のベクトル方程式（Ⅰ）

$\boldsymbol{p}=\boldsymbol{a}+t\boldsymbol{d}$ ……(＊1)

$\left(\begin{array}{l}\boldsymbol{p}=\overrightarrow{\mathrm{OP}}=[x,\ y],\ \boldsymbol{a}=\overrightarrow{\mathrm{OA}}=[x_1,\ y_1]\ (\mathrm{A}：通る点)\\ 方向ベクトル\ \boldsymbol{d}=[l,\ m],\ t：媒介変数\end{array}\right)$

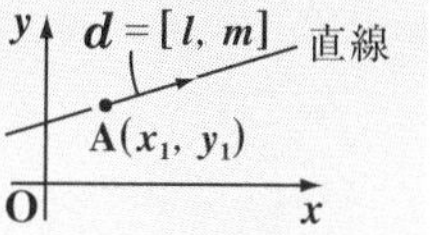

図 13 (ⅰ) に示すように，たし算形式のまわり道の原理より，原点 O から直線上の動点 P に向かうベクトル $\overrightarrow{\mathrm{OP}}$ は，$\overrightarrow{\mathrm{OP}}=\overrightarrow{\mathrm{OA}}+\overrightarrow{\mathrm{AP}}$ ……① と表される。

ここで，この $\overrightarrow{\mathrm{AP}}$ は，与えられた方向ベクトル $\boldsymbol{d}$ と媒介変数 t を使って，$\overrightarrow{\mathrm{AP}}=t\boldsymbol{d}$ ……② と表される。

②を①に代入して，$\overrightarrow{\mathrm{OP}}=\overrightarrow{\mathrm{OA}}+t\boldsymbol{d}$ となり，$\boldsymbol{p}=\overrightarrow{\mathrm{OP}}$，$\boldsymbol{a}=\overrightarrow{\mathrm{OA}}$ とおくと，直線の公式：$\boldsymbol{p}=\boldsymbol{a}+t\boldsymbol{d}$ …(＊1) が導ける。図 13 の (ⅰ) では $t=-1,\ 2$ のときの動ベクトル $\overrightarrow{\mathrm{OP}}$ を示したけれど，この t の値を連続的に変化させれば，図 13 の (ⅱ) のように，動点 P が直線を描くことが分かる。

図 13 (ⅰ)

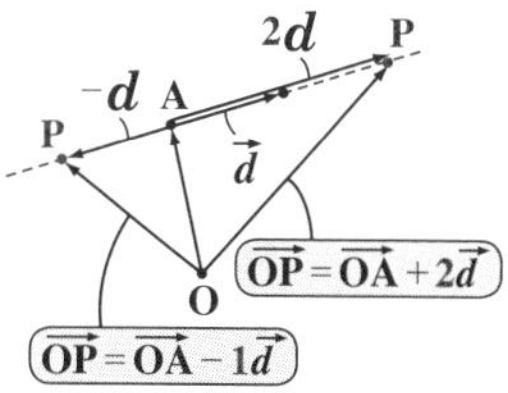

(ⅱ)

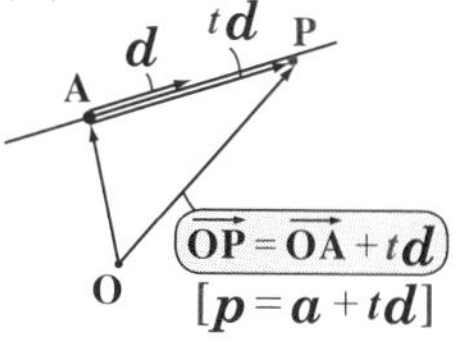

次に，図 **14** に示すように，通る点 A (x_1, y_1) と**法線ベクトル** $\boldsymbol{n} = [a, b]$ を指定しても，直線を描くことができる。ちなみに，法線ベクトルとは，直線と直交する定ベクトルのことなんだね。

図 **14**　法線ベクトル $\vec{n}$ をもつ直線

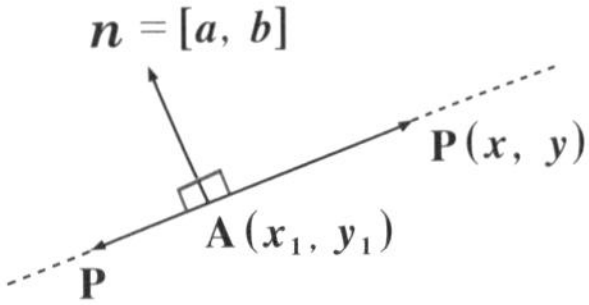

ここで，直線上を動く動点を P とおくと，図 **14** に示すように，法線ベクトル $\boldsymbol{n}$ と $\overrightarrow{AP}$ のなす角は $90°$ となるので，$\boldsymbol{n}$ と $\overrightarrow{AP}$ の内積は 0 となる。よって，$\boldsymbol{n} \cdot \overrightarrow{AP} = 0$ ……③ となる。

ここで，$\boldsymbol{p} = \overrightarrow{OP}$，$\boldsymbol{a} = \overrightarrow{OA}$ とおくと，$\overrightarrow{AP} = \overrightarrow{OP} - \overrightarrow{OA} = \boldsymbol{p} - \boldsymbol{a}$ ……④ となるので，④を③に代入すると，法線ベクトル $\boldsymbol{n}$ をもつ直線の方程式の公式となるんだね。

直線のベクトル方程式（Ⅱ）

$$\boldsymbol{n} \cdot (\boldsymbol{p} - \boldsymbol{a}) = 0 \quad \cdots\cdots (*2)$$

（法線ベクトル $\boldsymbol{n} = [a, b]$，
$\boldsymbol{p} = \overrightarrow{OP} = [x, y]$，$\boldsymbol{a} = \overrightarrow{OA} = [x_1, y_1]$）

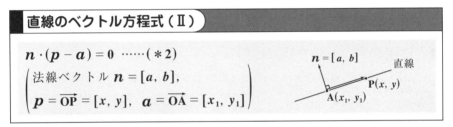

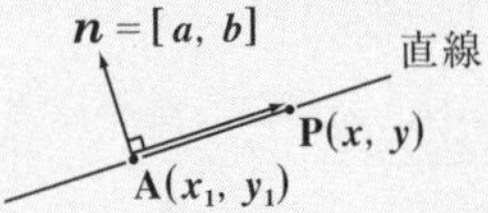

動ベクトル $\boldsymbol{p} = \overrightarrow{OP} = [x, y]$ とおいて，$(*2)$ を成分で表してみよう。すると，$\boldsymbol{p} - \boldsymbol{a} = \overrightarrow{OP} - \overrightarrow{OA} = [x, y] - [x_1, y_1] = [x - x_1, y - y_1]$ より，$(*2)$ は，$[a, b] \cdot [x - x_1, y - y_1] = 0$ となる。よって，

（まわり道の原理）

$$a(x - x_1) + b(y - y_1) = 0$$

（内積の成分表示 $[x_1, y_1] \cdot [x_2, y_2] = x_1 y_2 + y_1 y_2$）

$$ax + by \underline{- ax_1 - by_1} = 0$$

（これは定数なので，まとめて c とおける。）

ここで，$-ax_1 - by_1 = c$（定数）とおくと，見慣れた直線の方程式：$ax + by + c = 0$ が導けるんだね。面白かった？これから逆に，$ax + by + c = 0$ の直線の方程式が与えられたら，x と y の係数 a, b を抽出して，この直線の法線ベクトル $\boldsymbol{n}$ が $\boldsymbol{n} = [a, b]$ であることが分かる。たとえば，直線 $2x - y + 3 = 0$ の法線ベクトル $\boldsymbol{n}$ は $\boldsymbol{n} = [2, -1]$ となるんだね。大丈夫？

● 直線 AB と線分 AB もベクトル方程式で表せる！

まず初めに，xy 平面上の 2 点 A, B を通る直線 AB のベクトル方程式を

考えよう。これは簡単だね。図 **15** のように，方向ベクトル $\boldsymbol{d}$ を $\overrightarrow{AB}$ におきかえるだけだから，

$$\overrightarrow{OP} = \overrightarrow{OA} + t\underbrace{\overrightarrow{AB}}_{\boldsymbol{d}} = \overrightarrow{OA} + t(\overrightarrow{OB} - \overrightarrow{OA})$$
（まわり道）

$$\therefore \overrightarrow{OP} = (\underbrace{1-t}_{\alpha})\overrightarrow{OA} + \underbrace{t}_{\beta}\overrightarrow{OB} \quad \cdots\cdots①$$ となる。

ここで，$\boldsymbol{p} = \overrightarrow{OP}$，$\boldsymbol{a} = \overrightarrow{OA}$，$\boldsymbol{b} = \overrightarrow{OB}$ とおき，媒介変数 t についても $1-t=\alpha$，$t=\beta$ とおくと，$\alpha+\beta = 1-t+t = 1$ となる。よって，変数 α と β は $\alpha+\beta=1$ をみたしながら，変化することになるんだね。これらを①に代入すると，直線 **AB** のベクトル方程式になる。

図 15　直線 AB

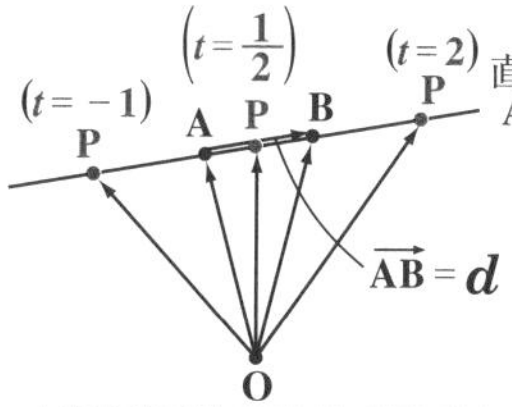

$\boldsymbol{p} = \overrightarrow{OP} = \alpha\overrightarrow{OA} + \beta\overrightarrow{OB}$
$= \alpha\boldsymbol{a} + \beta\boldsymbol{b}$
$(\alpha+\beta=1)$

直線 AB のベクトル方程式

$$\boldsymbol{p} = \alpha\boldsymbol{a} + \beta\boldsymbol{b} \quad \cdots\cdots(*3) \quad (\alpha+\beta=1)$$

(動ベクトル $\boldsymbol{p} = \overrightarrow{OP} = [x, y]$，定ベクトル $\boldsymbol{a} = \overrightarrow{OA} = [x_1, y_1]$，$\boldsymbol{b} = \overrightarrow{OB} = [x_2, y_2]$)

次に，線分 **AB** を表すベクトル方程式では，図 **16** に示すように，①の t が，$0 \leqq \underbrace{t}_{\beta} \leqq 1$ に限定される。よって，これから，$0 \leqq \underbrace{1-t}_{\alpha} \leqq 1$ となる。

（$0 \leqq t \leqq 1$ から $-1 \leqq -t \leqq 0$，$0 \leqq 1-t \leqq 1$ となる！）

以上より，$0 \leqq \alpha \leqq 1$，$0 \leqq \beta \leqq 1$ だね。ここで，$\alpha+\beta=1$ より，$\alpha \geqq 0$，$\beta \geqq 0$ と言えば自動的に，$\alpha \leqq 1$，$\beta \leqq 1$ は成り立つ。

以上より，線分 **AB** のベクトル方程式は次のようになる。

図 16　線分 AB

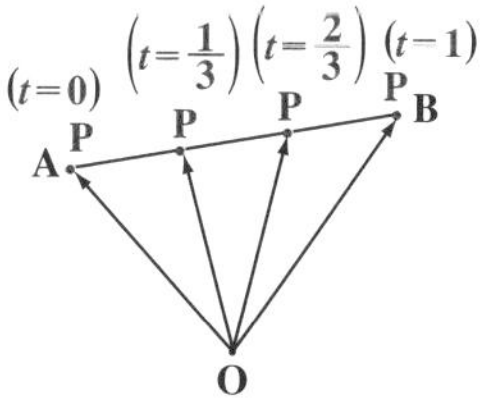

$\overrightarrow{OP} = \alpha\overrightarrow{OA} + \beta\overrightarrow{OB}$
$(\alpha+\beta=1,\ \alpha \geqq 0,\ \beta \geqq 0)$

（たとえば，$\alpha = 1-\beta \geqq 0$ より $\beta \leqq 1$ だね。$\alpha \leqq 1$ も同様に導ける。）

線分 AB のベクトル方程式

$$\boldsymbol{p} = \alpha\boldsymbol{a} + \beta\boldsymbol{b} \quad \cdots\cdots(*4) \quad (\alpha+\beta=1,\ \text{かつ}\ \alpha \geqq 0,\ \text{かつ}\ \beta \geqq 0)$$

(動ベクトル $\boldsymbol{p} = \overrightarrow{OP} = [x, y]$，定ベクトル $\boldsymbol{a} = \overrightarrow{OA} = [x_1, y_1]$，$\boldsymbol{b} = \overrightarrow{OB} = [x_2, y_2]$)

以上で，平面ベクトルの解説は終了です。さらに，演習問題で練習しよう！

演習問題 7　● △ABC の面積 ●

xy 平面上の三角形 ABC について，$\boldsymbol{a} = \overrightarrow{AB}$，$\boldsymbol{b} = \overrightarrow{AC}$ とおく。

(1) △ABC の面積 S が，次の公式で求められることを示せ。

$$S = \frac{1}{2}\sqrt{\|\boldsymbol{a}\|^2 \cdot \|\boldsymbol{b}\|^2 - (\boldsymbol{a}\cdot\boldsymbol{b})^2} \quad \cdots\cdots (*1)$$

(2) $\boldsymbol{a} = [x_1,\ y_1]$，$\boldsymbol{b} = [x_2,\ y_2]$ のとき△ABC の面積 S が，次の公式：

$$S = \frac{1}{2}|x_1 y_2 - x_2 y_1| \quad \cdots\cdots (*2)$$ で求められることを示せ。

(3) A(2, −1), B(3, 3), C(−1, 4) であるとき△ABC の面積 S を求めよ。

ヒント！ (1) △ABC の面積 S は，$S = \frac{1}{2}\mathrm{AB}\cdot\mathrm{AC}\cdot\sin\theta$ ($\theta = \angle\mathrm{BAC}$) だね。これを基に変形していこう！

解答＆解説

(1) $\angle\mathrm{CAB} = \theta$ とおくと，右図のように，

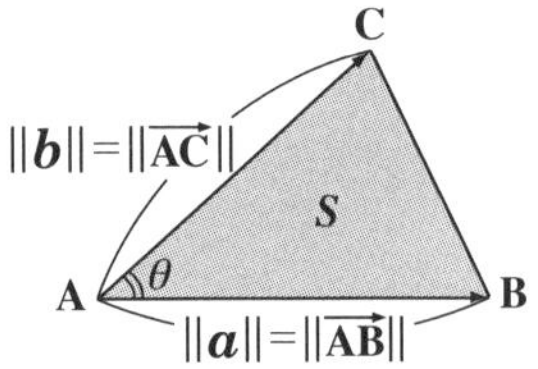

△ABC の面積 S は，

$$S = \frac{1}{2}\underbrace{\mathrm{AB}}_{\|\overrightarrow{AB}\|}\cdot\underbrace{\mathrm{AC}}_{\|\overrightarrow{AC}\|}\sin\theta \quad \cdots\cdots ①$$

と表される。①を変形して，

$$S = \frac{1}{2}\|\overrightarrow{AB}\|\cdot\|\overrightarrow{AC}\|\cdot\underbrace{\sin\theta}_{\sqrt{1-\cos^2\theta}}$$

> 公式：$\cos^2\theta + \sin^2\theta = 1$ より，
> $\sin\theta = \pm\sqrt{1-\cos^2\theta}$ となる。
> でも，$0 < \theta < 180°$ より，$\sin\theta > 0$
> よって，$\sin\theta = \sqrt{1-\cos^2\theta}$ となる。

$$= \frac{1}{2}\|\overrightarrow{AB}\|\cdot\|\overrightarrow{AC}\|\sqrt{1-\cos^2\theta}$$

$$= \frac{1}{2}\sqrt{\|\overrightarrow{AB}\|^2\cdot\|\overrightarrow{AC}\|^2(1-\cos^2\theta)}$$

> $\|\overrightarrow{AB}\|\cdot\|\overrightarrow{AC}\|$ を $\sqrt{\ }$ 内に入れたので，$\|\overrightarrow{AB}\|^2\cdot\|\overrightarrow{AC}\|^2$ となった。

$$= \frac{1}{2}\sqrt{\|\overrightarrow{AB}\|^2\cdot\|\overrightarrow{AC}\|^2 - \underbrace{\|\overrightarrow{AB}\|^2\cdot\|\overrightarrow{AC}\|^2\cos^2\theta}_{(\|\overrightarrow{AB}\|\cdot\|\overrightarrow{AC}\|\cos\theta)^2 = (\overrightarrow{AB}\cdot\overrightarrow{AC})^2}}$$

> 内積の公式：
> $\boldsymbol{a}\cdot\boldsymbol{b} = \|\boldsymbol{a}\|\|\boldsymbol{b}\|\cos\theta$
> を使った！

$$\therefore\ S = \frac{1}{2}\sqrt{\|\overrightarrow{AB}\|^2\cdot\|\overrightarrow{AC}\|^2 - (\overrightarrow{AB}\cdot\overrightarrow{AC})^2} \quad \cdots\cdots ②$$ となる。

②に，$\overrightarrow{AB}=\boldsymbol{a}$，$\overrightarrow{AC}=\boldsymbol{b}$ を代入すると，公式：

$S=\dfrac{1}{2}\sqrt{\|\boldsymbol{a}\|^2\cdot\|\boldsymbol{b}\|^2-(\boldsymbol{a}\cdot\boldsymbol{b})^2}$ ……$(*1)$ が導ける。………………(終)

(2) 次に，$\boldsymbol{a}=[x_1,\ y_1]$，$\boldsymbol{b}=[x_2,\ y_2]$ のとき，

$\|\boldsymbol{a}\|^2=x_1{}^2+y_1{}^2$，$\|\boldsymbol{b}\|=x_2{}^2+y_2{}^2$，

$\boldsymbol{a}\cdot\boldsymbol{b}=x_1x_2+y_1y_2$ より，これらを $(*1)$

に代入すると，

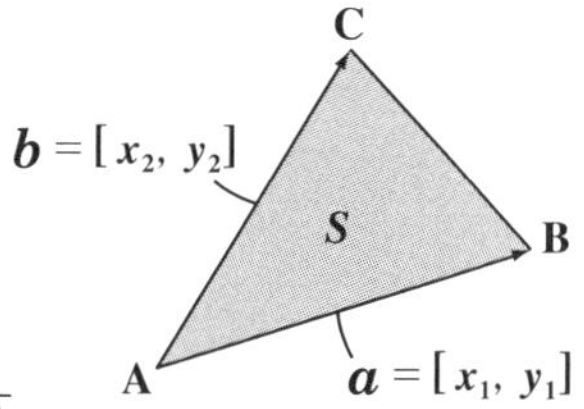

$S=\dfrac{1}{2}\sqrt{(x_1{}^2+y_1{}^2)(x_2{}^2+y_2{}^2)-(x_1x_2+y_1y_2)^2}$

$(x_1{}^2+y_1{}^2)(x_2{}^2+y_2{}^2)=x_1{}^2x_2{}^2+x_1{}^2y_2{}^2+x_2{}^2y_1{}^2+y_1{}^2y_2{}^2$

$(x_1x_2+y_1y_2)^2=x_1{}^2x_2{}^2+2x_1x_2y_1y_2+y_1{}^2y_2{}^2$

$=\dfrac{1}{2}\sqrt{x_1{}^2y_2{}^2-2x_1x_2y_1y_2+x_2{}^2y_1{}^2}$

$(x_1y_2)^2-2\cdot x_1y_2\cdot x_2y_1+(x_2y_1)^2=(x_1y_2-x_2y_1)^2$

公式：$a^2-2ab+b^2=(a-b)^2$

$=\dfrac{1}{2}\sqrt{(x_1y_2-x_2y_1)^2}$　　公式：$\sqrt{a^2}=|a|$

$=\dfrac{1}{2}|x_1y_2-x_2y_1|$ ……$(*2)$ が導ける。……………………………(終)

(3) $\overrightarrow{OA}=[2,\ -1]$，$\overrightarrow{OB}=[3,\ 3]$，

$\overrightarrow{OC}=[-1,\ 4]$ より，　まわり道の原理

$\boldsymbol{a}=\overrightarrow{AB}=\overrightarrow{OB}-\overrightarrow{OA}$

$=[3,\ 3]-[2,\ -1]=[1,\ 4]$　（$x_1=1$，$y_1=4$）

$\boldsymbol{b}=\overrightarrow{AC}=\overrightarrow{OC}-\overrightarrow{OA}$

$=[-1,\ 4]-[2,\ -1]=[-3,\ 5]$　（$x_2=-3$，$y_2=5$）

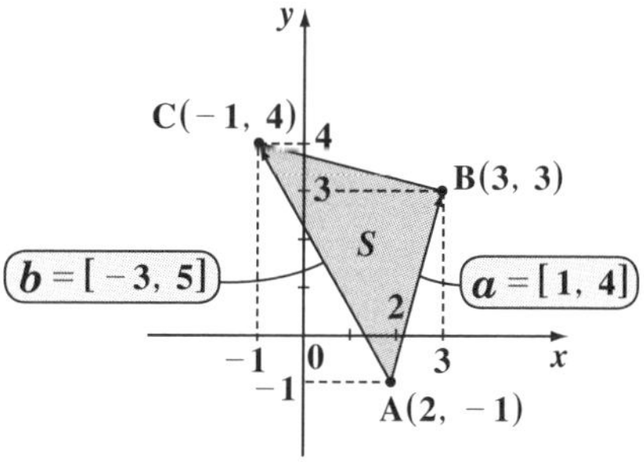

以上より，△ABC の面積 S は $(*2)$ の公式より，

$S=\dfrac{1}{2}|x_1\cdot y_2-x_2\cdot y_1|=\dfrac{1}{2}|5+12|=\dfrac{17}{2}$ である。……………………(答)

（$x_1\cdot y_2=1\times5$，$x_2\cdot y_1=(-3)\times4$）

演習問題 8 　●直線の方程式●

次の各直線の方程式を，x と y の方程式の形で表せ。

(1) 点 A$(-1,\ 2)$ を通り，方向ベクトル $\boldsymbol{d}=[2,\ -3]$ の直線 L_1

(2) 点 A$(2,\ -1)$ を通り，法線ベクトル $\boldsymbol{n}=[3,\ -1]$ の直線 L_2

ヒント！ $\boldsymbol{a}=\overrightarrow{\mathrm{OA}}$ とおくと，(1) の直線 L_1 は，$\boldsymbol{p}=\boldsymbol{a}+t\boldsymbol{d}$ で表され，(2) の直線 L_2 は，$\boldsymbol{n}\cdot(\boldsymbol{p}-\boldsymbol{a})=0$ で表される。これらを x と y の方程式に書き変えよう。

解答＆解説

(1) 直線 L_1 上の動ベクトルを $\boldsymbol{p}=[x,\ y]$ とおき，

また $\boldsymbol{a}=\overrightarrow{\mathrm{OA}}=[-1,\ 2]$ とおくと，L_1 のベクトル方程式は，

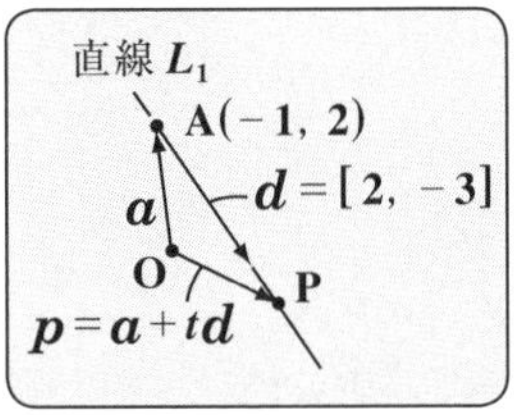

$\boldsymbol{p}=\boldsymbol{a}+t\boldsymbol{d}$ ……① 　(t：媒介変数) より，

これを変形して，

$[\underline{x},\ \underline{\underline{y}}]=[-1,\ 2]+t[2,\ -3]=[\underline{-1+2t},\ \underline{\underline{2-3t}}]$

よって，$x=-1+2t$ ……② 　$y=2-3t$ ……③

②より，$t=\dfrac{x+1}{2}$ ……②′，　③より，$t=\dfrac{y-2}{-3}$ ……③′

②′, ③′ より媒介変数 t を消去すると，$\dfrac{x+1}{2}=\dfrac{y-2}{-3}$ より，

$y-2=-\dfrac{3}{2}(x+1)$ 　$\therefore L_1$ の方程式は $y=-\dfrac{3}{2}x+\dfrac{1}{2}$ である。…(答)

(2) 直線 L_2 の動ベクトルを $\boldsymbol{p}=[x,\ y]$ とおき，

また $\boldsymbol{a}=\overrightarrow{\mathrm{OA}}=[2,\ -1]$ とおくと，L_2 のベクトル方程式は，

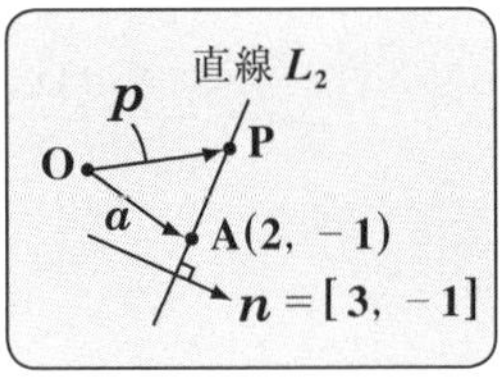

$\boldsymbol{n}\cdot(\boldsymbol{p}-\boldsymbol{a})=0$ となるので，

$[3,\ -1]\cdot[x-2,\ y+1]=0$ より，

$3(x-2)-1\cdot(y+1)=0$

$3x-6-y-1=0$

$\therefore L_2$ の方程式は，$3x-y-7=0$ (または，$y=3x-7$) である。……(答)

演習問題 9　● 直線 AB と線分 AB ●

動ベクトル $\boldsymbol{p}=\overrightarrow{OP}=[x,\ y]$ と 2 つの定ベクトル $\boldsymbol{a}=[-1,\ 1]$, $\boldsymbol{b}=[2,\ 4]$ と 2 つの媒介変数 $s,\ t$ が，次の条件式をみたすとき，動点 P の描く図形を xy 平面上に図示せよ。

(1) $\boldsymbol{p}=s\boldsymbol{a}+t\boldsymbol{b}$　$(s+2t=3)$

(2) $\boldsymbol{p}=s\boldsymbol{a}+t\boldsymbol{b}$　$(s+2t=3$，かつ $s\geqq 0$，かつ $t\geqq 0)$

ヒント！ $\boldsymbol{p}=\overrightarrow{OP}=\alpha\overrightarrow{OA}+\beta\overrightarrow{OB}$ が，(i) $\alpha+\beta=1$ をみたすとき，$\boldsymbol{p}$ は直線 AB を表し，(ii) $\alpha+\beta=1$，かつ $\alpha\geqq 0$，かつ $\beta\geqq 0$ のとき，線分 AB を表すんだね。この公式を利用しよう。

解答＆解説

$\boldsymbol{p}=\overrightarrow{OP}=[x,\ y]$，$\boldsymbol{a}=[-1,\ 1]$，$\boldsymbol{b}=[2,\ 4]$ について，

(1) $\boldsymbol{p}=\overrightarrow{OP}=s\boldsymbol{a}+t\boldsymbol{b}$ ……①，$s+2t=3$ ……② とおくと，②より，

$\underbrace{\frac{1}{3}s}_{\alpha}+\underbrace{\frac{2}{3}t}_{\beta}=1$ ……②′　ここで，$\frac{1}{3}s=\alpha$，$\frac{2}{3}t=\beta$ とおくと，①は，

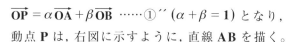

$\boldsymbol{p}=\overrightarrow{OP}=\underbrace{\alpha}_{\frac{1}{3}s}\cdot\underbrace{3\boldsymbol{a}}_{\overrightarrow{OA}}+\underbrace{\beta}_{\frac{2}{3}t}\cdot\underbrace{\frac{3}{2}\boldsymbol{b}}_{\overrightarrow{OB}}$ ……①′となる。

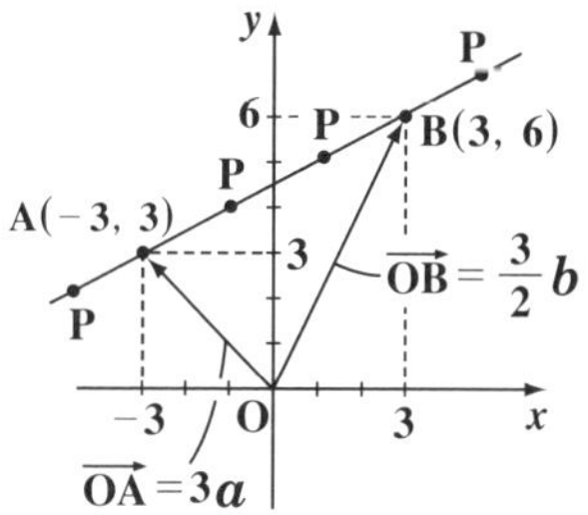

よって，$\overrightarrow{OA}=3\boldsymbol{a}=[-3,\ 3]$，$\overrightarrow{OB}=\frac{3}{2}\boldsymbol{b}=[3,\ 6]$

とおくと，①はさらに，

$\overrightarrow{OP}=\alpha\overrightarrow{OA}+\beta\overrightarrow{OB}$ ……①″ $(\alpha+\beta=1)$ となり，

動点 P は，右図に示すように，直線 AB を描く。

……(答)

(2) (1) と同様に変形すると，

$\overrightarrow{OP}=\alpha\overrightarrow{OA}+\beta\overrightarrow{OB}$　$(\alpha+\beta=1,\ \underbrace{\alpha\geqq 0}_{\frac{1}{3}s\geqq 0},\ \underbrace{\beta\geqq 0}_{\frac{2}{3}t\geqq 0})$

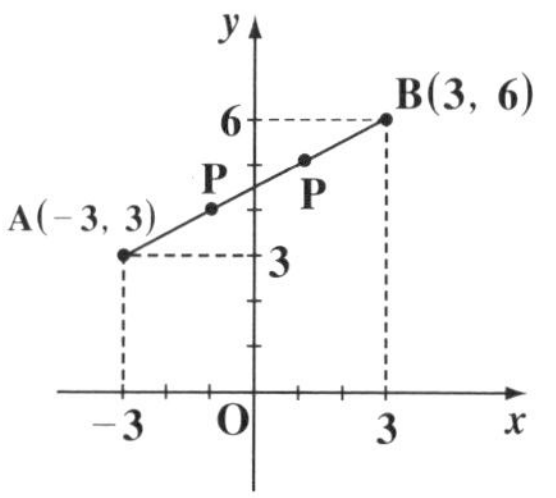

となるので，動点 P は，右図に示すように，

線分 AB を描く。……………………………(答)

§3. 空間ベクトル

さァ，これから“**空間ベクトル**”の解説に入ろう！ン？難しそうだって？大丈夫です。空間ベクトルといっても，ほとんどは“平面ベクトル”で勉強した知識や手法がそのまま使えるからなんだね。

でも，空間ベクトルでは，**1** 次結合と成分表示が平面ベクトルのときとは異なり，z 成分の分だけ情報量が増えるので，その点には注意が必要なんだね。

● 空間ベクトルでも，平面ベクトルの知識が使える！

まず，空間ベクトルと平面ベクトルで，公式や考え方が同じであるものを下に示そう。

(1) ベクトルの実数倍

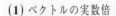

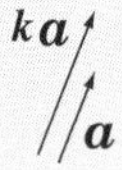

(2) ベクトルの和と差

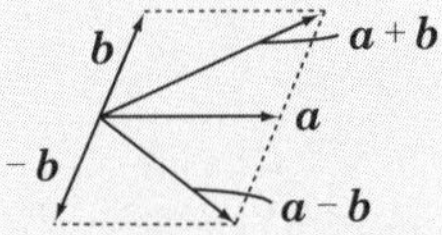

(3) まわり道の原理

・たし算形式
$\overrightarrow{AB} = \overrightarrow{AC} + \overrightarrow{CB}$ など
・引き算形式
$\overrightarrow{AB} = \overrightarrow{OB} - \overrightarrow{OA}$ など

(4) ベクトルの計算

$2(\boldsymbol{a}-\boldsymbol{b})-3\boldsymbol{c}$
$=2\boldsymbol{a}-2\boldsymbol{b}-3\boldsymbol{c}$
などの計算

(5) 内積の定義

$\boldsymbol{a}\cdot\boldsymbol{b} = \|\boldsymbol{a}\|\|\boldsymbol{b}\|\cos\theta$

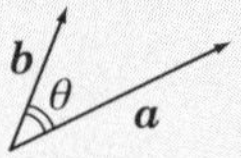

(6) 内積の演算

・$(\boldsymbol{a}-\boldsymbol{b})\cdot(2\boldsymbol{a}+\boldsymbol{b})$
などの計算
・$\|\boldsymbol{a}-\boldsymbol{b}\|^2$ などの計算

(7) $\boldsymbol{a}$ と $\boldsymbol{b}$ の直交条件

$\boldsymbol{a}\perp\boldsymbol{b}$（直交）
のとき，
$\boldsymbol{a}\cdot\boldsymbol{b}=0$

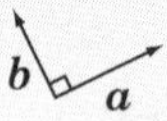

(8) 三角形の面積 S

$S=\frac{1}{2}\sqrt{\|\boldsymbol{a}\|^2\|\boldsymbol{b}\|^2-(\boldsymbol{a}\cdot\boldsymbol{b})^2}$

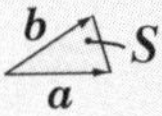

(9) 直線の方程式

$\overrightarrow{OP} = \overrightarrow{OA} + t\boldsymbol{d}$
（A：通る点
$\boldsymbol{d}$：方向ベクトル）

このように，平面ベクトルで学んだ知識や手法の多くが空間ベクトルでも利用できることが分かったでしょう。しかし，ベクトルの **1** 次結合や成分表示の問題になると，平面ベクトルと空間ベクトルに差異が生じてくることになるんだね。平面ベクトルにおいては $\boldsymbol{0}$ でもなく互いに平行でもない **2** つのベクトル $\boldsymbol{a}$ と $\boldsymbol{b}$ の **1** 次結合を $\boldsymbol{p}$ とおくと $\boldsymbol{p}=s\boldsymbol{a}+t\boldsymbol{b}$ (s, t：実数) により，動点 $\boldsymbol{p}$ の終点 **P** は $\boldsymbol{a}$ と $\boldsymbol{b}$ によって張られた平面を自由に動くことができた。これに対して空間ベクトルにおいては，同一平面上になく，かつ $\mathbf{0}$ でもない 3 つのベクトル $\boldsymbol{a}$, $\boldsymbol{b}$, $\boldsymbol{c}$ の 1 次結合を $\boldsymbol{p}$ とおくと，

$\boldsymbol{p} = s\boldsymbol{a} + t\boldsymbol{b} + u\boldsymbol{c}$　$(s,\ t,\ u$：実数$)$

となる。図 1 に示すように，s, t, u の値を変化させると，動ベクトル $\boldsymbol{p}$ の終点 P は 3 次元空間全体を描くことになるんだね。これを "$\boldsymbol{a}$, $\boldsymbol{b}$, $\boldsymbol{c}$ によって張られた空間" と呼ぶこと，そして平面ベクトルのときに比べて $u\boldsymbol{c}$ が新たに加えられていることに注意しよう。

図 1　空間図形での 1 次結合

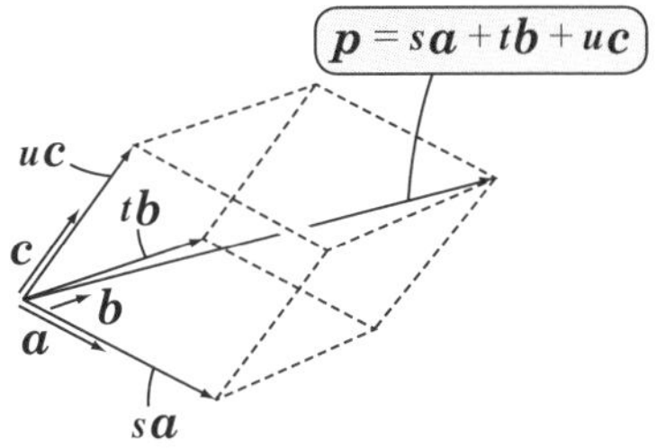

● 空間ベクトルの成分表示と内積も押さえておこう！

図 2 に示すように，空間ベクトルも，平面ベクトルと同様に成分表示できる。

$$\boldsymbol{a} = [x_1,\ y_1,\ z_1] = \begin{bmatrix} x_1 \\ y_1 \\ z_1 \end{bmatrix}$$

（行ベクトル）　（列ベクトル）

また，$\boldsymbol{a}$ のノルム $\|\boldsymbol{a}\|$ も

$\|\boldsymbol{a}\| = \sqrt{x_1{}^2 + y_1{}^2 + z_1{}^2}$　と表されるのも大丈夫だね。

図 2　空間ベクトルの成分表示

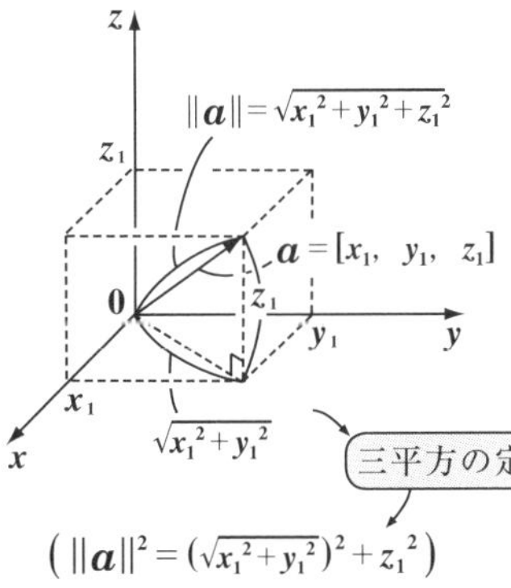

ここで，任意の空間ベクトル $\boldsymbol{p}$ について，

$$\boldsymbol{p} = \begin{bmatrix} x \\ y \\ z \end{bmatrix} = \begin{bmatrix} x \\ 0 \\ 0 \end{bmatrix} + \begin{bmatrix} 0 \\ y \\ 0 \end{bmatrix} + \begin{bmatrix} 0 \\ 0 \\ z \end{bmatrix} = x\underbrace{\begin{bmatrix} 1 \\ 0 \\ 0 \end{bmatrix}}_{\boldsymbol{e}_1} + y\underbrace{\begin{bmatrix} 0 \\ 1 \\ 0 \end{bmatrix}}_{\boldsymbol{e}_2} + z\underbrace{\begin{bmatrix} 0 \\ 0 \\ 1 \end{bmatrix}}_{\boldsymbol{e}_3}$$ と変形できる。

ここで，$\boldsymbol{e}_1 = \begin{bmatrix} 1 \\ 0 \\ 0 \end{bmatrix}$, $\boldsymbol{e}_2 = \begin{bmatrix} 0 \\ 1 \\ 0 \end{bmatrix}$, $\boldsymbol{e}_3 = \begin{bmatrix} 0 \\ 0 \\ 1 \end{bmatrix}$ とおくと，ベクトル $\boldsymbol{p}$ は，3 つの互いに直交する単位ベクトル $\boldsymbol{e}_1$, $\boldsymbol{e}_2$, $\boldsymbol{e}_3$ の 1 次結合，すなわち $\boldsymbol{p} = x\boldsymbol{e}_1 + y\boldsymbol{e}_2 + z\boldsymbol{e}_3$ により表されるんだね。つまり，xyz 座標空間とは，3 つ

の単位ベクトル $\boldsymbol{e}_1$, $\boldsymbol{e}_2$, $\boldsymbol{e}_3$ によって張られた空間であり，x, y, z の値を変化させることにより，$\boldsymbol{p}$ の終点 P は xyz 座標空間上を自由に動くことができるんだね。大丈夫？

では空間ベクトルにおける内積について，下にまとめて示そう。

空間ベクトルの内積

(Ⅰ) 2 つのベクトル $\boldsymbol{a}$ と $\boldsymbol{b}$ の内積は，

$\boldsymbol{a}\cdot\boldsymbol{b}$ で表され，次式で求められる。

$\boldsymbol{a}\cdot\boldsymbol{b} = \|\boldsymbol{a}\|\|\boldsymbol{b}\|\cos\theta$ ……(＊1)

(θ : $\boldsymbol{a}$ と $\boldsymbol{b}$ のなす角)

これは，平面ベクトルのときと同じだね。

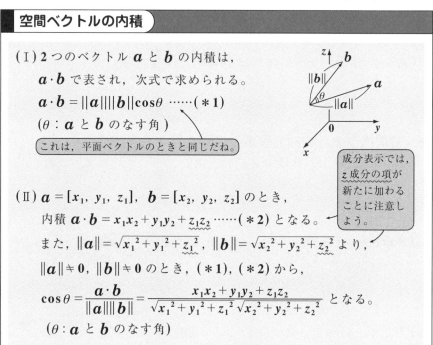

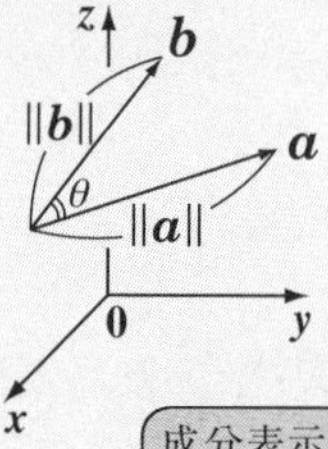

(Ⅱ) $\boldsymbol{a} = [x_1,\ y_1,\ z_1]$, $\boldsymbol{b} = [x_2,\ y_2,\ z_2]$ のとき，

内積 $\boldsymbol{a}\cdot\boldsymbol{b} = x_1x_2 + y_1y_2 + z_1z_2$ ……(＊2) となる。

また，$\|\boldsymbol{a}\| = \sqrt{x_1{}^2 + y_1{}^2 + z_1{}^2}$, $\|\boldsymbol{b}\| = \sqrt{x_2{}^2 + y_2{}^2 + z_2{}^2}$ より，

$\|\boldsymbol{a}\| \neq 0$, $\|\boldsymbol{b}\| \neq 0$ のとき，(＊1), (＊2) から，

$$\cos\theta = \frac{\boldsymbol{a}\cdot\boldsymbol{b}}{\|\boldsymbol{a}\|\|\boldsymbol{b}\|} = \frac{x_1x_2 + y_1y_2 + z_1z_2}{\sqrt{x_1{}^2 + y_1{}^2 + z_1{}^2}\sqrt{x_2{}^2 + y_2{}^2 + z_2{}^2}}$$ となる。

(θ : $\boldsymbol{a}$ と $\boldsymbol{b}$ のなす角)

成分表示では，z 成分の項が新たに加わることに注意しよう。

(Ⅰ) 内積 $\boldsymbol{a}\cdot\boldsymbol{b}$ の公式 (＊1) は，平面ベクトルのときのものと同じだけれど，(Ⅱ) の内積の成分表示の公式 (＊2) になると，z 成分の項が新たに加わっていることに注意しよう。

それでは，例題を解くことにより，空間ベクトルにも慣れていこう。

例題 12　$\boldsymbol{a} = [2,\ 1,\ -1]$, $\boldsymbol{b} = [1,\ 2,\ -2]$ のとき，次の値を求めよ。

$\left(\text{ただし，}\theta\text{ は }\boldsymbol{a}\text{ と }\boldsymbol{b}\text{ のなす角}\left(0 < \theta < \frac{\pi}{2}\right)\text{とする。}\right)$

(1) $\boldsymbol{a}\cdot\boldsymbol{b}$　　(2) $\cos\theta$　　(3) $\boldsymbol{b}$ の $\boldsymbol{a}$ への正射影の長さ

(1) 内積 $\boldsymbol{a}\cdot\boldsymbol{b} = [2,\ 1,\ -1]\cdot[1,\ 2,\ -2]$

$= 2\times1 + 1\times2 + (-1)\times(-2) = 2 + 2 + 2 = 6$　となる。

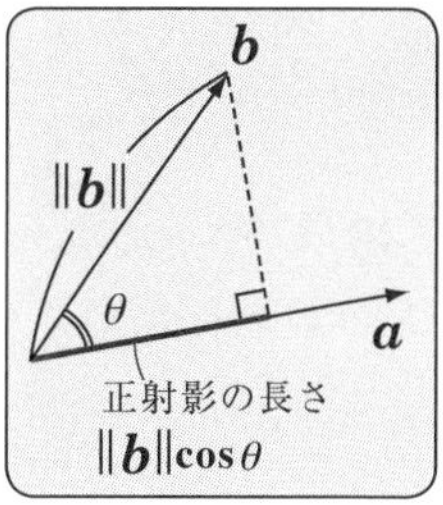

(2) $\|\boldsymbol{a}\| = \sqrt{2^2 + 1^2 + (-1)^2} = \sqrt{6}$,

$\|\boldsymbol{b}\| = \sqrt{1^2 + 2^2 + (-2)^2} = \sqrt{9} = 3$ より，

$\boldsymbol{a}$ と $\boldsymbol{b}$ のなす角 θ の余弦 (cos) は，

$\cos\theta = \dfrac{\boldsymbol{a}\cdot\boldsymbol{b}}{\|\boldsymbol{a}\|\|\boldsymbol{b}\|} = \dfrac{6}{\sqrt{6}\cdot 3} = \dfrac{\sqrt{6}}{3}$ となる。

(3) $\boldsymbol{b}$ の $\boldsymbol{a}$ への正射影の長さは，右図より，

$\|\boldsymbol{b}\|\cos\theta = 3\cdot\dfrac{\sqrt{6}}{3} = \sqrt{6}$ となるんだね。大丈夫だった？

では次，座標空間における三角形の面積も求めてみよう。

例題 13　xyz 座標空間上に 3 点 A$(-1, 1, 1)$, B$(1, 2, -1)$, C$(0, 0, 3)$ がある。このとき，三角形 ABC の面積 S を求めよ。

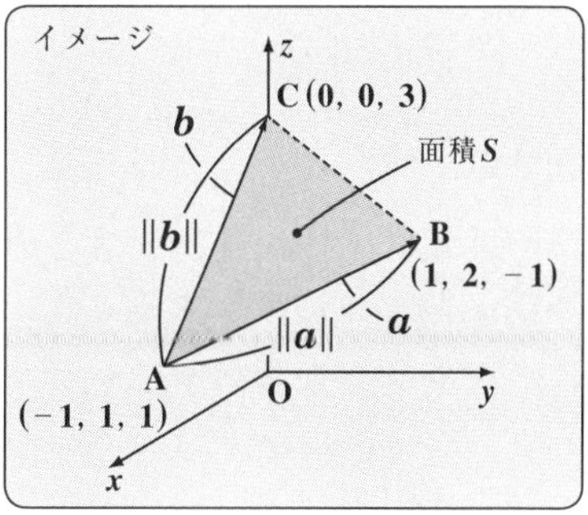

$\overrightarrow{OA} = [-1, 1, 1]$, $\overrightarrow{OB} = [1, 2, -1]$,

$\overrightarrow{OC} = [0, 0, 3]$ より，$\boldsymbol{a}$ と $\boldsymbol{b}$ を

$\boldsymbol{a} = \overrightarrow{AB} = \overrightarrow{OB} - \overrightarrow{OA}$

$= [1, 2, -1] - [-1, 1, 1]$

$= [2, 1, -2]$,

$\boldsymbol{b} = \overrightarrow{AC} = \overrightarrow{OC} - \overrightarrow{OA}$

$= [0, 0, 3] - [-1, 1, 1]$

$= [1, -1, 2]$ とすると，

$\|\boldsymbol{a}\|^2 = 2^2 + 1^2 + (-2)^2 = 9$, $\|\boldsymbol{b}\|^2 = 1^2 + (-1)^2 + 2^2 = 6$,

$\boldsymbol{a}\cdot\boldsymbol{b} = 2\times 1 + 1\times(-1) + (-2)\times 2 = 2 - 1 - 4 = -3$ となる。

よって，△ABC の面積 S は，公式より，

$S = \dfrac{1}{2}\sqrt{\|\boldsymbol{a}\|^2\cdot\|\boldsymbol{b}\|^2 - (\boldsymbol{a}\cdot\boldsymbol{b})^2}$

この三角形の面積 S を求める公式は，平面ベクトルだけでなく，空間ベクトルにおいても同様に利用できるんだね。

$= \dfrac{1}{2}\sqrt{9\times 6 - (-3)^2} = \dfrac{1}{2}\sqrt{54 - 9} = \dfrac{1}{2}\sqrt{45} = \dfrac{3\sqrt{5}}{2}$ となる。

（$45 = 3^2\times 5$）

どう？空間ベクトルの計算にも，少しは慣れてきたでしょう？

● 空間ベクトルの外積も押さえよう！

2つの空間ベクトル $\boldsymbol{a}$ と $\boldsymbol{b}$ には“内積” $\boldsymbol{a}\cdot\boldsymbol{b}$ 以外に“**外積**” $\boldsymbol{a}\times\boldsymbol{b}$ も存在する。内積 $\boldsymbol{a}\cdot\boldsymbol{b}$ はスカラー(数値)であるのに対して外積 $\boldsymbol{a}\times\boldsymbol{b}$ はベクトルとなる。よって，これを $\boldsymbol{h}$ とおくと，$\boldsymbol{a}$ と $\boldsymbol{b}$ の外積 $\boldsymbol{a}\times\boldsymbol{b}$ は，

$\boldsymbol{a}\times\boldsymbol{b}=\boldsymbol{h}$ ……① と表すことができるんだね。

この外積 $\boldsymbol{h}$ には次に示す3つの特徴があるので，示しておこう。

(i) $\boldsymbol{h}$ は，$\boldsymbol{a}$ と $\boldsymbol{b}$ の両方と直交する。つまり，$\boldsymbol{h}\perp\boldsymbol{a}$，$\boldsymbol{h}\perp\boldsymbol{b}$ より，
$\boldsymbol{h}\cdot\boldsymbol{a}=0$ かつ $\boldsymbol{h}\cdot\boldsymbol{b}=0$ となる。

(ii) 外積 $\boldsymbol{h}$ のノルム(大きさ) $\|\boldsymbol{h}\|$ は，図3に示すように，$\boldsymbol{a}$ と $\boldsymbol{b}$ を2辺にもつ平行四辺形の面積 S_0 と一致する。つまり，$\|\boldsymbol{h}\|=S$ となる。

図3 ベクトルの外積
$\boldsymbol{a}\times\boldsymbol{b}=\boldsymbol{h}$

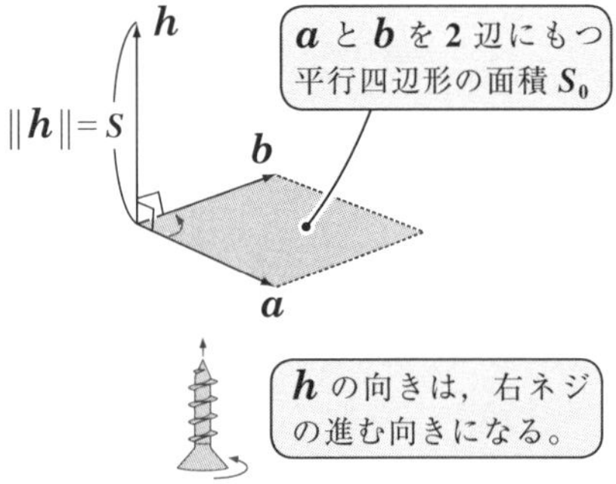

(iii) さらに，$\boldsymbol{h}$ の向きは図3に示すように，$\boldsymbol{a}$ から $\boldsymbol{b}$ に向かうように回転するとき，右ネジが進む向きと一致する。

したがって，外積 $\boldsymbol{b}\times\boldsymbol{a}$ は，$\boldsymbol{b}$ から $\boldsymbol{a}$ に回転するときに右ネジの進む向きと一致するので，$\boldsymbol{a}\times\boldsymbol{b}$ と逆向きになる。つまり，

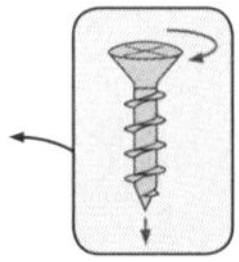

$\boldsymbol{b}\times\boldsymbol{a}=-\boldsymbol{a}\times\boldsymbol{b}$ $(=-\boldsymbol{h})$ となるんだね。このように外積では，交換の法則は成り立たないことに注意しよう。

それでは，外積の具体的な求め方について解説しよう。2つのベクトル $\boldsymbol{a}=[x_1,\ y_1,\ z_1]$，$\boldsymbol{b}=[x_2,\ y_2,\ z_2]$ の外積 $\boldsymbol{a}\times\boldsymbol{b}$ は，下の図4のように求めることができる。

(i) まず，$\boldsymbol{a}$ と $\boldsymbol{b}$ の成分を上下に並べて書き，最後に，x_1 と x_2 をもう1度付け加える。

図4 外積 $\boldsymbol{a}\times\boldsymbol{b}$ の求め方

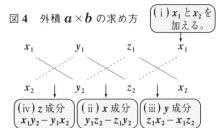

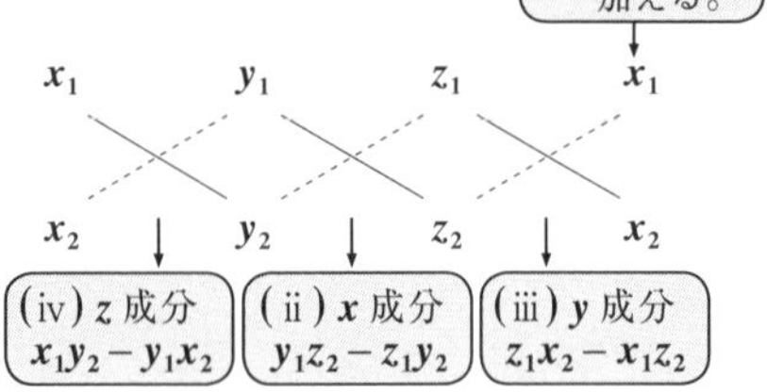

(ⅱ) 真ん中の $\begin{matrix} y_1 & z_1 \\ y_2 & z_2 \end{matrix}$ をたすきがけに計算した $y_1z_2-z_1y_2$ を外積の x 成分とする。

(ⅲ) 右の $\begin{matrix} z_1 & x_1 \\ z_2 & x_2 \end{matrix}$ をたすきがけに計算した $z_1x_2-x_1z_2$ を外積の y 成分とする。

(ⅳ) 左の $\begin{matrix} x_1 & y_1 \\ x_2 & y_2 \end{matrix}$ をたすきがけに計算した $x_1y_2-y_1x_2$ を外積の z 成分とする。

以上より，$\boldsymbol{a}=[x_1,\ y_1,\ z_1]$ と $\boldsymbol{b}=[x_2,\ y_2,\ z_2]$ の外積 $\boldsymbol{a}\times\boldsymbol{b}\ (=\boldsymbol{h})$ は，

$\boldsymbol{h}=\boldsymbol{a}\times\boldsymbol{b}=[y_1z_2-z_1y_2\ \ z_1x_2-x_1z_2\ \ x_1y_2-y_1x_2]$ ……(＊) となる。

それでは，次の例題で実際に外積の計算をやってみよう。

例題 14　2 つの空間ベクトル $\boldsymbol{a}=[2,\ 1,\ -2]$ と $\boldsymbol{b}=[1,\ -1,\ 2]$ の外積 $\boldsymbol{h}=\boldsymbol{a}\times\boldsymbol{b}$ を求め，$\boldsymbol{h}\perp\boldsymbol{a}$，$\boldsymbol{h}\perp\boldsymbol{b}$ となることを確認せよ。

外積 $\boldsymbol{a}\times\boldsymbol{b}$ の計算

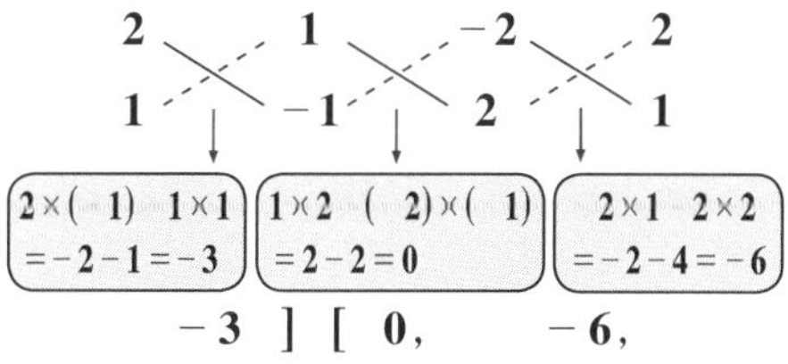

$\boldsymbol{a}=[2,\ 1,\ -2]$ と $\boldsymbol{b}=[1,\ -1,\ 2]$ の外積 $\boldsymbol{h}=\boldsymbol{a}\times\boldsymbol{b}$ を右の模式図により求めると，

$\boldsymbol{h}=\boldsymbol{a}\times\boldsymbol{b}=[0,\ -6,\ -3]$ となる。

よって，

(ⅰ) $\boldsymbol{h}\cdot\boldsymbol{a}=[0,\ -6,\ -3]\cdot[2,\ 1,\ -2]$

$=\cancel{0\times2}+(-6)\times1+(-3)\times(-2)=0$

$\therefore\ \boldsymbol{h}\perp\boldsymbol{a}$ より，$\boldsymbol{h}$ は $\boldsymbol{a}$ と直交する。

(ⅱ) $\boldsymbol{h}\cdot\boldsymbol{b}=[0,\ -6,\ -3]\cdot[1,\ -1,\ 2]$

$=\cancel{0\times1}+(-6)\times(-1)+(-3)\times2$

$=6-6=0$

$\therefore\ \boldsymbol{h}\perp\boldsymbol{b}$ より，$\boldsymbol{h}$ は $\boldsymbol{b}$ と直交する。

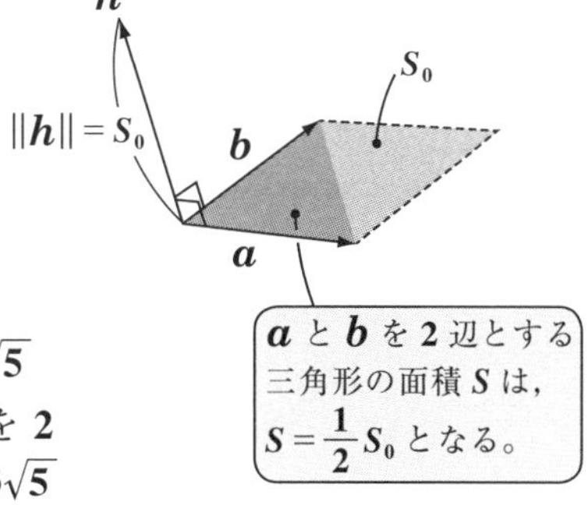

さらに $\|\boldsymbol{h}\|$ は $\boldsymbol{a}$ と $\boldsymbol{b}$ を 2 辺とする平行四辺形の面積 S_0 になるので，

$S_0=\|\boldsymbol{h}\|=\sqrt{0^2+(-6)^2+(-3)^2}=\sqrt{45}=3\sqrt{5}$

となる。したがって，右上図より $\boldsymbol{a}$ と $\boldsymbol{b}$ を 2 辺とする三角形の面積 S は，$S=\dfrac{1}{2}S_0=\dfrac{3\sqrt{5}}{2}$

となって，例題 13(P47) の結果とも一致するんだね。面白かった？

● 球面のベクトル方程式を解説しよう

xyz 座標空間上に，定点 A と動点 P があり，

$||\overrightarrow{AP}|| = r$ (一定) ……①　$(r > 0)$

をみたすとき，動点 P が描く図形を考えみよう。

動点 P は，常に定点 A からの距離を一定値 r に保ちながら動くので，図 5 に示すように，点 A を中心とする半径 r の球面を描くことになるんだね。

図 5 球面の方程式

$||\overrightarrow{OP} - \overrightarrow{OA}|| = r$

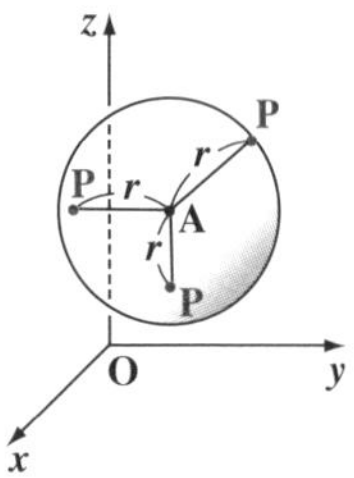

ここで，まわり道の原理より $\overrightarrow{AP} = \overrightarrow{OP} - \overrightarrow{OA}$ ……② より，動ベクトル $\overrightarrow{OP} = \boldsymbol{p} = [x, y, z]$，定ベクトル $\overrightarrow{OA} = \boldsymbol{a} = [a, b, c]$ とおくと，②は，$\overrightarrow{AP} = \boldsymbol{p} - \boldsymbol{a}$ ……②´となる。よって，②´を①に代入すると，求める球面のベクトル方程式を導くことができるんだね。

球面のベクトル方程式

中心 $A(a, b, c)$，半径 r の球面のベクトル方程式は，$\overrightarrow{OA} = \boldsymbol{a} = [a, b, c]$，動ベクトル $\boldsymbol{p} = [x, y, z]$ とおくと，次式で表される。

$||\boldsymbol{p} - \boldsymbol{a}|| = r$ ……$(*)$

ン？この $(*)$ の公式って平面ベクトルにおける円のベクトル方程式 (P36) とまったく同じなんじゃないかって !? その通りだね。しかし，この $(*)$ を成分表示で表すと，これが空間座標における球面の方程式であることが明らかになるんだね。

$\boldsymbol{p} - \boldsymbol{a} = [x, y, z] - [a, b, c] = [x - a, y - b, z - c]$　ここで，

$(*)$ の両辺を 2 乗すると，

$\underbrace{||\boldsymbol{p} - \boldsymbol{a}||^2}_{(x-a)^2+(y-b)^2+(z-c)^2} = r^2$ ……③ より，これから球面の方程式：

$(x - a)^2 + (y - b)^2 + (z - c)^2 = r^2$ ……$(*)'$　(中心 $A(a, b, c)$，半径 r) が導けるんだね。

（$(z-c)^2$：これが加わるので，球面の方程式になる。）

また，③式の左辺をこのまま展開すると，

$||\boldsymbol{p}||^2 - 2\boldsymbol{a}\cdot\boldsymbol{p} + ||\boldsymbol{a}||^2 = r^2$ より，$||\boldsymbol{p}||^2 - 2\boldsymbol{a}\cdot\boldsymbol{p} + \underbrace{||\boldsymbol{a}||^2 - r^2}_{} = 0$

（$||\boldsymbol{a}||^2 - r^2$：これは，定数 c とおける。）

よって，球面の方程式は，$\|\boldsymbol{p}\|^2-2\boldsymbol{a}\cdot\boldsymbol{p}+c=0$ ……(＊)′′ (c：定数)
と表すこともできるんだね。これらの変形も形式的には，円の方程式のものと同様だから，まとめて練習しておくといいよ。

(ex1) 中心 $\mathrm{A}(1,\ 2,\ -3)$，半径 $r=\sqrt{5}$ の球面の方程式は，
$(x-1)^2+(y-2)^2+\{z-(-3)\}^2=(\sqrt{5})^2$ より，
$(x-1)^2+(y-2)^2+(z+3)^2=5$ となる。

(ex2) 中心 $\mathrm{A}(2,\ -1,\ \underline{\underline{3}})$，半径 $\underline{\underline{r}}$ の球面が，xy 平面と接するとき，この球面の方程式を求めると，右図より $r=3$ となるから，
$(x-2)^2+(y+1)^2+(z-\underline{\underline{3}})^2=\underline{\underline{3}}^2$ よって，
$(x-2)^2+(y+1)^2+(z-3)^2=9$ である。

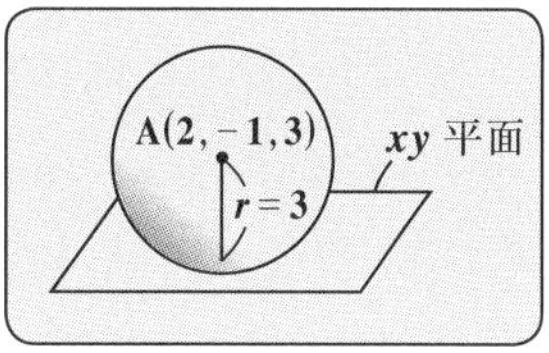

では次に，例題で球面の問題をもう **1** 題解いておこう。

> 例題 15　動ベクトル $\boldsymbol{p}=[x,\ y,\ z]$ と定ベクトル $\boldsymbol{b}=[2,\ 4,\ 6]$ が方程式：
> $\|\boldsymbol{p}\|^2-\boldsymbol{b}\cdot\boldsymbol{p}+9=0$ ……① をみたすものとする。このとき，
> 動ベクトル $\boldsymbol{p}$ の終点 $\mathrm{P}(x,\ y,\ z)$ の描く図形を求めよ。

$\boldsymbol{b}=[2,\ 4,\ 6]=2\boldsymbol{a}=2\overrightarrow{\mathrm{OA}}$ ……② とおくと，
$\boldsymbol{a}=[1,\ 2,\ 3]$ であり，$\|\boldsymbol{a}\|^2=1^2+2^2+3^2=1+4+9=14$ ……③ となる。
②を①に代入して，変形すると，

$$\|\boldsymbol{p}\|^2-2\boldsymbol{a}\cdot\boldsymbol{p}+\underbrace{\|\boldsymbol{a}\|^2}=-9+\underbrace{\|\boldsymbol{a}\|^2}_{14(③より)}$$

←（①の $\boldsymbol{b}$ に $2\boldsymbol{a}$ を代入し，①の両辺に $\|\boldsymbol{a}\|^2$ をたした。）

$\|\boldsymbol{p}-\boldsymbol{a}\|^2=5$ より，
$\|\boldsymbol{p}-\boldsymbol{a}\|=\sqrt{5}$，すなわち，
$\|\overrightarrow{\mathrm{OP}}-\overrightarrow{\mathrm{OA}}\|=\sqrt{5}$ だから，
動点 P は右図に示すように，
中心 $\mathrm{A}(1,\ 2,\ 3)$，半径 $r=\sqrt{5}$
の球面を描く。

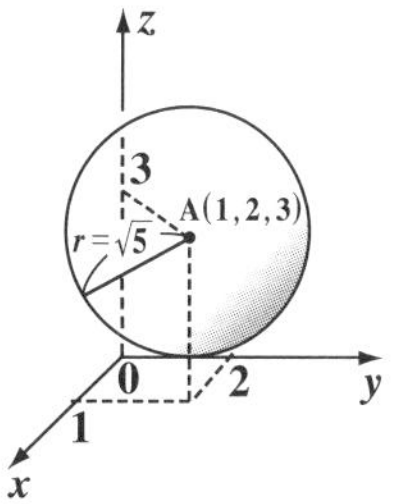

このベクトル方程式の式変形も，例題 **11**(**P37**) のものと同様だから，分かりやすかったと思う。しかし，この式の描く図形は円ではなく，球面：
$(x-1)^2+(y-2)^2+(z-3)^2=5$ であることに気を付けよう。

● 直線のベクトル方程式もマスターしよう！

図6に示すように，xyz 座標空間においても，点Aを通る方向ベクトル $\boldsymbol{d}$ の直線 L が媒介変数 t を用いて，次のベクトル方程式で表されるのは大丈夫だね。平面ベクトルのときと同様だからね。

図6 直線 L の方程式
$\overrightarrow{OP}=\overrightarrow{OA}+t\boldsymbol{d}$

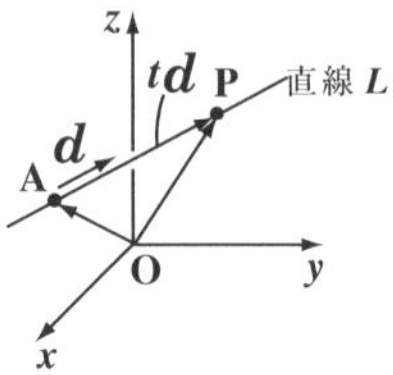

$\overrightarrow{OP}=\overrightarrow{OA}+t\boldsymbol{d}$ ……(＊)　(t：媒介変数)

ここで，動ベクトル $\boldsymbol{p}=\overrightarrow{OP}$ と，定ベクトル $\boldsymbol{a}=\overrightarrow{OA}$，および $\boldsymbol{d}$ を成分表示して，$\boldsymbol{p}=\overrightarrow{OP}=[x,\ y,\ z]$，$\boldsymbol{a}=\overrightarrow{OA}=[a,\ b,\ c]$，$\boldsymbol{d}=[l,\ m,\ n]$とおくと(＊)のベクトル方程式は，

$[x,\ y,\ z]=[a,\ b,\ c]+t[l,\ m,\ n]$ となる。よって，

$[x,\ y,\ z]=[a+tl,\ b+tm,\ c+tn]$ となるんだね。

よって，$x=a+tl$，$y=b+tm$，$z=c+tn$ より，

$l\neq0$，$m\neq0$，$n\neq0$ とすると，

$\dfrac{x-a}{l}=t$，$\dfrac{y-b}{m}=t$，$\dfrac{z-c}{n}=t$ ……(＊)′ となる。

媒介変数 t を用いた直線の方程式として，これもよく使う形なので，覚えておこう。

以上をまとめて，下に示そう。

空間座標における直線の方程式

(Ⅰ) xyz 座標空間において，点 $\mathrm{A}(a,\ b,\ c)$ を通り，方向ベクトル $\boldsymbol{d}=[l,\ m,\ n]$ の直線 L のベクトル方程式は，次式で表される。

$\boldsymbol{p}=\boldsymbol{a}+t\boldsymbol{d}$ ……(＊)

(ただし，動ベクトル $\boldsymbol{p}=\overrightarrow{OP}=[x,\ y,\ z]$，
定ベクトル $\boldsymbol{a}=\overrightarrow{OA}=[a,\ b,\ c]$，$t$：媒介変数)

(Ⅱ) (＊)′より媒介変数 t を消去して，直線 L を $x,\ y,\ z$ の方程式で表すと，

$\dfrac{x-a}{l}=\dfrac{y-b}{m}=\dfrac{z-c}{n}\ (=t)$ ……(＊)″ となる。

(ただし，$l\neq0$，$m\neq0$，$n\neq0$)

それでは，次の例題で空間座標における直線の方程式の問題を解いてみよう。

> 例題 16　点 $\mathbf{A(2,\ 3,\ 3)}$ を通り，方向ベクトル $\boldsymbol{d}=[\mathbf{1,\ 3,\ -3}]$ の直線 L の方程式を求めよ。また，次の各点の座標を求めよ。
> (i) L と xy 平面との交点 $\mathbf{P}$　　(ii) L と yz 平面との交点 $\mathbf{Q}$
> (iii) L と zx 平面との交点 $\mathbf{R}$

直線 L は，点 $\mathbf{A(2,\ 3,\ 3)}$ を通り，方向ベクトル $\boldsymbol{d}=[\mathbf{1,\ 3,\ -3}]$ の直線なので，その方程式は $\dfrac{x-2}{1}=\dfrac{y-3}{3}=\dfrac{z-3}{-3}$ ……① となる。

$\dfrac{x-a}{l}=\dfrac{y-b}{m}=\dfrac{z-c}{n}$

(i) L と xy 平面との交点 $\mathbf{P}$ について

$z=0$ を①に代入すると，

$z=0$ で，x, y は自由に動ける。よって $z=0$ が xy 平面を表す方程式なんだね。

$\underset{㋐}{x-2}=\underset{㋑}{\dfrac{y-3}{3}}=1$ $\left(\dfrac{0-3}{-3}\right)$　より，$x=3$，$y=6$

㋐ $x-2=1$ より，$x=3$
㋑ $\dfrac{y-3}{3}=1$ より，$y=6$

∴交点 $\mathbf{P}$ の座標は $\mathbf{P(3,\ 6,\ 0)}$ である。

(ii) L と yz 平面との交点 $\mathbf{Q}$ について

$x=0$ (yz 平面) を①に代入すると，

$-2=\dfrac{y-3}{3}=\dfrac{z-3}{-3}$　より，$y=-3$，$z=9$

㋐ $-2=\dfrac{y-3}{3}$ より，$y=-3$
㋑ $-2=\dfrac{z-3}{-3}$ より，$z=9$

∴交点 $\mathbf{Q}$ の座標は $\mathbf{Q(0,\ -3,\ 9)}$ である。

(iii) L と zx 平面との交点 $\mathbf{R}$ について

$y=0$ (zx 平面) を①に代入して，

$x-2=-1=\dfrac{z-3}{-3}$　より，$x=1$，$z=6$

∴交点 $\mathbf{R}$ の座標は $\mathbf{R(1,\ 0,\ 6)}$ である。

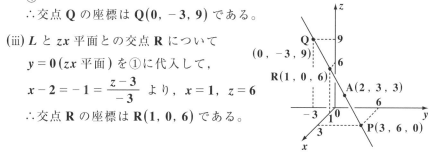

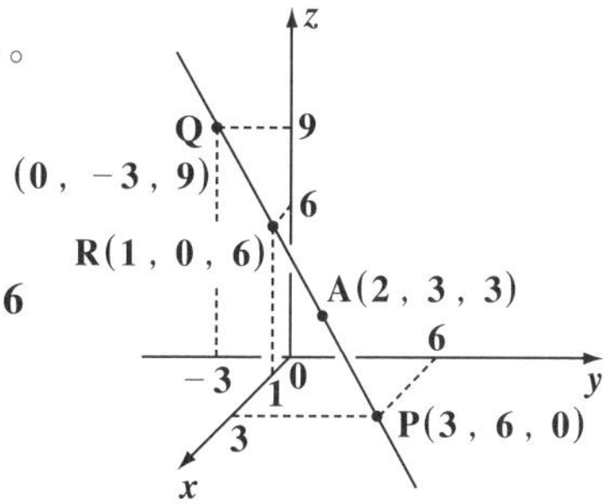

● 平面のベクトル方程式では法線ベクトルを利用しよう！

では次，*xyz* 座標空間における平面のベクトル方程式について解説していこう。一般に *xyz* 座標空間において図7(i)に示すように，同一直線上にない異なる3点A，B，Cが与えられると，この3点を通る平面ABCが決定できる。

図7(i) 3点A, B, Cで平面が決まる

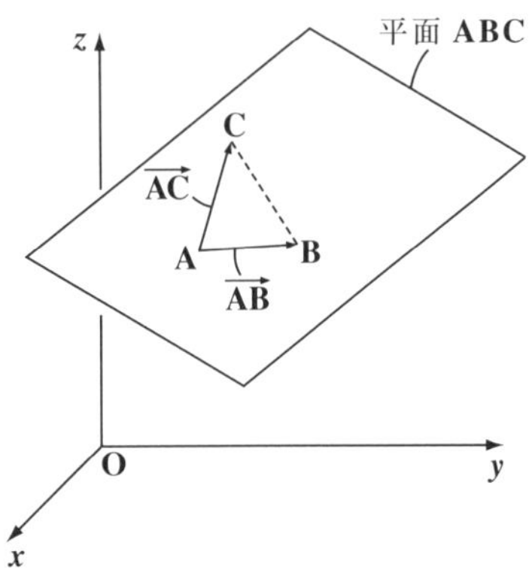

この平面ABCは，$\mathbf{0}$ でなく，かつ平行でもない2つのベクトル $\overrightarrow{AB}$ と $\overrightarrow{AC}$ が張る平面と考えることもできる。すると，この平面ABC上の動点をPとおくと，図7(ii)に示すように，$\overrightarrow{AP}$ は $\overrightarrow{AB}$ と $\overrightarrow{AC}$ の1次結合として，

$\overrightarrow{AP} = s\overrightarrow{AB} + t\overrightarrow{AC}$ ……①

(s，t：媒介変数)

と表すことができる。変数 s，t が変化することにより，Pは平面ABC上を自由に動くことができるので，この動点Pが平面ABCを表すことになる。ここで，まわり道の原理より，

$\overrightarrow{AP} = \overrightarrow{OP} - \overrightarrow{OA}$ ……② となる。

②を①に代入すると，

(ii) 平面ABCの方程式
$\overrightarrow{OP} = \overrightarrow{OA} + s\overrightarrow{AB} + t\overrightarrow{AC}$

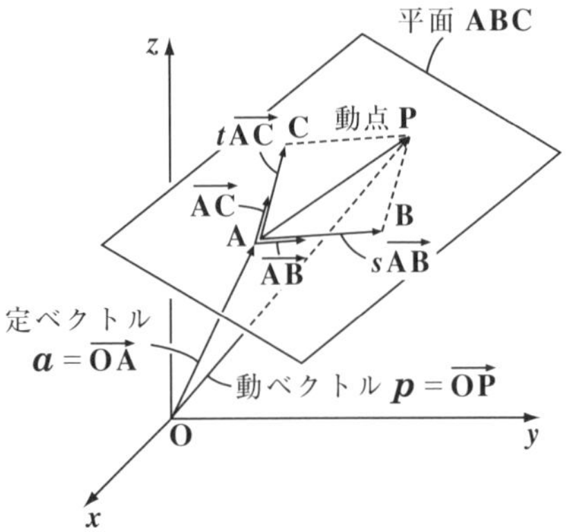

$\overrightarrow{OP} - \overrightarrow{OA} = s\overrightarrow{AB} + t\overrightarrow{AC}$ より，平面ABCのベクトル方程式として，

$\overrightarrow{OP} = \overrightarrow{OA} + s\overrightarrow{AB} + t\overrightarrow{AC}$ ……③ が導ける。

ここで，$\boldsymbol{p} = \overrightarrow{OP} = [x, y, z]$，$\boldsymbol{a} = \overrightarrow{OA} = [x_1, y_1, z_1]$，また2つの方向ベクトルとして，$\boldsymbol{d}_1 = \overrightarrow{AB}$，$\boldsymbol{d}_2 = \overrightarrow{AC}$ とおくと，点 $A(a, b, c)$ を通り，2つの方向ベクトル $\boldsymbol{d}_1$ と $\boldsymbol{d}_2$ をもつ平面のベクトル方程式として，

$\boldsymbol{p} = \boldsymbol{a} + s\boldsymbol{d}_1 + t\boldsymbol{d}_2$ ……(＊1) が導けるんだね。

(s, t：媒介変数，$\boldsymbol{d}_1 \neq \boldsymbol{0}$，$\boldsymbol{d}_2 \neq \boldsymbol{0}$，$\boldsymbol{d}_1 \nparallel \boldsymbol{d}_2$)

しかし，(＊1) の公式は，2 つの方向ベクトル $\boldsymbol{d}_1$，$\boldsymbol{d}_2$ と，2 つの媒介変数 s, t をもつ複雑な形をしている。よって，これをさらにシンプルに，そして公式として使いやすい式に変形することを考えてみよう。ポイントは，外積と法線ベクトルなんだね。

図 8(i) 法線ベクトル $\boldsymbol{n} = \boldsymbol{d}_1 \times \boldsymbol{d}_2$

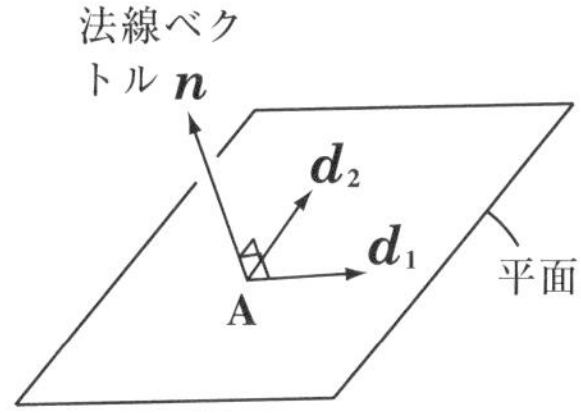

図 8(i) に示すように，点 A を通り，2 つの方向ベクトル $\boldsymbol{d}_1$ と $\boldsymbol{d}_2$ ($\boldsymbol{d}_1 \neq \boldsymbol{0}$，$\boldsymbol{d}_2 \neq \boldsymbol{0}$，$\boldsymbol{d}_1 \nparallel \boldsymbol{d}_2$) の張る平面を π とおこう。

ここで，$\boldsymbol{d}_1$ と $\boldsymbol{d}_2$ の外積を $\boldsymbol{n}$，すなわち $\boldsymbol{n} = \boldsymbol{d}_1 \times \boldsymbol{d}_2$ とおくと，$\boldsymbol{n}$ は平面 π と垂直な法線ベクトルになる。ということは，図 8 (ii) に示すように，平面 π 上を自由に動く任意の動点 P に対して $\boldsymbol{n}$ は $\overrightarrow{\mathrm{AP}}$ と直交する。

(ii) $\boldsymbol{n} \perp \overrightarrow{\mathrm{AP}}$

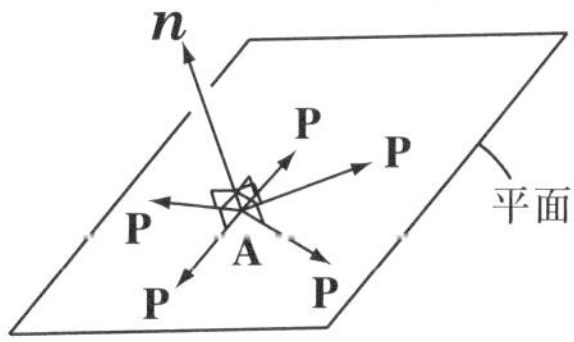

$\therefore \boldsymbol{n} \cdot \overrightarrow{\mathrm{AP}} = 0$ ……④ が導ける。

ここで，$\overrightarrow{\mathrm{AP}} = \overrightarrow{\mathrm{OP}} - \overrightarrow{\mathrm{OA}} = \boldsymbol{p} - \boldsymbol{a}$ ……②′ より②′を④に代入すると，平面 π のベクトル方程式：

$\boldsymbol{n} \cdot (\boldsymbol{p} - \boldsymbol{a}) = 0$ ……(＊2) が導かれるんだね。

どう？これだと，媒介変数も存在せず，平面の方程式がシンプルに表されていることが分かるでしょう。

ここで，法線ベクトル $\boldsymbol{n} = [a, b, c]$ とおくと，

$\boldsymbol{p} - \boldsymbol{a} = [x, y, z] - [x_1, y_1, z_1] = [x - x_1, y - y_1, z - z_1]$ より，

これらを (＊2) に代入すると，

$[a, b, c] \cdot [x - x_1, y - y_1, z - z_1] = 0$ となる。これから，

点 $\mathrm{A}(x_1, y_1, z_1)$ を通り，法線ベクトル $\boldsymbol{n} = [a, b, c]$ の平面 π の方程式は，

$a(x - x_1) + b(y - y_1) + c(z - z_1) = 0$ ……(＊2)′ で表されるんだね。

では，xyz 座標空間上の平面 π の方程式の公式を下にまとめておこう。

平面の方程式

点 $A(x_1,\ y_1,\ z_1)$ を通り，法線ベクトル $\boldsymbol{n}=[a,\ b,\ c]$ の平面 π について，

(Ⅰ) 動ベクトルを $\boldsymbol{p}=[x,\ y,\ z]$，$\boldsymbol{a}=\overrightarrow{OA}=[x_1,\ y_1,\ z_1]$ とおくと，
平面 π のベクトル方程式は，次式で表される。

$\boldsymbol{n}\cdot(\boldsymbol{p}-\boldsymbol{a})=0$ ………………………………$(*2)$

(Ⅱ) 平面 π を，$x,\ y,\ z$ の方程式で表すと，

$a(x-x_1)+b(y-y_1)+c(z-z_1)=0$ ……$(*2)'$ となる。

ここで，$(*2)'$ をさらに変形して，

$a(x-x_1)+b(y-y_1)+c(z-z_1)=0$

$ax+by+cz\underline{-ax_1-by_1-cz_1}=0$ となる。ここで，

（これは定数なので，まとめて d とおける。）

$-ax_1-by_1-cz_1=d$(定数) とおくと，一般の平面の方程式：

$ax+by+cz+d=0$ ……$(*2)''$ が導ける。

逆に $(*2)''$ の方程式が与えられたら，この平面の法線ベクトル $\boldsymbol{n}$ が，
$\boldsymbol{n}=[a,\ b,\ c]$ であることが分かるんだね。大丈夫？

$(ex1)$ 点 $A(1,\ -1,\ 2)$ を通り，法線ベクトル $\boldsymbol{n}=[3,\ 2,\ -1]$ の平面の方程式を求めると，

$3(x-1)+2\{y-(-1)\}-1\cdot(z-2)=0$ ←（$a(x-x_1)+b(y-y_1)+c(z-z_1)=0$）

$3x+2y-z-3+2+2=0$ より，

$3x+2y-z+1=0$ となる。

$(ex2)$ 点 $A(2,\ 0,\ -3)$ を通り，法線ベクトル $\boldsymbol{n}=[0,\ -2,\ 3]$ の平面の方程式を求めると，

~~$0\cdot(x-2)$~~$-2\cdot(y-0)+3(z+3)=0$

$-2y+3z+9=0$ より，

$2y-3z-9=0$ となる。

それでは，次の例題で，さらに平面の方程式の問題を解いてみよう。

例題 17　xyz 座標空間上に 3 点 A(0, 1, −1), B(1, 1, −3), C(−2, 2, 5) がある。この 3 点 A, B, C を通る平面の方程式を求めよ。

$\overrightarrow{OA}=[0,\ 1,\ -1]$, $\overrightarrow{OB}=[1,\ 1,\ -3]$, $\overrightarrow{OC}=[-2,\ 2,\ 5]$ より,

$$\begin{cases}\overrightarrow{AB}=\overrightarrow{OB}-\overrightarrow{OA}=[1,\ 0,\ -2]\\ \overrightarrow{AC}=\overrightarrow{OC}-\overrightarrow{OA}=[-2,\ 1,\ 6]\end{cases}$$ となる。

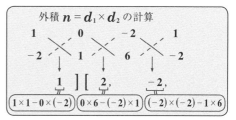

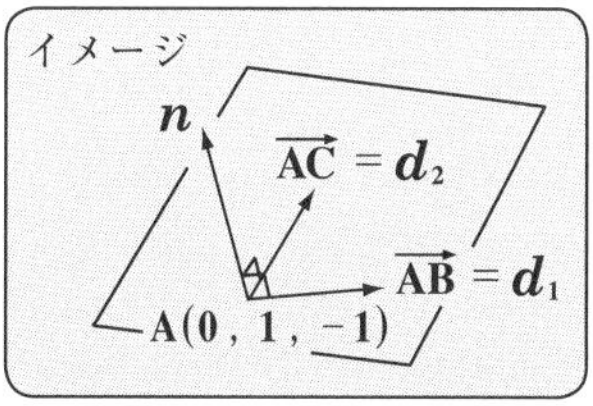

よって, $\overrightarrow{AB}=\boldsymbol{d}_1$, $\overrightarrow{AC}=\boldsymbol{d}_2$ とおいて $\boldsymbol{d}_1$ と $\boldsymbol{d}_2$ の外積として, 平面 ABC の法線ベクトル $\boldsymbol{n}$ を求めると,

$\boldsymbol{n}=[2,\ -2,\ 1]$ である。

外積 $\boldsymbol{n}=\boldsymbol{d}_1\times\boldsymbol{d}_2$ の計算

1	0	−2	1
−2	1	6	−2

$[\ 1,\ 2,\ -2\ ]$

$1\times1-0\times(-2)$　$0\times6-(-2)\times1$　$(-2)\times(-2)-1\times6$

よって, 求める平面 ABC は, 点 A(0, 1, −1) を通り, 法線ベクトル $\boldsymbol{n}=[2,\ -2,\ 1]$ の平面より, その方程式は,

$2\cdot(x-0)-2\cdot(y-1)+1\cdot(z+1)=0$

$\therefore\ 2x-2y+z+3=0$ である。

参考

平面の一般の方程式：$ax+by+cz+d=0$ …①を用いて求めてもよい。

①は, 3 点 A(0, 1, −1), B(1, 1, −3), C(−2, 2, 5) を通るので, これらを①に代入して,

$$\begin{cases}0\cdot a+1\cdot b-1\cdot c+d=0 & \cdots\cdots②\\ 1\cdot a+1\cdot b-3\cdot c+d=0 & \cdots\cdots③\\ -2\cdot a+2\cdot b+5c+d=0 & \cdots\cdots④\end{cases}$$

未知数は $a,\ b,\ c,\ d$ の 4 つに対して, 方程式は②, ③, ④の 3 つしかないが, これで構わない。$a:b:c:d$ の比が分かれば十分だからだ。

となる。②, ③, ④より,

$a:b:c:d=2:(-2):1:3$

となる。よって, $a=2$, $b=-2$, $c=1$, $d=3$ とおいて, これらを①に代入すると, 平面 ABC の方程式は, $2x-2y+z+3=0$ となって, 同じ結果が導けたけれど外積を使った方が計算は速いと思う。

$$\begin{cases}b-c+d=0 & \cdots\cdots②\\ a+b-3c+d=0 & \cdots\cdots③\\ -2a+2b+5c+d=0 & \cdots\cdots④\end{cases}$$

$2\times③+④$ より, $4b-c+3d=0$ ……⑤

⑤−②より,　$3b+2d=0$

$3b=-2d$ より,

$\underline{d=3}$ とおくと, $b=-2$

比が分かればいいので, 値を 1 つ決めて他の値を求めればよい。

②より, $-2-c+3=0$　$c=1$

③より, $a-2-3+3=0$　$a=2$

演習問題 10　●平面と直線と球面●

xyz 座標空間上に，

(i) 点 $\mathbf{A}(1,\ -1,\ -3)$ を通り，法線ベクトル $\boldsymbol{n}=[1,\ 3,\ -2]$ の平面 π と，

(ii) 点 $\mathbf{B}(3,\ -2,\ -1)$ を通り，方向ベクトル $\boldsymbol{d}=[2,\ -1,\ 2]$ の直線 L と，

(iii) 中心 $\mathbf{C}(5,\ -3,\ 1)$，半径 $r=2$ の球面 S がある。このとき，

(1) 平面 π，直線 L，球面 S の $x,\ y,\ z$ による方程式を求めよ。

(2) 平面 π と直線 L との交点 $\mathbf{P}$ の座標を求めよ。

(3) 球面 S と直線 L との交点 $\mathbf{Q}_1,\ \mathbf{Q}_2$ の座標を求めよ。

ヒント！ (1) 平面の公式：$a(x-x_1)+b(y-y_1)+c(z-z_1)=0$ と，直線の公式：$\dfrac{x-x_1}{l}=\dfrac{y-y_1}{m}=\dfrac{z-z_1}{n}$，球面の公式：$(x-a)^2+(y-b)^2+(z-c)^2=r^2$ を利用して求めよう。(2)，(3) では直線 L の方程式に，媒介変数 t を利用することがポイントになるんだね。

解答＆解説

(1)(i) 点 $\mathbf{A}(1,\ -1,\ -3)$ を通り，法線ベクトル $\boldsymbol{n}=[1,\ 3,\ -2]$ の平面 π の方程式は，　［$a(x-x_1)+b(y-y_1)+c(z-z_1)=0$］

$1\cdot(x-1)+3(y+1)-2(z+3)=0$ より，

$x+3y-2z-4=0$ ……① である。……………………………(答)

(ii) 点 $\mathbf{B}(3,\ -2,\ -1)$ を通り，方向ベクトル $\boldsymbol{d}=[2,\ -1,\ 2]$ の直線 L の方程式は，　［$\dfrac{x-x_1}{l}=\dfrac{y-y_1}{m}=\dfrac{z-z_1}{n}$］

$\dfrac{x-3}{2}=\dfrac{y+2}{-1}=\dfrac{z+1}{2}$ ……② である。……(答)

(iii) 中心 $\mathbf{C}(5,\ -3,\ 1)$，半径 $r=2$ の球面 S の方程式は，　［$(x-a)^2+(y-b)^2+(z-c)^2=r^2$］

$(x-5)^2+(y+3)^2+(z-1)^2=4$ ……③ である。…………………(答)

(2) 直線 L と平面 π との交点 $\mathbf{P}$ の座標を求める。② $=t$（媒介変数）とおくと，

$\dfrac{x-3}{2}=\dfrac{y+2}{-1}=\dfrac{z+1}{2}=t$ ……②′ より，

$$\begin{cases} x=2t+3 & \cdots\cdots④ \ \leftarrow \dfrac{x-3}{2}=t\text{ より} \\ y=-t-2 & \cdots\cdots⑤ \ \leftarrow \dfrac{y+2}{-1}=t\text{ より} \\ z=2t-1 & \cdots\cdots⑥ \ \leftarrow \dfrac{z+1}{2}=t\text{ より} \end{cases}$$

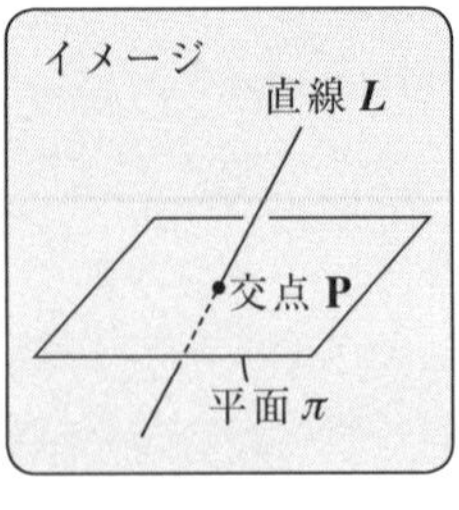

④, ⑤, ⑥を平面 π の方程式：$x+3y-2z-4=0$ ……①に代入して，

$2t+3+3(-t-2)-2(2t-1)-4=0$ となる。

よって，$-5t-5=0$ より， ←$(2-3-4)t+3-6+2-4=0$

$t=-1$ ……⑦ となる。⑦を④, ⑤, ⑥に代入すると，求める交点 P の x, y, z 座標になるので，

$x=2\cdot(-1)+3=1$，$y=-(-1)-2=-1$，$z=2\cdot(-1)-1=-3$

∴求める π と L との交点 P の座標は，$\mathrm{P}(1, -1, -3)$ である。……(答)

(3) 直線 L と球面 S の交点の座標を求める。

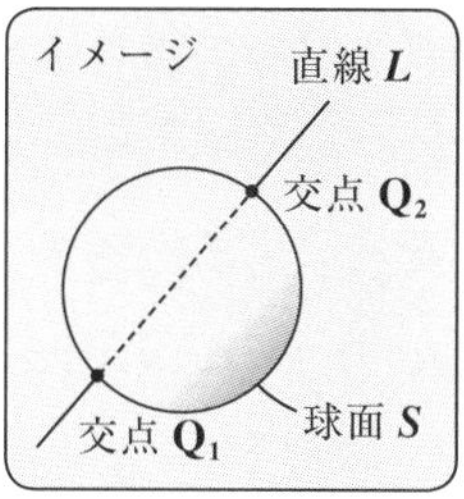

②$=t$ (媒介変数) とおくと (2) と同様に，

$$\begin{cases} x=2t+3 & \cdots\cdots④ \\ y=-t-2 & \cdots\cdots⑤ \\ z=2t-1 & \cdots\cdots⑥ \end{cases}$$ となる。

④, ⑤, ⑥を，球面 S の方程式：

$(x-5)^2+(y+3)^2+(z-1)^2=4$ ……③ に代入して，

$(2t+3-5)^2+(-t-2+3)^2+(2t-1-1)^2=4$

$2\cdot(2t-2)^2+(-t+1)^2=4$ より，

$2(4t^2-8t+4)+t^2-2t+1=9t^2-18t+9$

$9t^2-18t+9-4=0$　　$9t^2-18t+5=0$

$$\begin{matrix} 3 & & -1 & \to & -3 \\ 3 & & -5 & \to & -15 \end{matrix}$$

← たすきがけによる因数分解

$(3t-1)(3t-5)=0$　∴ $t=\dfrac{1}{3}, \dfrac{5}{3}$ である。

これらを④, ⑤, ⑥に代入すると, S と L との交点 Q_1, Q_2 の座標が求められる。

・$t=\dfrac{1}{3}$のとき，$x=\dfrac{2}{3}+3=\dfrac{11}{3}$，$y=-\dfrac{1}{3}-2=-\dfrac{7}{3}$，$z=\dfrac{2}{3}-1=-\dfrac{1}{3}$

・$t=\dfrac{5}{3}$のとき，$x=\dfrac{10}{3}+3=\dfrac{19}{3}$，$y=-\dfrac{5}{3}-2=-\dfrac{11}{3}$，$z=\dfrac{10}{3}-1=\dfrac{7}{3}$

∴求める交点の座標は，$\mathrm{Q}_1\left(\dfrac{11}{3}, -\dfrac{7}{3}, -\dfrac{1}{3}\right)$，$\mathrm{Q}_2\left(\dfrac{19}{3}, -\dfrac{11}{3}, \dfrac{7}{3}\right)$

である。……………………………………………………………………(答)

(Q_1, Q_2 の座標は入れ替えてもよい。)

講義1 ● 複素数平面とベクトル　公式エッセンス

1. 複素数の極形式

複素数 $z = a + bi$ $(z \neq 0)$ の極形式は，

$z = r(\cos\theta + i\sin\theta)$

（絶対値 $|z| = r$，偏角 $\arg z = \theta$）

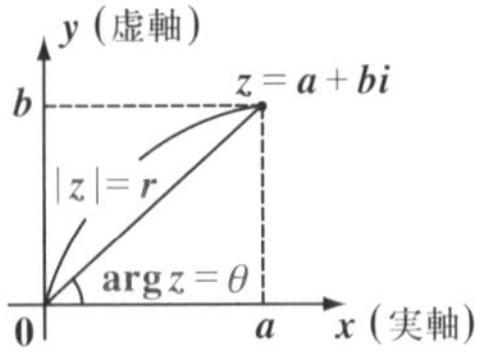

2. ド・モアブルの定理

$(\cos\theta + i\sin\theta)^n = \cos n\theta + i\sin n\theta$　　(n：整数)

3. ベクトルの張る空間

(i) 平面ベクトル $\boldsymbol{p} = s\boldsymbol{a} + t\boldsymbol{b}$ (ii) 空間ベクトル $\boldsymbol{p} = s\boldsymbol{a} + t\boldsymbol{b} + u\boldsymbol{c}$

4. ベクトルの内積

$\boldsymbol{a}\cdot\boldsymbol{b} = \|\boldsymbol{a}\|\|\boldsymbol{b}\|\cos\theta$

(i) $\boldsymbol{a} = [x_1,\ y_1]$，$\boldsymbol{b} = [x_2,\ y_2]$ のとき，$\boldsymbol{a}\cdot\boldsymbol{b} = x_1x_2 + y_1y_2$

(ii) $\boldsymbol{a} = [x_1,\ y_1,\ z_1]$，$\boldsymbol{b} = [x_2,\ y_2,\ z_2]$ のとき，$\boldsymbol{a}\cdot\boldsymbol{b} = x_1x_2 + y_1y_2 + z_1z_2$

5. ベクトルの外積

$\boldsymbol{a} = [x_1,\ y_1,\ z_1]$，$\boldsymbol{b} = [x_2,\ y_2,\ z_2]$ のとき

$\boldsymbol{a}\times\boldsymbol{b} = [y_1z_2 - z_1y_2,\ z_1x_2 - x_1z_2,\ x_1y_2 - y_1x_2]$

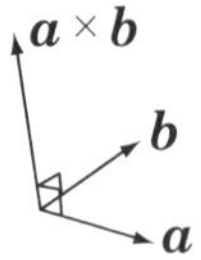

6. △ABC の面積 S

$S = \dfrac{1}{2}\sqrt{\|\boldsymbol{a}\|^2\|\boldsymbol{b}\|^2 - (\boldsymbol{a}\cdot\boldsymbol{b})^2}$　　$(\boldsymbol{a} = \overrightarrow{\mathrm{AB}},\ \boldsymbol{b} = \overrightarrow{\mathrm{AC}})$

7. 直線のベクトル方程式

$\boldsymbol{p} = \boldsymbol{a} + s\boldsymbol{d}$ $\left(\boldsymbol{p} = \overrightarrow{\mathrm{OP}} = [x,\ y,\ z],\ \boldsymbol{a} = \overrightarrow{\mathrm{OA}} = [a,\ b,\ c],\ s\text{：媒介変数}\right)$

8. 円と球面のベクトル方程式

$\|\boldsymbol{p} - \boldsymbol{a}\| = r$　(r：半径)

(i) 円：$(x-a)^2 + (y-b)^2 = r^2$　(ii) 球面：$(x-a)^2 + (y-b)^2 + (z-c)^2 = r^2$

9. 平面のベクトル方程式

(i) $\boldsymbol{p} = \boldsymbol{a} + s\boldsymbol{d}_1 + t\boldsymbol{d}_2$　($\boldsymbol{d}_1 \neq \boldsymbol{0}$，$\boldsymbol{d}_2 \neq \boldsymbol{0}$，$\boldsymbol{d}_1 \not\parallel \boldsymbol{d}_2$，$s$，$t$：媒介変数)

(ii) $\boldsymbol{n}\cdot(\boldsymbol{p} - \boldsymbol{a}) = 0$　　(法線ベクトル $\boldsymbol{n} = [a,\ b,\ c]$，$\boldsymbol{a} = [x_1,\ y_1,\ z_1]$)

$a(x - x_1) + b(y - y_1) + c(z - z_1) = 0$

講義 Lecture 2

行列と1次変換

[線形代数入門(I)]

テーマ

▶ 行列の基本

(ケーリー・ハミルトンの定理：
$A^2-(a+d)A+(ad-bc)E=O$)

▶ 行列と1次変換

$\left(\begin{bmatrix} x' \\ y' \end{bmatrix}=A\begin{bmatrix} x \\ y \end{bmatrix}\right)$

▶ 行列の n 乗計算，固有値と固有ベクトル

$\left((P^{-1}AP)^n=P^{-1}A^nP\right)$

§1. 行列の基本

さァ，これから“**行列**”の講義に入ろう。行列と言っても，サッカーやコンサートのチケットを買うために並ぶ行列ではもちろんないよ。

ここで扱う“**行列**”とは，数や文字をキレイにたて・横長方形に並べたもので，これをカギカッコでくくって，1つの行列と呼ぶんだよ。前回教えたベクトルの成分表示も，1種の行列とみなすことができる。

行列にはさまざまな大きさのものがあるんだけれど，この節では，基本的な2行2列の行列を中心に，その**和・差**，**スカラー倍**，**行列同士の積**など，まず行列の基本演算を練習しよう。また“**零行列**”や“**単位行列**”や“**逆行列**”，それに“**ケーリー・ハミルトンの定理**”まで解説するつもりだ。 今回の講義で，行列の基本がマスターできるはずだ。頑張ろう！

● 行列は，行と列から出来ている！

行列とは，数や文字をたて・横長方形状にキレイに並べたものをカギカッコでくくったものなんだ。いくつか行列の例を下に示そう。

(ⅰ) 2行2列の行列　(ⅱ) 3行1列の行列　(ⅲ) 3行2列の行列

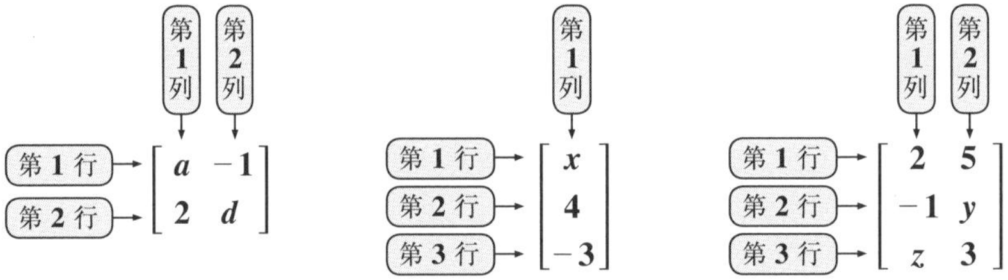

カッコ内の1つ1つの数や文字を，行列の“**成分**”または“**要素**”と呼ぶ。また，行列の横の並びを“**行**”，たての並びを“**列**”といい，m 個の行と n 個の列から成る行列を，**m 行 n 列の行列**，または **$m \times n$ 行列**と呼ぶ。そして，第 i 行 (上から i 番目の行)，第 j 列 (左から j 番目の列) の位置にある成分のことを，**(i, j) 成分**と呼ぶことも覚えておこう。

また，$1 \times n$ 行列のことを **n 次の行ベクトル** (横に n 個の成分の並んだベクトルのこと) と呼び，$m \times 1$ 行列のことを **m 次の列ベクトル** (たてに m 個の成分の並んだベクトルのこと) ともいう。だから，(ⅱ) は3次の列ベクトルといってもいいんだね。

さらに，$m=n$ のとき，m 次の**正方行列**ともいう。よって，(i) は2次の正方行列なんだね。この，2次の正方行列が最も基本的な行列なので，これを中心にこれから解説しよう。

● 行列同士の和・差・積をマスターしよう！

一般に，行列は $A, B, X, \cdots\cdots$ など，大文字のアルファベットで表す。そして，行列が等しい，すなわち $A=B$ といった場合，行列の型が同じで，かつ行列の対応する成分がそれぞれ同じでないといけない。

これって，成分表示されたベクトルと一緒だね。同様に，行列を**実数(スカラー)倍**したり，行列同士の**和・差**の計算も，ベクトルの成分表示のときにやったものと同様に行えるんだよ。このことを，例題で示そう。

$A=\begin{bmatrix} 2 & 1 \\ 3 & -1 \end{bmatrix}$，$B=\begin{bmatrix} -1 & 4 \\ -2 & 1 \end{bmatrix}$ について，← A，B は共に2次の正方行列だ。

各成分を3倍

(1) $3A=3\begin{bmatrix} 2 & 1 \\ 3 & -1 \end{bmatrix}=\begin{bmatrix} 3\times2 & 3\times1 \\ 3\times3 & 3\times(-1) \end{bmatrix}=\begin{bmatrix} 6 & 3 \\ 9 & -3 \end{bmatrix}$ となる。

対応する成分同士のたし算

(2) $A+B=\begin{bmatrix} 2 & 1 \\ 3 & -1 \end{bmatrix}+\begin{bmatrix} -1 & 4 \\ -2 & 1 \end{bmatrix}=\begin{bmatrix} 2-1 & 1+4 \\ 3-2 & -1+1 \end{bmatrix}=\begin{bmatrix} 1 & 5 \\ 1 & 0 \end{bmatrix}$

対応する成分同士の引き算

(3) $A-B=\begin{bmatrix} 2 & 1 \\ 3 & -1 \end{bmatrix}-\begin{bmatrix} -1 & 4 \\ -2 & 1 \end{bmatrix}=\begin{bmatrix} 2-(-1) & 1-4 \\ 3-(-2) & -1-1 \end{bmatrix}=\begin{bmatrix} 3 & -3 \\ 5 & -2 \end{bmatrix}$

(4) $3A-2B=3\begin{bmatrix} 2 & 1 \\ 3 & -1 \end{bmatrix}-2\begin{bmatrix} -1 & 4 \\ -2 & 1 \end{bmatrix}$

$$=\begin{bmatrix} 6 & 3 \\ 9 & -3 \end{bmatrix}-\begin{bmatrix} -2 & 8 \\ -4 & 2 \end{bmatrix}=\begin{bmatrix} 6-(-2) & 3-8 \\ 9-(-4) & -3-2 \end{bmatrix}=\begin{bmatrix} 8 & -5 \\ 13 & -5 \end{bmatrix}$$

となる。

成分表示されたベクトルの計算とまったく同じだから，違和感はなかったと思う。

それでは次，2つの行列の積(かけ算)について解説しよう。

2つの2次の正方行列 $\boldsymbol{A}=\begin{bmatrix}a&b\\c&d\end{bmatrix}$ と $\boldsymbol{B}=\begin{bmatrix}p&q\\r&s\end{bmatrix}$ の積 $\boldsymbol{AB}$ は次のように行う。

$$\boldsymbol{AB}=\begin{bmatrix}a&b\\c&d\end{bmatrix}\begin{bmatrix}p&q\\r&s\end{bmatrix}=\begin{bmatrix}\overset{(1,\,1)\text{成分}}{\overset{\parallel}{\boxed{ap+br}}}&\overset{(1,\,2)\text{成分}}{\overset{\parallel}{\boxed{aq+bs}}}\\ \underset{(2,\,1)\text{成分}}{\underset{\parallel}{\boxed{cp+dr}}}&\underset{(2,\,2)\text{成分}}{\underset{\parallel}{\boxed{cq+ds}}}\end{bmatrix}$$

それぞれ4つの成分の計算の仕方をていねいに書くと，次の通りだ。

(ⅰ) (1, 1) 成分について，

$$\boxed{\text{1行}}\rightarrow\begin{bmatrix}a&b\\ *&*\end{bmatrix}\overset{\boxed{\text{1列}}\downarrow}{\begin{bmatrix}p&*\\ r&*\end{bmatrix}}=\begin{bmatrix}\overset{\boxed{(1,\,1)\text{成分}}}{\boxed{ap+br}}&*\\ *&*\end{bmatrix}$$

(ⅱ) (1, 2) 成分について，

$$\boxed{\text{1行}}\rightarrow\begin{bmatrix}a&b\\ *&*\end{bmatrix}\overset{\boxed{\text{2列}}\downarrow}{\begin{bmatrix}*&q\\ *&s\end{bmatrix}}=\begin{bmatrix}*&\overset{\boxed{(1,\,2)\text{成分}}}{\boxed{aq+bs}}\\ *&*\end{bmatrix}$$

(ⅲ) (2, 1) 成分について，

$$\boxed{\text{2行}}\rightarrow\begin{bmatrix}*&*\\ c&d\end{bmatrix}\overset{\boxed{\text{1列}}\downarrow}{\begin{bmatrix}p&*\\ r&*\end{bmatrix}}=\begin{bmatrix}*&*\\ \underset{\boxed{(2,\,1)\text{成分}}}{\boxed{cp+dr}}&*\end{bmatrix}$$

(ⅳ) (2, 2) 成分について，

$$\boxed{\text{2行}}\rightarrow\begin{bmatrix}*&*\\ c&d\end{bmatrix}\overset{\boxed{\text{2列}}\downarrow}{\begin{bmatrix}*&q\\ *&s\end{bmatrix}}=\begin{bmatrix}*&*\\ *&\underset{\boxed{(2,\,2)\text{成分}}}{\boxed{cq+ds}}\end{bmatrix}$$

どう？ 要領は分かった？ 早速練習してみよう。

$\boldsymbol{A}=\begin{bmatrix}2&1\\3&-1\end{bmatrix}$，$\boldsymbol{B}=\begin{bmatrix}-1&4\\-2&1\end{bmatrix}$ について，

$$(5)\ \boldsymbol{AB}=\begin{bmatrix}2&1\\3&-1\end{bmatrix}\begin{bmatrix}-1&4\\-2&1\end{bmatrix}=\begin{bmatrix}2\times(-1)+1\times(-2)&2\times4+1\times1\\3\times(-1)+(-1)\times(-2)&3\times4+(-1)\times1\end{bmatrix}$$

$$=\begin{bmatrix}-4&9\\-1&11\end{bmatrix}$$

$$(6)\ \boldsymbol{BA}=\begin{bmatrix}-1&4\\-2&1\end{bmatrix}\begin{bmatrix}2&1\\3&-1\end{bmatrix}=\begin{bmatrix}-1\times2+4\times3&-1\times1+4\times(-1)\\-2\times2+1\times3&-2\times1+1\times(-1)\end{bmatrix}$$

$$=\begin{bmatrix}10&-5\\-1&-3\end{bmatrix}$$ となるんだね。

面白い結果が出てきたね。一般に行列の積において交換法則は成り立たない。つまり $\boldsymbol{AB}\neq\boldsymbol{BA}$ なんだね。これが上の例でも確認されたというわけなんだ。納得いった？

よって，行列では，整式のときに使った乗法公式は成り立たないので，

(1) $(A+B)^2 \fallingdotseq A^2+2AB+B^2$

(2) $(A+B)(A-B) \fallingdotseq A^2-B^2$ 　である。 ← これは要注意だ！

それぞれを，キチンと示せば，次の通りだ。

公式
・$A(B+C)=AB+AC$
・$(A+B)C=AC+BC$
より (P66)

(1) $(A+B)^2=(A+B)(A+B)=A^2+AB+BA+B^2$

(2) $(A+B)(A-B)=A^2-AB+BA-B^2$

これは，AB と等しいとは限らないので，このままで終了！

それでは，行列の積の計算練習をしておこう。

例題 18　次の行列 X と Y について，積 XY と YX を求めよう。

(1) $X=\begin{bmatrix} 2 & -1 \\ 1 & 3 \\ -1 & 1 \end{bmatrix}$, $Y=\begin{bmatrix} 4 & 3 & 1 \\ 1 & -1 & 2 \end{bmatrix}$ 　(2) $X=\begin{bmatrix} 1 \\ 5 \end{bmatrix}$, $Y=\begin{bmatrix} 2 & -1 \end{bmatrix}$

(3) $X=\begin{bmatrix} 1 & -2 \\ 2 & 3 \end{bmatrix}$, $Y=\begin{bmatrix} 4 \\ -1 \end{bmatrix}$

(1) $XY=\begin{bmatrix} 2 & -1 \\ 1 & 3 \\ -1 & 1 \end{bmatrix}\begin{bmatrix} 4 & 3 & 1 \\ 1 & -1 & 2 \end{bmatrix}$

3×2 行列と 2×3 行列の積は 3×3 行列になる。

$$=\begin{bmatrix} 2\times4+(-1)\times1 & 2\times3+(-1)\times(-1) & 2\times1+(-1)\times2 \\ 1\times4+3\times1 & 1\times3+3\times(-1) & 1\times1+3\times2 \\ -1\times4+1\times1 & -1\times3+1\times(-1) & -1\times1+1\times2 \end{bmatrix}$$

$$=\begin{bmatrix} 7 & 7 & 0 \\ 7 & 0 & 7 \\ -3 & -4 & 1 \end{bmatrix}$$

$YX=\begin{bmatrix} 4 & 3 & 1 \\ 1 & -1 & 2 \end{bmatrix}\begin{bmatrix} 2 & -1 \\ 1 & 3 \\ -1 & 1 \end{bmatrix}$

2×3 行列と 3×2 行列の積は 2×2 行列になる。

$$=\begin{bmatrix} 4\times2+3\times1+1\times(-1) & 4\times(-1)+3\times3+1\times1 \\ 1\times2+(-1)\times1+2\times(-1) & 1\times(-1)+(-1)\times3+2\times1 \end{bmatrix}$$

$$=\begin{bmatrix} 10 & 6 \\ -1 & -2 \end{bmatrix}$$

XY と YX では行列の型まで異なるんだね。当然，$XY \fallingdotseq YX$ だ。

(2) $X=\begin{bmatrix}1\\5\end{bmatrix}$, $Y=\begin{bmatrix}2 & -1\end{bmatrix}$ について,

$$XY=\begin{bmatrix}1\\5\end{bmatrix}\begin{bmatrix}2 & -1\end{bmatrix}=\begin{bmatrix}1\times2 & 1\times(-1)\\5\times2 & 5\times(-1)\end{bmatrix}=\begin{bmatrix}2 & -1\\10 & -5\end{bmatrix}$$

(2×1 行列と 1×2 行列の積は 2×2 行列になる。)

$$YX=\begin{bmatrix}2 & -1\end{bmatrix}\begin{bmatrix}1\\5\end{bmatrix}=\begin{bmatrix}2\times1+(-1)\times5\end{bmatrix}=\begin{bmatrix}-3\end{bmatrix}$$

(これでも立派な(?)行列だ!)

(1×2 行列と 2×1 行列の積は 1×1 行列になる。)

(3) $X=\begin{bmatrix}1 & -2\\2 & 3\end{bmatrix}$, $Y=\begin{bmatrix}4\\-1\end{bmatrix}$ について,

$$XY=\begin{bmatrix}1 & -2\\2 & 3\end{bmatrix}\begin{bmatrix}4\\-1\end{bmatrix}=\begin{bmatrix}1\times4+(-2)\times(-1)\\2\times4+3\times(-1)\end{bmatrix}=\begin{bmatrix}6\\5\end{bmatrix}$$

(2×2 行列と 2×1 行列の積は 2×1 行列になる。)

$YX=\begin{bmatrix}4\\-1\end{bmatrix}\begin{bmatrix}1 & -2\\2 & 3\end{bmatrix}$ の計算はできない。　∴解なし

(2×1 と 2×2)
(この 2 つの数値が異なるので行列の積は求められない。)

以上で, 行列同士の積にも慣れた? 一般に $l\times m$ 行列と $m\times n$ 行列の積

(この m 列と m 行が同じでないと, 行列の積は成り立たない。)

が $l\times n$ 行列になることが分かったと思う。

それでは, 行列の演算の公式をまとめて下に示すよ。

行列の計算の公式

(1) 行列の和　　：・$A+B=B+A$　・$(A+B)+C=A+(B+C)$

(2) 行列の実数倍：・$r(A+B)=rA+rB$　・$(r+s)A=rA+sA$

・$r(sA)=s(rA)=(rs)A$　(r, s：実数)

(3) 行列の積　　：・$(AB)C=A(BC)$　・$(rA)B=A(rB)=r(AB)$

(A を左からかける!)　(C を右からかける!)

・$A(B+C)=AB+AC$　・$(A+B)C=AC+BC$

(これらの公式はすべて, 行列同士の和や積が定義されるものについてだと考えてくれ。)

● 単位行列 E と零行列 O も押さえておこう！

2 次の正方行列について，"**単位行列**" E と "**零行列**" O の定義と公式を下に示す。

単位行列 E と零行列 O

(Ⅰ) 単位行列 $E=\begin{bmatrix}1 & 0\\ 0 & 1\end{bmatrix}$ は次のような性質をもつ。

(ⅰ) $\underline{AE=EA}=A$ ← 交換法則が成り立つ特別な場合　　(ⅱ) $E^n=E$　(n：自然数)

(Ⅱ) 零行列 $O=\begin{bmatrix}0 & 0\\ 0 & 0\end{bmatrix}$ は次のような性質をもつ。

(ⅰ) $A+O=O+A=A$　　(ⅱ) $\underline{AO=OA}=O$ ← 交換法則が成り立つ特別な場合

実際に，$A=\begin{bmatrix}a & b\\ c & d\end{bmatrix}$ に，単位行列 $E=\begin{bmatrix}1 & 0\\ 0 & 1\end{bmatrix}$ をかけてみよう。

$AE=\begin{bmatrix}a & b\\ c & d\end{bmatrix}\begin{bmatrix}1 & 0\\ 0 & 1\end{bmatrix}=\begin{bmatrix}a\cdot1+b\cdot0 & a\cdot0+b\cdot1\\ c\cdot1+d\cdot0 & c\cdot0+d\cdot1\end{bmatrix}=\begin{bmatrix}a & b\\ c & d\end{bmatrix}=A$ となって，

なるほど E は書かなくてイーんだね。また，単位行列 E は n 回かけ合わせても，同じ E なんだ。これは，数字の **1** と同じ性質だ。

(Ⅱ) の零行列 O (オー) は，数字の **0** と同じ性質なのは分かるね。ここで，零行列について，面白い性質を **1** つ紹介しておこう。すなわち，「$AB=O$ だからといって，$A=O$ または $B=O$ とは限らない！」ということなんだ。信じられないって？　いいよ。例を示そう。

$A=\begin{bmatrix}2 & 0\\ 1 & 0\end{bmatrix}$，$B=\begin{bmatrix}0 & 0\\ -1 & 1\end{bmatrix}$ の場合，$A\neq O$ かつ $B\neq O$ だね。でも，

$$AB=\begin{bmatrix}2 & 0\\ 1 & 0\end{bmatrix}\begin{bmatrix}0 & 0\\ -1 & 1\end{bmatrix}=\begin{bmatrix}2\times0+0\times(-1) & 2\times0+0\times1\\ 1\times0+0\times(-1) & 1\times0+0\times1\end{bmatrix}=\begin{bmatrix}0 & 0\\ 0 & 0\end{bmatrix}=O$$

となるだろう。このように，$A\neq O$ かつ $B\neq O$ だけど，$AB=O$ となるような行列 A，B のことを "**零因子**(ぜろいんし)" という。これも覚えておこう。

それでは次，**2** 次の正方行列の "**逆行列**(ぎゃくぎょうれつ)" と "**行列式**(ぎょうれつしき)" についても解説しよう。

● 行列式が 0 でないとき，逆行列は存在する！

（“A インバース”と読む。）

$AB = BA = E$ をみたす行列 B を，A の“**逆行列**”といい，A^{-1} で表す。したがって，$AA^{-1} = A^{-1}A = E$ となるんだね。ここで，A^{-1} と表されるからといって，$A^{-1} = \frac{1}{A}$ では断じてないよ。（これは間違い！）

$A = \begin{bmatrix} a & b \\ c & d \end{bmatrix}$ のとき，A^{-1} は，$A^{-1} = \frac{1}{ad-bc}\begin{bmatrix} d & -b \\ -c & a \end{bmatrix}$ という，**2** 行 **2** 列の立派な行列なんだ。

（a と d を入れ替えた！）（これを，**行列式**と呼ぶ）（b と c の符号を変えた！）

もちろん，A^{-1} の式の分母：$ad-bc \neq 0$ の条件が必要だけれどね。

（これを，行列 A の正則条件という。）

この $ad-bc$ を“**行列式**（ぎょうれつしき）”と呼び，Δ や，$\det A$ や，$|A|$ と表したりもする。

（ギリシャ文字のデルタのこと）（“ディターミナント A”と読む。）

逆行列 A^{-1}

$A = \begin{bmatrix} a & b \\ c & d \end{bmatrix}$ の行列式を $\Delta = ad - bc$ とおくと，

(ⅰ) $\Delta = 0$ のとき，A^{-1} は存在しない。

(ⅱ) $\Delta \neq 0$ のとき，A^{-1} は存在して，$A^{-1} = \frac{1}{\Delta}\begin{bmatrix} d & -b \\ -c & a \end{bmatrix}$ である。

例として，$A = \begin{bmatrix} 3 & 1 \\ 5 & 2 \end{bmatrix}$ について，$\Delta = 3\times 2 - 1\times 5 = 1\ (\neq 0)$ より，A は**正則**（せいそく）であり，A^{-1} は存在し，

$$A^{-1} = \frac{1}{\Delta}\begin{bmatrix} 2 & -1 \\ -5 & 3 \end{bmatrix} = \begin{bmatrix} 2 & -1 \\ -5 & 3 \end{bmatrix}$$ となる。（Δ は 1）

（A の行列式 Δ について，(ⅰ) $\Delta \neq 0$ とき A は**正則**（せいそく）である，(ⅱ) $\Delta = 0$ とき A は正則でないということも覚えておこう。）

（このとき，$AA^{-1} = \begin{bmatrix} 3 & 1 \\ 5 & 2 \end{bmatrix}\begin{bmatrix} 2 & -1 \\ -5 & 3 \end{bmatrix} = \begin{bmatrix} 1 & 0 \\ 0 & 1 \end{bmatrix} = E$ となるのが分かるね。$A^{-1}A = E$ となることも自分で確かめてみてごらん。）

● 2元1次の連立方程式も，行列で解いてみよう！

2次の正方行列の逆行列を使えば，**2**元**1**次の連立方程式も行列の計算によって解くことができる。次の連立**1**次方程式を実際に解いてみよう。

$$\begin{cases} 2x-3y=7 \\ x+y=1 \end{cases} \cdots\cdots ①$$

①を変形して，

$$\begin{bmatrix} 2x-3y \\ x+y \end{bmatrix}=\begin{bmatrix} 7 \\ 1 \end{bmatrix} \qquad \begin{bmatrix} 2 & -3 \\ 1 & 1 \end{bmatrix}\begin{bmatrix} x \\ y \end{bmatrix}=\begin{bmatrix} 7 \\ 1 \end{bmatrix} \cdots\cdots ②$$ となる。

ここで，$A=\begin{bmatrix} 2 & -3 \\ 1 & 1 \end{bmatrix}$とおくと，この行列式$\Delta=2\times1-(-3)\times1=5\ (\neq 0)$

よって，A^{-1}は存在するので，このA^{-1}を②の両辺に左からかけると，

$$\begin{bmatrix} x \\ y \end{bmatrix}=A^{-1}\begin{bmatrix} 7 \\ 1 \end{bmatrix}=\frac{1}{5}\begin{bmatrix} 1 & 3 \\ -1 & 2 \end{bmatrix}\begin{bmatrix} 7 \\ 1 \end{bmatrix}=\frac{1}{5}\begin{bmatrix} 10 \\ -5 \end{bmatrix}=\begin{bmatrix} 2 \\ -1 \end{bmatrix}$$ となって，

$A^{-1}A\begin{bmatrix} x \\ y \end{bmatrix}=E\begin{bmatrix} x \\ y \end{bmatrix}$のこと ← Eは書かなくてイーからね。

解 $x=2$，$y=-1$ が求まるんだね。

2元1次の連立方程式の解法

$A=\begin{bmatrix} a & b \\ c & d \end{bmatrix}$に対して，次の**2**元**1**次の連立方程式が与えられたとする。

$$A\begin{bmatrix} x \\ y \end{bmatrix}=\begin{bmatrix} p \\ q \end{bmatrix} \cdots\cdots (a) \quad (x,\ y：未知数，p,\ q：実数定数)$$

(I) A^{-1}が存在するとき，

(a)の両辺に左からA^{-1}をかけて，

$\begin{bmatrix} x \\ y \end{bmatrix}=A^{-1}\begin{bmatrix} p \\ q \end{bmatrix}$として，解が求まる。

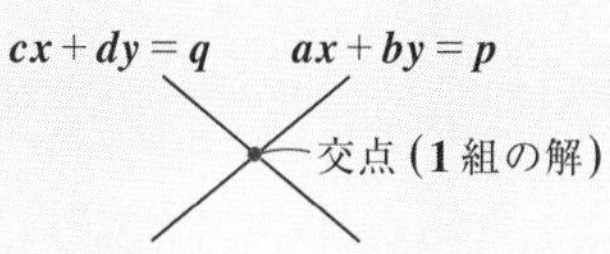

(II) A^{-1}が存在しないとき，

(i) $a:c=b:d=p:q$ ならば，不定解をもつ。

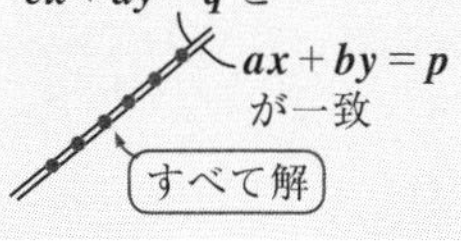

(ii) $a:c=b:d\neq p:q$ ならば解なし。

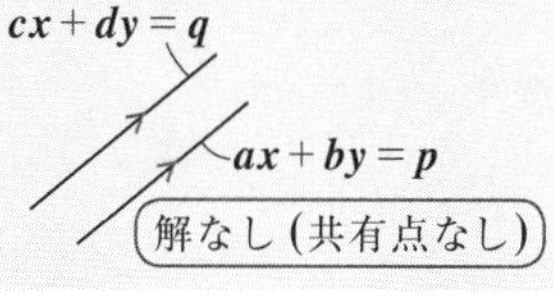

● ケーリー・ハミルトンの定理もマスターしよう！

2次の正方行列に対して，次の "**ケーリー・ハミルトンの定理**" が成り立つ。シンプルだけど，非常に役に立つ定理だから，まず頭に入れよう。

ケーリー・ハミルトンの定理

行列 $A=\begin{bmatrix} a & b \\ c & d \end{bmatrix}$ について，ケーリー・ハミルトンの定理：

$$A^2-(a+d)A+(ad-bc)E=O \quad \cdots\cdots(*)$$ が成り立つ。

（これは，行列式 Δ だ！）

"ケーリー・ハミルトンの定理" が成り立つことを証明してみよう。

$$(*)\text{の左辺}=\begin{bmatrix} a & b \\ c & d \end{bmatrix}\begin{bmatrix} a & b \\ c & d \end{bmatrix}-(a+d)\begin{bmatrix} a & b \\ c & d \end{bmatrix}+(ad-bc)\begin{bmatrix} 1 & 0 \\ 0 & 1 \end{bmatrix}$$

$$=\begin{bmatrix} a^2+bc & ab+bd \\ ac+cd & bc+d^2 \end{bmatrix}-\begin{bmatrix} a^2+ad & ab+bd \\ ac+cd & ad+d^2 \end{bmatrix}+\begin{bmatrix} ad-bc & 0 \\ 0 & ad-bc \end{bmatrix}$$

$$=\begin{bmatrix} 0 & 0 \\ 0 & 0 \end{bmatrix}=O=(*)\text{の右辺}$$ となって，ナルホド成り立つ。

それでは，このケーリー・ハミルトンの定理を実際に使ってみよう。

例題 19　$A=\begin{bmatrix} 2 & 1 \\ -7 & -3 \end{bmatrix}$ のとき，ケーリー・ハミルトンの定理を用いて，A^3 と A^{10} を求めてみよう。

ケーリー・ハミルトンの定理より，

$$A^2-(2-3)A+\{2\times(-3)-1\times(-7)\}E=O$$

（ケー・ハミの定理 $A^2-(a+d)A+(ad-bc)E=O$）

$$A^2+A+E=O \quad \therefore A^2=-A-E \quad \cdots\cdots①$$ となる。

（ケー・ハミにより，A の2次式を1次式に次数を下げることができるんだ！）

（もちろん，答案に書くときは，"ケーリー・ハミルトンの定理" とキチンと書くんだよ。）

①の両辺に左から A をかけると，

$$A^3=A(-A-E)=-A^2-A=A+E-A=E$$

（$A^2 = (-A-E)$（①より））

$$=\begin{bmatrix} 1 & 0 \\ 0 & 1 \end{bmatrix}$$ であることが分かった！

次，$A^3 = E$ より，$A^{10} = \underset{E^3=E}{\underline{(A^3)^3}}A = EA = A = \begin{bmatrix} 2 & 1 \\ -7 & -3 \end{bmatrix}$ となるんだね。

これで，“ケーリー・ハミルトンの定理”の威力がよく分かっただろう。

● $xA = yE$ の解法もマスターしよう！

本格的な“ケーリー・ハミルトンの定理”の問題に入る前段階として，行列 A と E についての重要な解法について教えておこう。

$xA = yE$ の解法

$xA = yE$ ……㋐ (x, y：実数) の場合，

((i) $x = 0$，(ii) $x \neq 0$ で場合分けする！)

(i) $x = 0$ のとき，$y = 0$ となる。

(ii) $x \neq 0$ のとき，$A = kE$ となる。$\left(ただし，k = \dfrac{y}{x}\right)$

(これを“**スカラー行列**”と呼ぶ。) ($x \neq 0$ だから x で割れる！)

問題を解く上で，$xA = yE$ の形にもち込むと，(i) $x = 0$，(ii) $x \neq 0$ の 2 つの場合分けにより，体系立てて問題が解けるんだよ。

(i) $x = 0$ のとき，㋐の左辺 $= 0A = O = \begin{bmatrix} 0 & 0 \\ 0 & 0 \end{bmatrix}$ だね。また，

㋐の右辺 $= yE = y\begin{bmatrix} 1 & 0 \\ 0 & 1 \end{bmatrix} = \begin{bmatrix} y & 0 \\ 0 & y \end{bmatrix}$ だから，$y = 0$ となる。

(ii) $x \neq 0$ のとき，㋐の両辺を x で割ると，

$A = \underset{k}{\dfrac{y}{x}}E$ 　ここで，$\dfrac{y}{x} = k$ とおくと，$A = kE$ だから，A は

$A = \begin{bmatrix} k & 0 \\ 0 & k \end{bmatrix}$ の形の行列 (**スカラー行列**) になるんだね。

以上の解法のパターンをシッカリ頭に入れておこう。

さらに，次の解法も重要だから，覚えておこう。

$xA = O$ と $xE = O$ の解法

(1) $xA = O$　(x：実数，A：行列) ならば，

　$x = 0$，または $A = O$

(2) $xE = O$　(x：実数，E：単位行列) ならば，

　$x = 0$　($\because E \neq O$)

A, B は零因子かも知れない！

$AB = O$ (A, B：行列) のとき $A = O$ または $B = O$ とは限らなかったね。
でも，上の 2 つは解法のパターンとして使える！

それでは，次の例題で本格的な"ケーリー・ハミルトンの定理"を使う問題を解いてみよう。

例題 20　$A = \begin{bmatrix} a & b \\ c & d \end{bmatrix}$ が，$A^2 - 7A + 12E = O$ ……①　をみたすとき，
$a + d$ と $ad - bc$ の値の組をすべて求めてみよう。

$A^2 - 7A + 12E = O$ ……①　と，ケーリー・ハミルトンの定理の式

$A^2 - (a+d)A + (ad-bc)E = O$ ……②　とから係数比較して，

$(a+d,\ ad+bc) = (7,\ 12)$ としたいと思っていない？これも確かに 1 組の答えだけれど，これ以外にも解が存在するので，①－②から，

$xA = yE$ の形にもち込んで，体系立ててキチンと解いていこう。

①－②より，

$(a+d-7)A + (12-ad+bc)E = O$

$(\underbrace{a+d-7}_{x})A = (\underbrace{ad-bc-12}_{y})E$ ……③ となる。

$xA = yE$ の形だ！
(i) $x = 0$ のとき，$y = 0$
(ii) $x \neq 0$ のとき，$A = kE$
のパターンで解く！

(i) よって，$a+d-7 = 0$　のとき，

$ad - bc - 12 = 0$　となるので，

$(a+d,\ ad-bc) = \underline{\underline{(7,\ 12)}}$　となる。

(ii) 次，$a+d-7 \neq 0$ のとき，

③の両辺をこれで割って，

$A = kE$ ……④　$\left(\text{ただし，} k = \dfrac{ad-bc-12}{a+d-7}\right)$　となる。

④を①に代入して，

$$\underline{(kE)^2}-7\cdot kE+12E=O,\quad k^2E-7kE+12E=O$$

$(kE)^2$ は $k^2E^2=k^2E$

$$(\underline{k^2-7k+12})E=O \text{ より，}$$

（$k^2-7k+12$ は x）

$xE=O$ の形だ！
これから，$x=0$ と言える。

$$k^2-7k+12=0 \qquad (k-3)(k-4)=0$$

$\therefore\ k=3$ または 4

(ア) $k=3$ のとき，④より，$A=3\begin{bmatrix}1&0\\0&1\end{bmatrix}=\begin{bmatrix}3&0\\0&3\end{bmatrix}$

$\therefore\ (a+d,\ ad-bc)=(3+3,\ 3^2-0^2)=\underline{\underline{(6,\ 9)}}$ となる。

(イ) $k=4$ のとき，④より，$A=4\begin{bmatrix}1&0\\0&1\end{bmatrix}=\begin{bmatrix}4&0\\0&4\end{bmatrix}$

$\therefore\ (a+d,\ ad-bc)=(4+4,\ 4^2-0^2)=\underline{\underline{(8,\ 16)}}$ となる。

以上(i)(ii)より，$(a+d,\ ad-bc)$ の値の組は，全部で，

$(a+d,\ ad-bc)=\underline{\underline{(7,\ 12)}},\ \underline{\underline{(6,\ 9)}},\ \underline{\underline{(8,\ 16)}}$ の3通りである。

どう？　大きな論理の流れがつかめて，面白かっただろう。

それではさらに演習問題を解いて，2次の正方行列についての知識を確実なものにしよう！

演習問題 11　●行列の計算(Ⅰ)●

$A=\begin{bmatrix}1&2\\3&1\end{bmatrix}$, $B=\begin{bmatrix}-1&2\\3&a\end{bmatrix}$のとき, $AB=BA$ が成り立つ。このとき,

(ⅰ) aの値を求めよ。　　(ⅱ) $A^3-3A^2B+3AB^2-B^3$ を求めよ。

ヒント! 行列では, 一般に $AB\neq BA$ より, $(A-B)^3=A^3-3A^2B+3AB^2-B^3$ ……② は成り立たない。でも, この問題では交換則 $AB=BA$ が成り立つので, ②も成り立つんだね。

解答＆解説

(ⅰ) $AB=\begin{bmatrix}1&2\\3&1\end{bmatrix}\begin{bmatrix}-1&2\\3&a\end{bmatrix}=\begin{bmatrix}-1+6&2+2a\\-3+3&6+a\end{bmatrix}=\begin{bmatrix}5&2+2a\\0&6+a\end{bmatrix}$

$BA=\begin{bmatrix}-1&2\\3&a\end{bmatrix}\begin{bmatrix}1&2\\3&1\end{bmatrix}=\begin{bmatrix}-1+6&-2+2\\3+3a&6+a\end{bmatrix}=\begin{bmatrix}5&0\\3+3a&6+a\end{bmatrix}$

ここで, $AB=BA$ より, $\begin{bmatrix}5&\underline{2+2a}\\\underline{0}&6+a\end{bmatrix}=\begin{bmatrix}5&\underline{0}\\\underline{3+3a}&6+a\end{bmatrix}$

よって, $2+2a=0$　$(0=3+3a)$ より, $a=-1$……①……………………(答)

(ⅱ) ①より, $A=\begin{bmatrix}1&2\\3&1\end{bmatrix}$, $B=\begin{bmatrix}-1&2\\3&-1\end{bmatrix}$

また, $AB=BA$ より,

$A^3-3A^2B+3AB^2-B^3=(A-B)^3$……②

ここで,

$A-B=\begin{bmatrix}1&2\\3&1\end{bmatrix}-\begin{bmatrix}-1&2\\3&-1\end{bmatrix}$

$=\begin{bmatrix}2&0\\0&2\end{bmatrix}=2E$ ………………③

> 一般には $AB\neq BA$ より,
> $(A-B)^3=(A-B)(A-B)(A-B)$
> $=(A-B)(A^2-AB-BA+B^2)$
> $=A^3-A^2B-ABA+AB^2$
> $\quad-BA^2+BAB+B^2A-B^3$
> となるんだね。
> [交換則 : $AB=BA$ が成り立つときのみ, $(A-B)^3=A^3-3A^2B+3AB^2-B^3$ となることに注意しよう。]

③を②に代入して,

$A^3-3A^2B+3AB^2-B^3$

$=(2E)^3=8\cdot E^3=8E=8\begin{bmatrix}1&0\\0&1\end{bmatrix}=\begin{bmatrix}8&0\\0&8\end{bmatrix}$ ……………………(答)

(E^3 → E ← Eは何回かけてもEだね。)

演習問題 12　● 行列の計算(II) ●

2つの行列 $A=\begin{bmatrix}0&1\\-1&-1\end{bmatrix}$, $B=\begin{bmatrix}0&1\\1&0\end{bmatrix}$ について，次の問いに答えよ。

(1) A^3 と B^2 と $BA-A^2B$ を求めよ。

(2) A^2BABA^2 を求めよ。

ヒント！ (1) より，$BA-A^2B=O$ となることから，$BA=A^2B$ となる。これを用いて，(2) の行列の複雑な積を簡潔に表すことができるんだね。

解答＆解説

(1) ・$A^3=\begin{bmatrix}0&1\\-1&-1\end{bmatrix}^3=\begin{bmatrix}0&1\\-1&-1\end{bmatrix}\begin{bmatrix}0&1\\-1&-1\end{bmatrix}\begin{bmatrix}0&1\\-1&-1\end{bmatrix}=\begin{bmatrix}0&1\\-1&-1\end{bmatrix}\begin{bmatrix}0-1&0-1\\0+1&-1+1\end{bmatrix}$

$=\begin{bmatrix}0&1\\-1&-1\end{bmatrix}\begin{bmatrix}-1&-1\\1&0\end{bmatrix}=\begin{bmatrix}1&0\\0&1\end{bmatrix}$ ……① ……………………………………(答)

・$B^2=\begin{bmatrix}0&1\\1&0\end{bmatrix}^2=\begin{bmatrix}0&1\\1&0\end{bmatrix}\begin{bmatrix}0&1\\1&0\end{bmatrix}=\begin{bmatrix}0+1&0+0\\0+0&1+0\end{bmatrix}=\begin{bmatrix}1&0\\0&1\end{bmatrix}$ ……② ……(答)

・$BA-A^2B=\begin{bmatrix}0&1\\1&0\end{bmatrix}\begin{bmatrix}0&1\\-1&-1\end{bmatrix}-\underbrace{\begin{bmatrix}0&1\\-1&-1\end{bmatrix}^2}_{\begin{bmatrix}-1&-1\\1&0\end{bmatrix}}\begin{bmatrix}0&1\\1&0\end{bmatrix}$

$=\begin{bmatrix}-1&-1\\0&1\end{bmatrix}-\begin{bmatrix}-1&-1\\1&0\end{bmatrix}\begin{bmatrix}0&1\\1&0\end{bmatrix}$

$=\begin{bmatrix}-1&-1\\0&1\end{bmatrix}-\begin{bmatrix}-1&-1\\0&1\end{bmatrix}=\begin{bmatrix}0&0\\0&0\end{bmatrix}$ ……③ ……………………(答)

(2) (1)の結果より，$A^3=E$ ……①，$B^2=E$ ……② であり，また，

$BA-A^2B=O$ ……③ より，$A^2B=BA$ ……③′ となる。よって，

・$\underbrace{A^2B}_{BA\ (③'より)}ABA^2=B\underbrace{A\cdot AB}_{A^2B=BA\ (③'より)}A^2=B\cdot BA\cdot A^2=\underbrace{B^2}_{E\ (②より)}\underbrace{A^3}_{E\ (①より)}=E\cdot E=E^2$

$=E=\begin{bmatrix}1&0\\0&1\end{bmatrix}$ である。……………………………………(答)

演習問題 13　●連立1次方程式と逆行列(Ⅰ)●

次の問いに答えよ。

(1) 方程式 $\begin{cases} 3x-5y=14 \\ -x+y=-4 \end{cases}$ ……① を解け。

(2) 方程式 $\begin{cases} ax-3y=1 \\ -10x+6y=b \end{cases}$ ……② が不定解をもつとき，

a と b の値を求めよ。

ヒント！ (2) ②が不定解をもつ条件は，$6a-30=0$ かつ $-3:6=1:b$ が成り立つことだね。

解答＆解説

(1) ①を書き変えて，

$\begin{bmatrix} 3 & -5 \\ -1 & 1 \end{bmatrix}\begin{bmatrix} x \\ y \end{bmatrix}=\begin{bmatrix} 14 \\ -4 \end{bmatrix}$ ……①′ となる。ここで，$A=\begin{bmatrix} 3 & -5 \\ -1 & 1 \end{bmatrix}$ とおくと，

$\varDelta=\det A=3\times1-(-5)\times(-1)=3-5=-2(\neq0)$ より A^{-1} は存在する。

①′ の両辺に $A^{-1}=\dfrac{1}{\varDelta}\begin{bmatrix} 1 & 5 \\ 1 & 3 \end{bmatrix}=-\dfrac{1}{2}\begin{bmatrix} 1 & 5 \\ 1 & 3 \end{bmatrix}$ を

左からかけて，

$\underbrace{A^{-1}\cdot A}_{E}\begin{bmatrix} x \\ y \end{bmatrix}=A^{-1}\begin{bmatrix} 14 \\ -4 \end{bmatrix}$ より，

$\begin{bmatrix} x \\ y \end{bmatrix}=-\dfrac{1}{2}\begin{bmatrix} 1 & 5 \\ 1 & 3 \end{bmatrix}\begin{bmatrix} 14 \\ -4 \end{bmatrix}=-\dfrac{1}{2}\begin{bmatrix} -6 \\ 2 \end{bmatrix}=\begin{bmatrix} 3 \\ -1 \end{bmatrix}$ ……………………………………(答)

> $A=\begin{bmatrix} a & b \\ c & d \end{bmatrix}$ の逆行列
> $A^{-1}=\dfrac{1}{\varDelta}\begin{bmatrix} d & -b \\ -c & a \end{bmatrix}$
> (ただし，$\varDelta=ad-bc\neq0$)

(2) ②を書き変えて，

$\begin{bmatrix} a & -3 \\ -10 & 6 \end{bmatrix}\begin{bmatrix} x \\ y \end{bmatrix}=\begin{bmatrix} 1 \\ b \end{bmatrix}$ ……②′ となる。ここで，$B=\begin{bmatrix} a & -3 \\ -10 & 6 \end{bmatrix}$ とおくと，

②′ が不定解をもつための条件は，(i) B^{-1} が存在せず，かつ (ii) $\underline{-3:6=1:b}$

が成り立つことである。よって，

> (i) $\varDelta=0$ より，$a:-10=-3:6$ は自動的に成り立つ。

(i) $\varDelta=\det B=a\times6-(-3)\times(-10)=0$

> B^{-1} が存在しない条件：$\varDelta=0$

　$6a-30=0$　$\therefore a=5$ であり，かつ ……………………………………(答)

(ii) $-3:6=1:b$　　$-3b=6$　$\therefore b=-2$　である。 ……………………(答)

演習問題 14　● 連立1次方程式と逆行列（II）●

$A=\begin{bmatrix} 2a+5 & a+3 \\ a+7 & a+5 \end{bmatrix}$ の逆行列は存在しないものとする。このとき，a の値を求めよ。また，連立1次方程式 $A\begin{bmatrix} x \\ y \end{bmatrix}=\begin{bmatrix} 1 \\ p \end{bmatrix}$ が不能となるような実数 p の条件を求めよ。

ヒント！ A^{-1} は存在しないので，$\Delta=\det A=0$ から，a の2次方程式を解けばよい。連立1次方程式 $\begin{bmatrix} a & b \\ c & d \end{bmatrix}\begin{bmatrix} x \\ y \end{bmatrix}=\begin{bmatrix} p \\ q \end{bmatrix}$ が不能となる条件は $a:c=b:d \neq p:q$ なんだね。

（これから，$ad=bc$ より，$\Delta=ad-bc=0$ が導かれる！）

解答＆解説

行列 A は逆行列 A^{-1} をもたないので，

$\det A=(2a+5)(a+5)-(a+3)(a+7)=2a^2+15a+25-(a^2+10a+21)=0$ となる。

よって，$a^2+5a+4=0$，$(a+1)(a+4)=0$　$\therefore a=-1$ または -4 ……………(答)

(i) $a=-1$ のとき，$A=\begin{bmatrix} 2\cdot(-1)+5 & -1+3 \\ -1+7 & -1+5 \end{bmatrix}=\begin{bmatrix} 3 & 2 \\ 6 & 4 \end{bmatrix}$ となる。よって，

連立方程式：$\begin{bmatrix} 3 & 2 \\ 6 & 4 \end{bmatrix}\begin{bmatrix} x \\ y \end{bmatrix}=\begin{bmatrix} 1 \\ p \end{bmatrix}$ が不能（解なし）となるための p の条件は，

$3:6=2:4\neq 1:p$　$\therefore 2p\neq 4$ より，$p\neq 2$ である。………………………(答)

(ii) $a=-4$ のとき，$A=\begin{bmatrix} 2\cdot(-4)+5 & -4+3 \\ -4+7 & -4+5 \end{bmatrix}=\begin{bmatrix} -3 & -1 \\ 3 & 1 \end{bmatrix}$ となる。よって，

連立方程式：$\begin{bmatrix} -3 & -1 \\ 3 & 1 \end{bmatrix}\begin{bmatrix} x \\ y \end{bmatrix}=\begin{bmatrix} 1 \\ p \end{bmatrix}$ が不能（解なし）となるための p の条件は，

$-3:3=-1:1\neq 1:p$　$\therefore -p\neq 1$ より，　$p\neq -1$ である。…………………(答)

演習問題 15　●ケーリー・ハミルトンの定理(Ⅰ)●

次の問いに答えよ。

(1) $A=\begin{bmatrix}-2 & -1\\ 1 & 2\end{bmatrix}$ のとき，A^2 と A^6 を求めよ。

(2) $B=\begin{bmatrix}2 & -1\\ 3 & -1\end{bmatrix}$ のとき，B^3 と B^9 を求めよ。

ヒント！ $A=\begin{bmatrix}a & b\\ c & d\end{bmatrix}$ のとき，ケーリー・ハミルトンの定理 $A^2-(a+d)A+(ad-bc)E=O$ が成り立つ。(1)，(2) 共にこのケーリー・ハミルトンの定理を使って解けばいい。

解答＆解説

(1) $A=\begin{bmatrix}-2 & -1\\ 1 & 2\end{bmatrix}$ について，ケーリー・ハミルトンの定理を用いると，

$$A^2-(\underbrace{-2+2}_{0})A+\{\underbrace{-2\times2-(-1)\times1}_{-4+1=-3}\}E=O$$

> ケーリー・ハミルトンの定理
> $A=\begin{bmatrix}a & b\\ c & d\end{bmatrix}$ のとき
> $A^2-(a+d)A+(ad-bc)E=O$
> が成り立つ。

$A^2-3E=O$ より，$A^2=3E=\begin{bmatrix}3 & 0\\ 0 & 3\end{bmatrix}$ ……① ……………………………(答)

①の両辺を 3 乗して，$A^6=(3E)^3=3^3E=27E=\begin{bmatrix}27 & 0\\ 0 & 27\end{bmatrix}$ ………………(答)

(2) $B=\begin{bmatrix}2 & -1\\ 3 & -1\end{bmatrix}$ について，ケーリー・ハミルトンの定理を用いると，

$B^2-(2-1)B+\{2\times(-1)-(-1)\times3\}E=O$，$B^2-B+E=O$

よって，$B^2=B-E$ ……②

②の両辺に左から B をかけて，$B^3=B(B-E)=\underbrace{B^2}_{B-E\ (②より)}-B=-E=\begin{bmatrix}-1 & 0\\ 0 & -1\end{bmatrix}$ …(答)

$B^3=-E$ の両辺を 3 乗して，

$B^9=(-E)^3=-E^3=-E=\begin{bmatrix}-1 & 0\\ 0 & -1\end{bmatrix}$ ……………………………(答)

演習問題 16 ● ケーリー・ハミルトンの定理(II) ●

行列 $A=\begin{bmatrix} a & b \\ c & d \end{bmatrix}$ について，次の各問いに答えよ。

(ただし，$a,\ b,\ c,\ d$ はすべて実数とする。)

(1) 行列 A が，$A^2-2A-8E=O\cdots(*1)$ をみたすとき，$a+d$ と $ad-bc$ の値の組をすべて求めよ。

(2) 行列 A が，$A^2+2A+3E=O\cdots(*2)$ をみたすとき，$a+d$ と $ad-bc$ の値の組をすべて求めよ。

ヒント！ ケーリー・ハミルトンの定理: $A^2-(a+d)A+(ad-bc)E=O$ と $(*1)$, $(*2)$ との差を求めて，$xA=yE$ の形にもち込み，(i) $x=0$ のときと (ii) $x\neq0$ のときに場合分けして解いていけばいいんだね。(1) と (2) の解の違いが分かって，面白いと思うよ。

解答＆解説

(1) 行列 $A=\begin{bmatrix} a & b \\ c & d \end{bmatrix}$ が，$A^2-2A-8E=O\ \cdots(*1)$ をみたすとき，ケーリー・ハミルトンの定理より，$A^2-(a+d)A+(ad-bc)E=O\ \cdots\cdots①$ となる。

$(*1)$ と①の係数比較から $a+d=2$，$ad-bc=-8$ だけを解としてはいけない。$A=kE$ (スカラー行列) の場合もあるからだ。ここは，$(*1)-①$ から $xA=yE$ の形にもち込もう。

$(*1)-①$ より，$(a+d-2)A-(ad-bc+8)E=O$ となる。よって，

$(a+d-2)A=(ad-bc+8)E\ \cdots②$ となる。

$xA=yE$ について，
(i) $x=0$ のとき，$y=0$
(ii) $x\neq0$ のとき，$A=kE$

(i) $a+d-2=0$ のとき，②より $ad-bc+8=0$

$\therefore (a+d,\ ad-bc)=(2,\ -8)$

(ii) $a+d-2\neq0$ のとき，②より $A=kE\ \cdots③$ $\left(k=\dfrac{ad-bc+8}{a+d-2}\right)$

③を $(*1)$ に代入して，

$(kE)^2-2\cdot kE-8E=O$

$(kE)^2 = k^2E^2=k^2E$

$(k^2-2k-8)E=O$ より，

$xE=O$ のとき $x=0$ となる。

$k^2-2k-8=0$

$(k+2)(k-4)=0\qquad \therefore k=-2$，または 4

・$k=-2$ のとき，$A=-2E=\begin{bmatrix}-2 & 0\\ 0 & -2\end{bmatrix}\left(=\begin{bmatrix}a & b\\ c & d\end{bmatrix}\right)$ より，

$a+d=-2-2=-4,\ \ ad-bc=(-2)^2-0^2=4$

$\therefore (a+d,\ ad-bc)=(-4,\ 4)$

・$k=4$ のとき，$A=4E=\begin{bmatrix}4 & 0\\ 0 & 4\end{bmatrix}\left(=\begin{bmatrix}a & b\\ c & d\end{bmatrix}\right)$ より，

$a+d=4+4=8,\quad ad-bc=4^2-0^2=16$

$\therefore (a+d,\ ad-bc)=(8,\ 16)$

以上(ⅰ)，(ⅱ) より，$a+d$ と $ad-bc$ の値の組は全部で

$(a+d,\ ad-bc)=(2,\ -8),\ (-4,\ 4),\ (8,\ 16)$ の 3 通りである。 ……(答)

(2) 行列 $A=\begin{bmatrix}a & b\\ c & d\end{bmatrix}$ が，$A^2+2A+3E=O$ …($*$2) をみたすとき，

ケーリー・ハミルトンの定理より，$A^2-(a+d)A+(ad-bc)E=O$ …④となる。

($*$2) −④より，$(a+d+2)A-(ad-bc-3)E=O$

$(a+d+2)A=(ad-bc-3)E$ …⑤ となる。

> $xA=yE$ について，
> (ⅰ) $x=0$ のとき，$y=0$
> (ⅱ) $x\neq 0$ のとき，$A=kE$

(ⅰ) $a+d+2=0$ のとき，⑤より $ad-bc-3=0$

$\therefore (a+d,\ ad-bc)=(-2,\ 3)$

(ⅱ) $a+d+2\neq 0$ のとき，⑤より $A=kE$ …⑥

⑥を ($*$2) に代入して，

$\underbrace{(kE)^2}_{k^2E}+2\cdot kE+3E=O$

$(k^2+2k+3)E=O$ より，

> $xE=O$ のとき $x=0$ となる。

$k^2+2k+3=0$ 　この k の 2 次方程式の判別式を D とおくと，

$D=2^2-4\cdot 1\cdot 3=-8<0$ となって，実数解をもたない。

よって，$A=kE$ の形の行列 A は存在しない。

以上(ⅰ)，(ⅱ) より，$a+d$ と $ad-bc$ の値の組は全部で

$(a+d,\ ad-bc)=(-2,\ 3)$ の 1 通りのみである。 ……………………(答)

演習問題 17 ● ケーリー・ハミルトンの定理 (Ⅲ) ●

行列 $A=\begin{bmatrix} a & -b \\ b & a \end{bmatrix}$ が，$A^2-4A+4E=O$ ……① をみたすとき，実数 a，b の値を求めよ。

ヒント！ ①とケーリー・ハミルトンの式の差を求めて，$xA=yE$ の形にもち込むといいね。

解答＆解説

$A=\begin{bmatrix} a & -b \\ b & a \end{bmatrix}$ が，

$\begin{cases} A^2-4A+4\cdot E=O & \cdots① \\ A^2-2aA+(a^2+b^2)E=O & \cdots② \end{cases}$

①をみたすとき，ケーリー・ハミルトンの定理より，②　①－②より，変形すると，

$2(a-2)A=(a^2+b^2-4)E$ ……③

ここで，$a\neq2$ とすると，③より，

$A=kE$ ……④ $\left(k=\dfrac{a^2+b^2-4}{2(a-2)}\right)$ ← $xA=yE$ について，(ii) $x\neq0$ のとき，$A=kE$

④を①に代入して，

$(kE)^2-4\cdot kE+4E=O$

$(k^2-4k+4)E=O$ より，$k^2-4k+4=0$　　$(k-2)^2=0$

$\therefore k=2$（重解）となる。よって，④より，$A=2E=\begin{bmatrix} 2 & 0 \\ 0 & 2 \end{bmatrix}\left(=\begin{bmatrix} a & -b \\ b & a \end{bmatrix}\right)$

これから $a=2$，$b=0$ となるが，これは，$a\neq2$ と矛盾する。

よって，$a=2$ である。これを③に代入して，

$a^2+b^2-4=0$　$\therefore b^2=0$ より，$b=0$ ← $xA=yE$ について，(i) $x=0$ のとき，$y=0$

（$a^2=4$）

以上より，$a=2$，$b=0$ である。……………………………（答）

§2. 行列と1次変換

さァ，これから“**1 次変換**”について解説しよう。**2** 次の正方行列 A を用いた式 $\begin{bmatrix} x_1' \\ y_1' \end{bmatrix} = A\begin{bmatrix} x_1 \\ y_1 \end{bmatrix}$ により，xy 座標平面上の点 $(x_1,\ y_1)$ を点 $(x_1',\ y_1')$ に移動させることができる。この点の移動を“**1 次変換**”というんだね。

そして，この **1** 次変換により，点のみでなく直線や曲線などの図形も変換(移動)させることができる。さらに行列 A が逆行列をもつ場合と，もたない場合で，この **1** 次変換の性質が大きく異なることも教えよう。

● 1次変換で，点を移動させよう！

図 **1** にそのイメージを示すように，**2** 次の正方行列 $A = \begin{bmatrix} a & b \\ c & d \end{bmatrix}$ を使った次の式により，点 $(x_1,\ y_1)$ を点 $(x_1',\ y_1')$ に移動させることができる。

$$\begin{bmatrix} x_1' \\ y_1' \end{bmatrix} = A\begin{bmatrix} x_1 \\ y_1 \end{bmatrix} \quad \cdots\cdots①$$

$\begin{bmatrix} x_1' \\ y_1' \end{bmatrix} = \begin{bmatrix} ax_1 + by_1 \\ cx_1 + dy_1 \end{bmatrix}$ として，点 $(x_1',\ y_1')$ が計算できる。

図 **1**　**2** 次の正方行列による **1** 次変換のイメージ

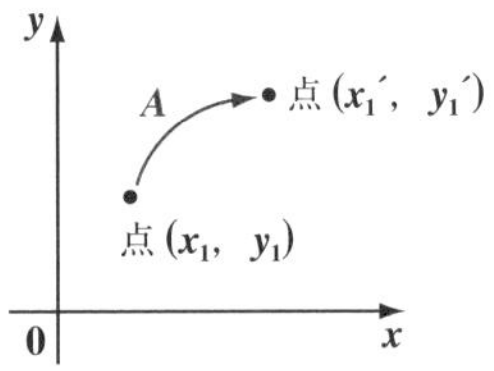

これを，**2** 次の正方行列 A による“**1 次変換**”という。

例として，行列 $A = \begin{bmatrix} 3 & -2 \\ -1 & 1 \end{bmatrix}$ による **1** 次変換により，

(i) 点 $(1,\ 2)$ が移される点を $(x_1',\ y_1')$ とおくと，

$$\begin{bmatrix} x_1' \\ y_1' \end{bmatrix} = \begin{bmatrix} 3 & -2 \\ -1 & 1 \end{bmatrix}\begin{bmatrix} 1 \\ 2 \end{bmatrix} = \begin{bmatrix} -1 \\ 1 \end{bmatrix} \text{ となる。}$$

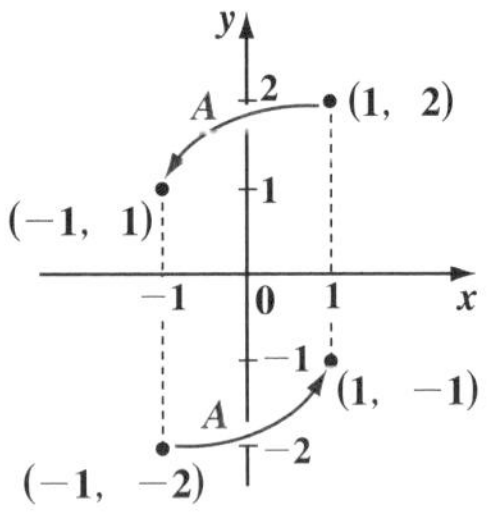

(ii) 点 $(1,\ -1)$ に移される点を $(x_1,\ y_1)$ とおくと，

$$\begin{bmatrix} 1 \\ -1 \end{bmatrix} = \begin{bmatrix} 3 & -2 \\ -1 & 1 \end{bmatrix}\begin{bmatrix} x_1 \\ y_1 \end{bmatrix}$$

この両辺に，逆行列 $A^{-1}=\dfrac{1}{3\cdot1-(-2)(-1)}\begin{bmatrix}1&2\\1&3\end{bmatrix}=\begin{bmatrix}1&2\\1&3\end{bmatrix}$ を左からかけて，

$$\begin{bmatrix}x_1\\y_1\end{bmatrix}=\begin{bmatrix}1&2\\1&3\end{bmatrix}\begin{bmatrix}1\\-1\end{bmatrix}=\begin{bmatrix}-1\\-2\end{bmatrix}$$ となる。

以上から，このAによる1次変換により，(i)点(1, 2) ⟶ 点(−1, 1)へ，また，(ii)点(−1, −2) ⟶ 点(1, −1)に移されることが分かった。

それではここで，典型的な点の移動を表す行列を，下にまとめて示そう。

典型的な点の移動

(i) x軸に関して対称移動させる行列 $\begin{bmatrix}1&0\\0&-1\end{bmatrix}$

(ii) y軸に関して対称移動させる行列 $\begin{bmatrix}-1&0\\0&1\end{bmatrix}$

(iii) 原点に関して対称移動させる行列 $\begin{bmatrix}-1&0\\0&-1\end{bmatrix}$

(iv) $y=x$ に関して対称移動させる行列 $\begin{bmatrix}0&1\\1&0\end{bmatrix}$

(i) $\begin{bmatrix}x_1'\\y_1'\end{bmatrix}=\begin{bmatrix}1&0\\0&-1\end{bmatrix}\begin{bmatrix}x_1\\y_1\end{bmatrix}=\begin{bmatrix}x_1\\-y_1\end{bmatrix}$

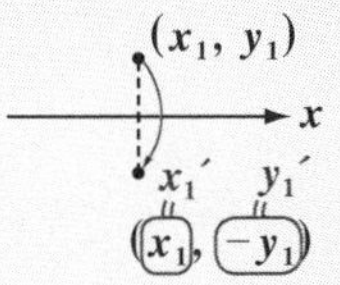

(ii) $\begin{bmatrix}x_1'\\y_1'\end{bmatrix}=\begin{bmatrix}-1&0\\0&1\end{bmatrix}\begin{bmatrix}x_1\\y_1\end{bmatrix}=\begin{bmatrix}-x_1\\y_1\end{bmatrix}$

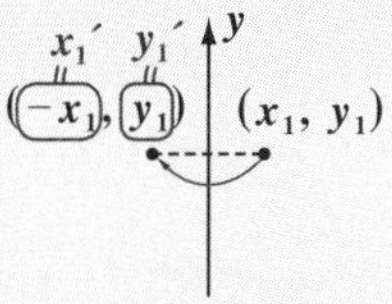

(iii) $\begin{bmatrix}x_1'\\y_1'\end{bmatrix}=\begin{bmatrix}-1&0\\0&-1\end{bmatrix}\begin{bmatrix}x_1\\y_1\end{bmatrix}=\begin{bmatrix}-x_1\\-y_1\end{bmatrix}$

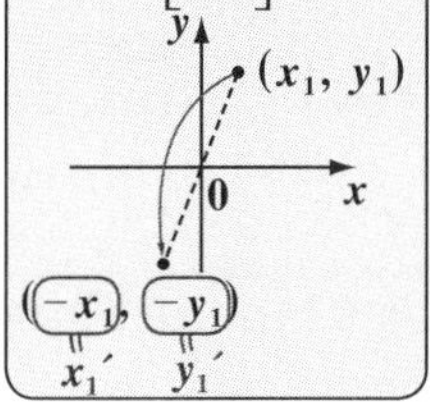

(iv) $\begin{bmatrix}x_1'\\y_1'\end{bmatrix}=\begin{bmatrix}0&1\\1&0\end{bmatrix}\begin{bmatrix}x_1\\y_1\end{bmatrix}=\begin{bmatrix}y_1\\x_1\end{bmatrix}$

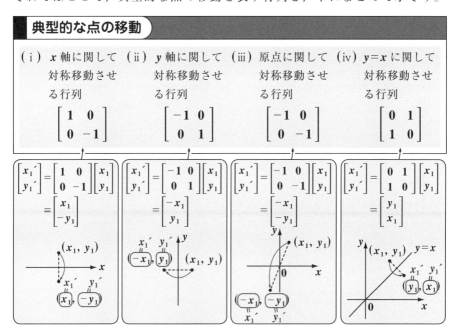

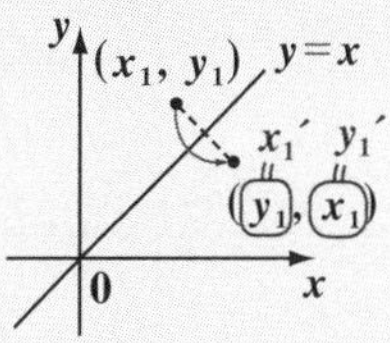

例として，点(2, 1)を，(ア) x軸に関して対称移動した後，(イ)直線 $y=x$ に関して対称移動させた点を$(\alpha,\ \beta)$とおいて，これを求めると，

$$\begin{bmatrix}\alpha\\\beta\end{bmatrix}=\begin{bmatrix}0&1\\1&0\end{bmatrix}\begin{bmatrix}1&0\\0&-1\end{bmatrix}\begin{bmatrix}2\\1\end{bmatrix}=\begin{bmatrix}0&-1\\1&0\end{bmatrix}\begin{bmatrix}2\\1\end{bmatrix}=\begin{bmatrix}-1\\2\end{bmatrix}$$ となる。

(イ) $y=x$ に関して対称移動(後)

(ア) x軸に関して対称移動(先)

これを，(ア)(イ)を併せた"**合成変換**"の行列という。

よって，点(2, 1)はこの"**合成変換**"によって，点(−1, 2)に移されることが分かった。1次変換にもずい分慣れてきた？

● 回転行列 $R(\theta)$ もマスターしよう！

点 $(x_1,\ y_1)$ を原点 0 のまわりに θ だけ回転する行列 $R(\theta)$ を下に示す。

点を回転移動する行列 $R(\theta)$

xy 座標平面上で，点 $(x_1,\ y_1)$ を原点 0 のまわりに θ だけ回転して点 $(x_1',\ y_1')$ に移動させる行列を $R(\theta)$ とおくと，

$R(\theta) = \begin{bmatrix} \cos\theta & -\sin\theta \\ \sin\theta & \cos\theta \end{bmatrix}$ である。

"*rotation*"（回転）の頭文字

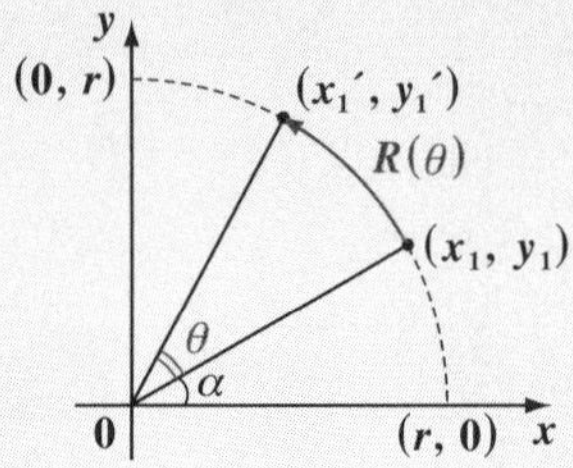

それでは，何故 $R(\theta)$ が，このような行列になるのか？　証明してみよう。

図 2 に示すように，点 $(x_1,\ y_1)$ とそれを θ だけ回転した点 $(x_1',\ y_1')$ をそれぞれ極座標で $(r,\ \alpha)$，$(r,\ \alpha+\theta)$ とおくと，xy 座標系では

$$\begin{cases} x_1 = r\cos\alpha, & y_1 = r\sin\alpha \\ x_1' = r\cos(\alpha+\theta), & y_1' = r\sin(\alpha+\theta) \end{cases}$$

となるのは大丈夫だね。よって，

図 2　回転移動の行列 $R(\theta)$

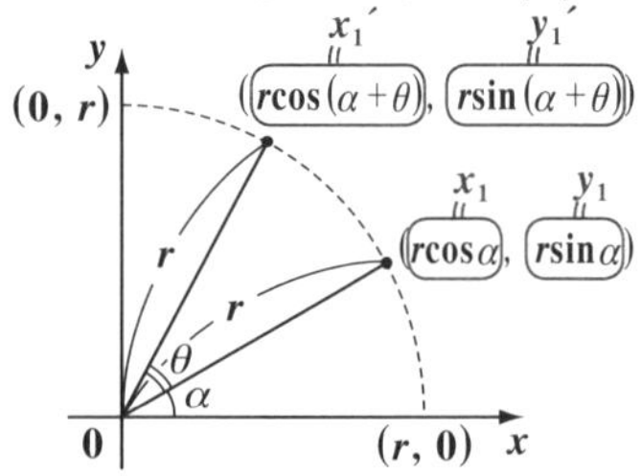

$$\begin{bmatrix} x_1' \\ y_1' \end{bmatrix} = \begin{bmatrix} r\cos(\alpha+\theta) \\ r\sin(\alpha+\theta) \end{bmatrix} = \begin{bmatrix} r(\cos\alpha\cos\theta - \sin\alpha\sin\theta) \\ r(\sin\alpha\cos\theta + \cos\alpha\sin\theta) \end{bmatrix}$$

$$= \begin{bmatrix} \underset{x_1}{r\cos\alpha}\cos\theta - \underset{y_1}{r\sin\alpha}\sin\theta \\ \underset{x_1}{r\cos\alpha}\sin\theta + \underset{y_1}{r\sin\alpha}\cos\theta \end{bmatrix} = \begin{bmatrix} x_1\cos\theta - y_1\sin\theta \\ x_1\sin\theta + y_1\cos\theta \end{bmatrix}$$

$$= \begin{bmatrix} \cos\theta & -\sin\theta \\ \sin\theta & \cos\theta \end{bmatrix} \begin{bmatrix} x_1 \\ y_1 \end{bmatrix} = R(\theta) \begin{bmatrix} x_1 \\ y_1 \end{bmatrix}$$

∴ 回転の行列 $R(\theta) = \begin{bmatrix} \cos\theta & -\sin\theta \\ \sin\theta & \cos\theta \end{bmatrix}$ が導けた！

$R(\theta)$ には，次の性質があることも覚えておこう。

（i）$R(\theta)^{-1} = R(-\theta)$　　　（ii）$R(\theta)^n = R(n\theta)$

$$\begin{bmatrix} \cos\theta & -\sin\theta \\ \sin\theta & \cos\theta \end{bmatrix}^{-1} = \begin{bmatrix} \cos(-\theta) & -\sin(-\theta) \\ \sin(-\theta) & \cos(-\theta) \end{bmatrix} = \begin{bmatrix} \cos\theta & \sin\theta \\ -\sin\theta & \cos\theta \end{bmatrix}$$

行列の n 乗計算のところで再登場する！

例題 21　点 $(6,\ 2)$ を原点のまわりに $\frac{2}{3}\pi$ だけ回転させた点の座標 $(x_1',\ y_1')$ を求めてみよう。

$\cos\frac{2}{3}\pi = -\frac{1}{2},\ \sin\frac{2}{3}\pi = \frac{\sqrt{3}}{2}$ より，$R\left(\frac{2}{3}\pi\right)$ による1次変換の公式を使うと，

$$\begin{bmatrix} x_1' \\ y_1' \end{bmatrix} = R\left(\frac{2}{3}\pi\right)\begin{bmatrix} 6 \\ 2 \end{bmatrix} = \frac{1}{2}\begin{bmatrix} -1 & -\sqrt{3} \\ \sqrt{3} & -1 \end{bmatrix}\underbrace{\begin{bmatrix} 6 \\ 2 \end{bmatrix}}_{2\begin{bmatrix} 3 \\ 1 \end{bmatrix}} = \begin{bmatrix} -1 & -\sqrt{3} \\ \sqrt{3} & -1 \end{bmatrix}\begin{bmatrix} 3 \\ 1 \end{bmatrix}$$

$$= \begin{bmatrix} -3-\sqrt{3} \\ 3\sqrt{3}-1 \end{bmatrix}$$ となる。

よって，点 $(6,\ 2)$ は点 $\left(-3-\sqrt{3},\ 3\sqrt{3}-1\right)$ に移される。大丈夫？

● 直線 $y = (\tan\theta)\cdot x$ に関して対称移動する行列も求めよう！

では次，$y = 2x$ や $y = \frac{1}{3}x$…など，一般に直線 $y = mx$ に関して対称移動する1次変換の行列を求めてみよう。この直線の傾き m は，図3に示すように，$m = \tan\theta$ と表すことができるので，
$y = mx = (\tan\theta)\cdot x$ に関する対称移動の行列を $T(\theta)$ とおいて，これを求めることにしよう。

図3　直線 $y = (\tan\theta)\cdot x$ に関して対称移動する行列 $T(\theta)$

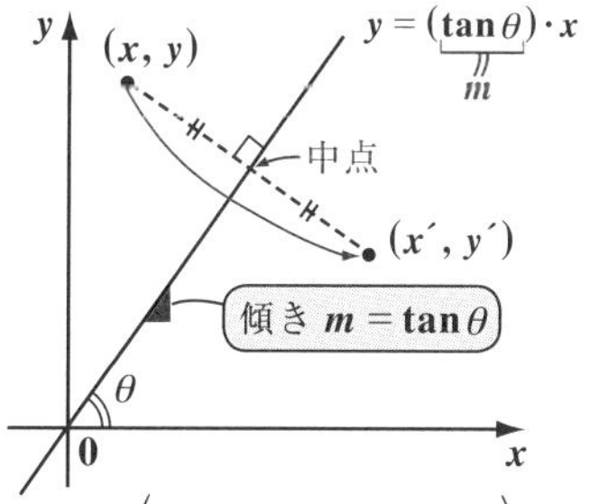

$\left(\text{ただし}-\frac{\pi}{2} < \theta < \frac{\pi}{2}\right)$

図3に示すように，この1次変換により，点 $(x,\ y)$ が点 $(x',\ y')$ に移されたものとして，$x',\ y'$ と $x,\ y$ の関係式を求めよう。

(i) 2点 $(x,\ y)$ と $(x',\ y')$ を両端点とする線分の中点 $\left(\frac{x+x'}{2},\ \frac{y+y'}{2}\right)$ は，

直線 $y = mx$ 上にあるので，この座標を直線の式に代入すると，

$\frac{y+y'}{2} = m\cdot\frac{x+x'}{2}$　　$y + y' = mx + mx'$ ← 両辺を2倍した。

$\therefore\ mx' - y' = -mx + y$ ……①　となる。

(ii) 次に 2 点 (x, y) と (x', y') を結ぶ直線は，$y = mx$ と直交する。

よって，この 2 点を結ぶ直線の傾きを $\dfrac{y'-y}{x'-x}$ とおくと，

$\dfrac{y'-y}{x'-x} = -\dfrac{1}{m}$ となる。

よって，

$m(y'-y) = -(x'-x)$

$my' - my = -x' + x$

$x' + my' = x + my$ ……② となる。

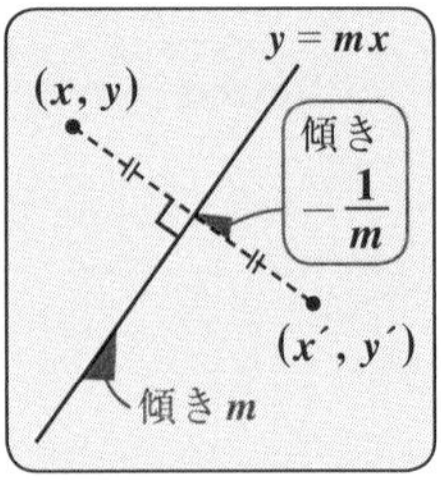

直交する 2 つの直線の傾きをそれぞれ m，m' とおくと，$m \cdot m' = -1$ より $m' = -\dfrac{1}{m}$ となるからね。

以上 (i)(ii) より，①，②を列記して，これをまとめると，

$$\begin{cases} mx' - y' = -mx + y & \cdots\cdots① \\ x' + my' = x + my & \cdots\cdots\cdots② \end{cases}$$ より，

$$\begin{bmatrix} m & -1 \\ 1 & m \end{bmatrix}\begin{bmatrix} x' \\ y' \end{bmatrix} = \begin{bmatrix} -m & 1 \\ 1 & m \end{bmatrix}\begin{bmatrix} x \\ y \end{bmatrix} \cdots\cdots③$$ となる。

ここで，$\begin{bmatrix} m & -1 \\ 1 & m \end{bmatrix}$ の行列式 $\Delta = m^2 - (-1) \cdot 1 = m^2 + 1 \ (\neq 0)$ より，（これは正だね。）

これは逆行列をもつ。この逆行列 $\begin{bmatrix} m & -1 \\ 1 & m \end{bmatrix}^{-1} = \dfrac{1}{m^2+1}\begin{bmatrix} m & 1 \\ -1 & m \end{bmatrix}$

を③の両辺に左からかけて，

$$\begin{bmatrix} x' \\ y' \end{bmatrix} = \frac{1}{m^2+1}\underbrace{\begin{bmatrix} m & 1 \\ -1 & m \end{bmatrix}\begin{bmatrix} -m & 1 \\ 1 & m \end{bmatrix}}_{\begin{bmatrix} -m^2+1 & 2m \\ 2m & -1+m^2 \end{bmatrix}}\begin{bmatrix} x \\ y \end{bmatrix} = \frac{1}{1+m^2}\begin{bmatrix} 1-m^2 & 2m \\ 2m & -(1-m^2) \end{bmatrix}\begin{bmatrix} x \\ y \end{bmatrix}$$

$$\therefore \begin{bmatrix} x' \\ y' \end{bmatrix} = \begin{bmatrix} \dfrac{1-m^2}{1+m^2} & \dfrac{2m}{1+m^2} \\ \dfrac{2m}{1+m^2} & -\dfrac{1-m^2}{1+m^2} \end{bmatrix}\begin{bmatrix} x \\ y \end{bmatrix} \cdots\cdots④$$ となる。

ここで，$\dfrac{1-m^2}{1+m^2}=\dfrac{1-\tan^2\theta}{1+\tan^2\theta}=\cos 2\theta$

$\dfrac{2m}{1+m^2}=\dfrac{2\tan\theta}{1+\tan^2\theta}=\sin 2\theta$ より，

$$\begin{bmatrix} x' \\ y' \end{bmatrix}=\underbrace{\begin{bmatrix} \cos 2\theta & \sin 2\theta \\ \sin 2\theta & -\cos 2\theta \end{bmatrix}}_{T(\theta)}\begin{bmatrix} x \\ y \end{bmatrix} \cdots ④' \text{ となる。}$$

・$\cos 2\theta=\cos^2\theta-\sin^2\theta$

$=\cos^2\theta\left(1-\dfrac{\sin^2\theta}{\cos^2\theta}\right)$

（$\cos^2\theta=\dfrac{1}{1+\tan^2\theta}$，$\dfrac{\sin^2\theta}{\cos^2\theta}=\tan^2\theta$）

公式：$1+\tan^2\theta=\dfrac{1}{\cos^2\theta}$ より

$=\dfrac{1-\tan^2\theta}{1+\tan^2\theta}$

・$\sin 2\theta=2\sin\theta\cdot\cos\theta$

$=2\cdot\dfrac{\sin\theta}{\cos\theta}\cdot\cos^2\theta$

（$\dfrac{\sin\theta}{\cos\theta}=\tan\theta$，$\cos^2\theta=\dfrac{1}{1+\tan^2\theta}$）

$=\dfrac{2\tan\theta}{1+\tan^2\theta}$

よって，直線 $y=(\tan\theta)x$ に関して対称移動する1次変換の行列 $T(\theta)$ は，

$$T(\theta)=\begin{bmatrix} \cos 2\theta & \sin 2\theta \\ \sin 2\theta & -\cos 2\theta \end{bmatrix}$$ となるんだね。（これも覚えておこう！）

● 1次変換の典型問題を解いてみよう！

2 組の点の対応関係が与えられれば，その **1** 次変換の行列 A を決定することができる。実際に，次の例題で確かめてみよう。

> 例題 22　2次の正方行列 A により，(i) 点 $(1,\ 1)$ は点 $(3,\ 0)$ に，また (ii) 点 $(-1,\ 2)$ は点 $(3,\ -3)$ に移される。このとき，A を求めよう。

A により，(i) 点 $(1,\ 1)$ は点 $(3,\ 0)$ に，(ii) 点 $(-1,\ 2)$ は点 $(3,\ -3)$ に移されるので，

$$\begin{cases} (\text{i})\ \begin{bmatrix} 3 \\ 0 \end{bmatrix}=A\begin{bmatrix} 1 \\ 1 \end{bmatrix} \cdots\cdots ① \\ (\text{ii})\ \begin{bmatrix} 3 \\ -3 \end{bmatrix}=A\begin{bmatrix} -1 \\ 2 \end{bmatrix} \cdots\cdots ② \end{cases}$$ となる。

①，②をまとめると，

$$\begin{bmatrix} 3 & 3 \\ 0 & -3 \end{bmatrix}=A\begin{bmatrix} 1 & -1 \\ 1 & 2 \end{bmatrix} \cdots\cdots ③$$ となる。

$A=\begin{bmatrix} a & b \\ c & d \end{bmatrix}$ のとき，

①は $\begin{bmatrix} 3 \\ 0 \end{bmatrix}=\begin{bmatrix} a+b \\ c+d \end{bmatrix}$

②は $\begin{bmatrix} 3 \\ -3 \end{bmatrix}=\begin{bmatrix} -a+2b \\ -c+2d \end{bmatrix}$ となる。

そして③は，

$\begin{bmatrix} 3 & 3 \\ 0 & -3 \end{bmatrix}=\begin{bmatrix} a+b & -a+2b \\ c+d & -c+2d \end{bmatrix}$

$=\begin{bmatrix} a & b \\ c & d \end{bmatrix}\begin{bmatrix} 1 & -1 \\ 1 & 2 \end{bmatrix}$

となるので，③の各対応する要素は①と②のものと同じだね。よって，①と②はまとめて③に変形できる！

ここで，$\begin{bmatrix} 1 & -1 \\ 1 & 2 \end{bmatrix}$ の行列式を Δ とおくと，

$\Delta=1\cdot 2-(-1)\cdot 1=3\neq 0$ より，これは逆行列 $\begin{bmatrix} 1 & -1 \\ 1 & 2 \end{bmatrix}^{-1}$ をもつ。

よって，$\begin{bmatrix} 3 & 3 \\ 0 & -3 \end{bmatrix} = A\begin{bmatrix} 1 & -1 \\ 1 & 2 \end{bmatrix}$ ……③ の両辺に，

$\begin{bmatrix} 1 & -1 \\ 1 & 2 \end{bmatrix}^{-1} = \underset{\sim\sim\sim\sim\sim}{\frac{1}{3}\begin{bmatrix} 2 & 1 \\ -1 & 1 \end{bmatrix}}$ を右からかけると，

$$A = \begin{bmatrix} 3 & 3 \\ 0 & -3 \end{bmatrix} \cdot \underset{\sim\sim\sim\sim\sim}{\frac{1}{3}\begin{bmatrix} 2 & 1 \\ -1 & 1 \end{bmatrix}} = 3 \cdot \frac{1}{3}\begin{bmatrix} 1 & 1 \\ 0 & -1 \end{bmatrix}\begin{bmatrix} 2 & 1 \\ -1 & 1 \end{bmatrix}$$

$= \begin{bmatrix} 1 & 2 \\ 1 & -1 \end{bmatrix}$ となって，行列 A が求まる。納得いった？

次，1 次変換により移されるのは点だけでなく，直線や曲線などの図形も移される。次の例題で練習しておこう。

> 例題 23　$A = \begin{bmatrix} 1 & -1 \\ 1 & 1 \end{bmatrix}$ による 1 次変換で次の直線や曲線がどのような図形に移されるのか，調べてみよう。
>
> (i) 直線 $L : 2x + y - 1 = 0$　　　(ii) 円 $C : x^2 + y^2 = 1$

1 次変換の式：$\begin{bmatrix} x' \\ y' \end{bmatrix} = \begin{bmatrix} 1 & -1 \\ 1 & 1 \end{bmatrix}\begin{bmatrix} x \\ y \end{bmatrix}$ ……(a) より，$x' = x - y$，$y' = x + y$ となって，x' と y' が (x と y の式) で表されている。今回の問題では，(i) の直線，(ii) の円共に (x と y の関係式) が (a) の 1 次変換により，どのような (x' と y' の関係式) になるのかが，問われているんだね。よって，(a) の両辺に左から $\begin{bmatrix} 1 & -1 \\ 1 & 1 \end{bmatrix}^{-1} = \underset{\sim\sim\sim\sim\sim}{\frac{1}{2}\begin{bmatrix} 1 & 1 \\ -1 & 1 \end{bmatrix}}$ をかけて，x と y を (x' と y' の式) で表し，これを (i) や (ii) の (x と y の関係式) に代入して，(x' と y' の関係式) を求めればいいんだね。

それでは，(a) の両辺に $\begin{bmatrix} 1 & -1 \\ 1 & 1 \end{bmatrix}^{-1} = \underset{\sim\sim\sim\sim\sim}{\frac{1}{2}\begin{bmatrix} 1 & 1 \\ -1 & 1 \end{bmatrix}}$ を左からかけて，

$$\begin{bmatrix} x \\ y \end{bmatrix} = \frac{1}{2}\begin{bmatrix} 1 & 1 \\ -1 & 1 \end{bmatrix}\begin{bmatrix} x' \\ y' \end{bmatrix} = \frac{1}{2}\begin{bmatrix} x' + y' \\ -x' + y' \end{bmatrix}$$

$\therefore\ x = \frac{1}{2}(x' + y')$，$y = \frac{1}{2}(-x' + y')$ ……(b) となる。

(i)よって，(b) を直線 $L: 2x+y-1=0$ に代入して，

（$x=\frac{1}{2}(x'+y')$，$y=\frac{1}{2}(-x'+y')$）

$$x'+y'+\frac{1}{2}(-x'+y')-1=0 \qquad 2x'+2y'-x'+y'-2=0$$

（両辺を2倍した）

以上より，直線 $L: 2x+y-1=0$ は直線 $L': x'+3y'-2=0$ に移される。

(ii) 次，(b) を円 $C: x^2+y^2=1$ に代入して，

（$x^2=\left\{\frac{1}{2}(x'+y')\right\}^2$，$y^2=\left\{\frac{1}{2}(-x'+y')\right\}^2$）

$$\frac{1}{4}(x'^2+2x'y'+y'^2)+\frac{1}{4}(x'^2-2x'y'+y'^2)=1$$ 両辺を2倍して，

$$x'^2+y'^2=2$$

以上より，円 $C: x^2+y^2=1$ は円 $C': x'^2+y'^2=2$ に移される。大丈夫？

● A^{-1} をもたない A による1次変換も調べよう！

これまで解説した1次変換の行列 A はすべて，逆行列 A^{-1} をもつものだったんだ。そしてこの A^{-1} をもつ2次の正方行列 A による1次変換の場合，点 (x, y) と点 (x', y') をそれぞれ xy 座標と $x'y'$ 座標に分けて表現すると，図3にそのイメージを示すように，それぞれの座標の点同士の間に"1対1対応"の関係が成り立つんだ。

図3　A^{-1} がある場合，点同士が1対1対応

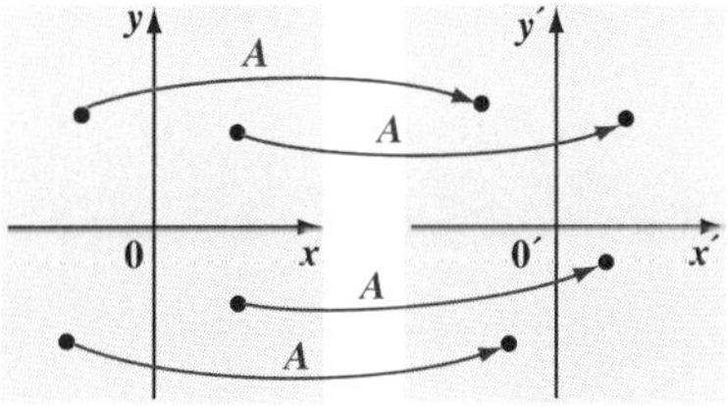

これに対して，A^{-1} をもたない行列による1次変換はどうなるのか？
$A=\begin{bmatrix} -1 & 1 \\ -2 & 2 \end{bmatrix}$ を例として調べてみることにしよう。

（A の行列式を Δ とおくと $\Delta=-1\times2-1\times(-2)=0$ となって，A^{-1} は存在しない！）

まず，A による1次変換の式は当然，

$$\begin{bmatrix} x' \\ y' \end{bmatrix} = \begin{bmatrix} -1 & 1 \\ -2 & 2 \end{bmatrix} \begin{bmatrix} x \\ y \end{bmatrix} \cdots\cdots (a)$$ となる。(a) の右辺を計算して，

$$\begin{bmatrix} x' \\ y' \end{bmatrix} = \begin{bmatrix} -x+y \\ -2x+2y \end{bmatrix} \cdots\cdots (a)'$$ より，

$$\begin{cases} x' = \underline{-x+y} \\ y' = -2x+2y = 2(\underline{-x+y}) = 2x' \end{cases}$$

となって，直線 $y' = 2x'$ となる。

図4 A^{-1} が存在しない場合，xy 平面全体が直線になる。

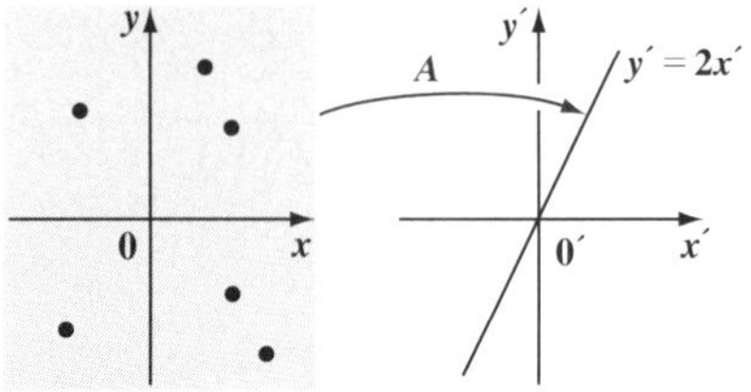

(a) の $(x,\ y)$ には何の制約条件もつけていないので，点 $(x,\ y)$ は xy 平面全体を自由に動く。すなわち，xy 平面全体を表すものと考えていい。しかし，x' と y' は，$y' = 2x'$ という原点 $0'$ を通る直線の式になるんだね。

これから，A^{-1} をもたない行列 $A = \begin{bmatrix} -1 & 1 \\ -2 & 2 \end{bmatrix}$ による 1 次変換によって，xy 平面全体が，ペシャンコになって，1 本の直線に変換されることが分かった。したがって，この場合，xy 平面と $x'y'$ 平面との点同士の間に 1 対 1 対応の関係は成り立っていないことが分かる。それでは，どんな対応関係が存在するんだろうか？　その答えは，$x'y'$ 座標平面の原点 $0'(0,\ 0)$ に移される xy 平面上の図形を調べてみると分かるんだ。

$(a)'$ に $\begin{bmatrix} x' \\ y' \end{bmatrix} = \begin{bmatrix} 0 \\ 0 \end{bmatrix}$ を代入すると，

$$\begin{bmatrix} 0 \\ 0 \end{bmatrix} = \begin{bmatrix} -x+y \\ -2x+2y \end{bmatrix}$$ より，

$-x+y=0$ ←（$-2x+2y=0$ はこれと同じ）

$\therefore\ y = x$ が導ける。

これから，図 5 に示すように，xy 平面上の直線 $y = x$ 上のすべての点が，原点 $0'$ に移されることが分かったんだね。

図5 A^{-1} が存在しない場合
直線 $y = x$ → 原点 $0'$

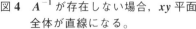

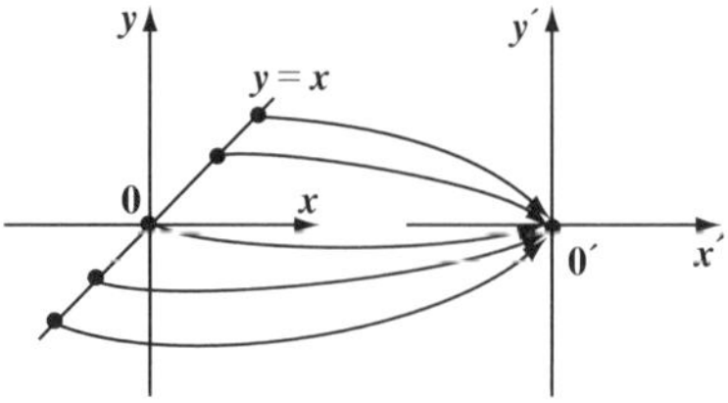

では次，$y = x$ を y 軸方向に k だけ平行移動した直線：

$y = x + k$ ……(b)

がどのように移されるのか調べてみよう。

(b) より，$-x + y = k$ ……$(b)'$ と $-2x + 2y = 2k$ ……$(b)''$ を $(a)'$ に代入すると，

$\begin{bmatrix} x' \\ y' \end{bmatrix} = \begin{bmatrix} k \\ 2k \end{bmatrix}$ となるので，

これから図6に示すように，xy 平面の直線 $y = x + k$ 上のすべての点が，$x'y'$ 平面上の点 $(k,\ 2k)$ に移されることが分かった。

図6　A^{-1} が存在しない場合
$y = x + k$ → 点 $(k,\ 2k)$

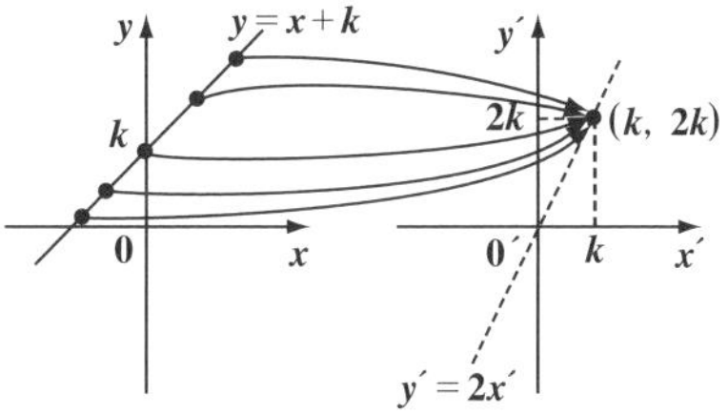

これをさらに一般化して考えると，図7に示すように，$y = x$ と平行な直線群…，㋐，㋑，㋒，㋓，㋔，… が，直線 $y' = 2x'$ 上の点…，㋐，㋑，㋒，㋓，㋔，…に移されることが分かるだろう。

図7　A^{-1} が存在しない場合

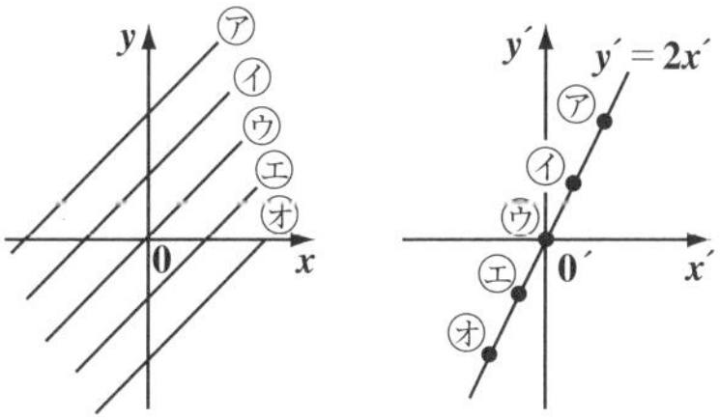

このように，A^{-1} をもたない行列 A による1次変換の場合，xy 平面と $x'y'$ 平面における「点同士の1対1対応」ではなく，「直線と点との間に1対1対応」が現われるんだね。面白かった？

実は，以上の考え方は"Ker$f$"や"**商空間**(しょうくうかん)"や"**準同型定理**(じゅんどうけいていり)"といった，大学で学ぶ"**線形代数**"の重要な概念を含んでいるんだよ。意欲のある方は，次のステップとして，**「線形代数キャンパス・ゼミ」(マセマ)**でシッカリ学習されることを勧める。

演習問題 18　●1次変換の基本●

行列 $A=\begin{bmatrix}2&1\\1&-1\end{bmatrix}$ による **1** 次変換を f とおく。

(1) f により，点 $(3,\ 2)$ が移される点の座標を求めよ。

(2) f により，点 $(3,\ 2)$ に移される点の座標を求めよ。

ヒント！ 1次変換 $f:\begin{bmatrix}x'\\y'\end{bmatrix}=A\begin{bmatrix}x\\y\end{bmatrix}$ の公式通りに解いていこう。

解答&解説

(1) 行列 $A=\begin{bmatrix}2&1\\1&-1\end{bmatrix}$ による **1** 次変換 f によって，点 $(3,\ 2)$ が移される点を $(x',\ y')$ とおくと，

$$\begin{bmatrix}x'\\y'\end{bmatrix}=\begin{bmatrix}2&1\\1&-1\end{bmatrix}\begin{bmatrix}3\\2\end{bmatrix}=\begin{bmatrix}6+2\\3-2\end{bmatrix}=\begin{bmatrix}8\\1\end{bmatrix}$$ より，

点 $(x',\ y')=(8,\ 1)$ である。……………………………………………………(答)

(2) 行列 A による **1** 次変換 f によって，点 $(3,\ 2)$ に移される点を $(x,\ y)$ とおくと，

$$\begin{bmatrix}3\\2\end{bmatrix}=\begin{bmatrix}2&1\\1&-1\end{bmatrix}\begin{bmatrix}x\\y\end{bmatrix}\ \cdots①$$ より，

① の両辺に A の逆行列 $A^{-1}=\begin{bmatrix}2&1\\1&-1\end{bmatrix}^{-1}=\dfrac{1}{-2-1}\begin{bmatrix}-1&-1\\-1&2\end{bmatrix}=\dfrac{1}{3}\begin{bmatrix}1&1\\1&-2\end{bmatrix}$

$A=\begin{bmatrix}a&b\\c&d\end{bmatrix}$ の逆行列 $A^{-1}=\dfrac{1}{ad-bc}\begin{bmatrix}d&-b\\-c&a\end{bmatrix}$

を左からかけると，

$$\begin{bmatrix}x\\y\end{bmatrix}=A^{-1}\begin{bmatrix}3\\2\end{bmatrix}=\frac{1}{3}\begin{bmatrix}1&1\\1&-2\end{bmatrix}\begin{bmatrix}3\\2\end{bmatrix}=\frac{1}{3}\begin{bmatrix}3+2\\3-4\end{bmatrix}=\frac{1}{3}\begin{bmatrix}5\\-1\end{bmatrix}$$ となる。

よって，点 $(x,\ y)-\left(\dfrac{5}{3},\ -\dfrac{1}{3}\right)$ である。……………………………(答)

演習問題 19 ● 回転変換 ●

点 $(-2, 4)$ を直線 $y=x$ に関して対称移動した後に原点のまわりに $\frac{2}{3}\pi$ だけ回転した結果，移される点の座標を求めよ。

ヒント！ $y=x$ に関して対称移動の行列を A，$\frac{2}{3}\pi$ 回転の行列を $R\left(\frac{2}{3}\pi\right)$ とおいて，まず合成変換の式にもち込むといいね。

解答&解説

・$y=x$ に関して対称移動させる行列を A とおくと，

$A=\begin{bmatrix}0 & 1\\ 1 & 0\end{bmatrix}$ である。

・原点のまわりに $\frac{2}{3}\pi$ だけ回転させる行列を $R\left(\frac{2}{3}\pi\right)$ とおくと，

$$R\left(\frac{2}{3}\pi\right)=\begin{bmatrix}\cos\frac{2}{3}\pi & -\sin\frac{2}{3}\pi\\ \sin\frac{2}{3}\pi & \cos\frac{2}{3}\pi\end{bmatrix}=\begin{bmatrix}-\frac{1}{2} & -\frac{\sqrt{3}}{2}\\ \frac{\sqrt{3}}{2} & -\frac{1}{2}\end{bmatrix}$$

$$=\frac{1}{2}\begin{bmatrix}-1 & -\sqrt{3}\\ \sqrt{3} & -1\end{bmatrix}$$ である。

以上より，点 $(-2, 4)$ を (i) $y=x$ に関して対称移動した後，(ii) 原点のまわりに $\frac{2}{3}\pi$ だけ回転した結果，移される点の座標を (x', y') とおくと，

$$\begin{bmatrix}x'\\ y'\end{bmatrix}=R\left(\frac{2}{3}\pi\right)\cdot A\begin{bmatrix}-2\\ 4\end{bmatrix}=\frac{1}{2}\begin{bmatrix}-1 & -\sqrt{3}\\ \sqrt{3} & -1\end{bmatrix}\begin{bmatrix}0 & 1\\ 1 & 0\end{bmatrix}\begin{bmatrix}-2\\ 4\end{bmatrix}$$

((ii) 回転が後) ((i) 対称移動が先)

$$=\frac{1}{2}\begin{bmatrix}-1 & -\sqrt{3}\\ \sqrt{3} & -1\end{bmatrix}\begin{bmatrix}4\\ -2\end{bmatrix}=\frac{1}{2}\begin{bmatrix}-4+2\sqrt{3}\\ 4\sqrt{3}+2\end{bmatrix}=\begin{bmatrix}-2+\sqrt{3}\\ 2\sqrt{3}+1\end{bmatrix}$$ より，

点 $(x', y')=(-2+\sqrt{3},\ 1+2\sqrt{3})$ である。 ……………………(答)

演習問題 20 ● $y=mx$ に対称移動 ●

xy 平面において，$y=3x$ に関する対称移動の行列を T とおく。

(1) T とその逆行列 T^{-1} を求めよ。

(2) T によって，点 $(5,\ 0)$ が移される点の座標を求めよ。

ヒント！ 直線 $y=(\tan\theta)\cdot x$ に関する対称移動の行列 T は $T=\begin{bmatrix}\cos 2\theta & \sin 2\theta \\ \sin 2\theta & -\cos 2\theta\end{bmatrix}$ となるんだね。$\tan\theta=3$ とおいて，問題を解いていこう。

解答＆解説

(1) $y=3x$ に関する対称移動の行列を T とおく。

ここで，$\tan\theta=3$ とおくと，$T=\begin{bmatrix}\cos 2\theta & \sin 2\theta \\ \sin 2\theta & -\cos 2\theta\end{bmatrix}$ であり，

$$\begin{cases}\cos 2\theta = \dfrac{1-\tan^2\theta}{1+\tan^2\theta}=\dfrac{1-3^2}{1+3^2}=\dfrac{-8}{10}=-\dfrac{4}{5} \\[2ex] \sin 2\theta = \dfrac{2\tan\theta}{1+\tan^2\theta}=\dfrac{2\cdot 3}{1+3^2}=\dfrac{6}{10}=\dfrac{3}{5}\end{cases}$$ より，

公式：
$$\cos 2\theta=\frac{1-\tan^2\theta}{1+\tan^2\theta}$$
$$\sin 2\theta=\frac{2\tan\theta}{1+\tan^2\theta}$$

・$T=\begin{bmatrix}-\dfrac{4}{5} & \dfrac{3}{5} \\[1ex] \dfrac{3}{5} & \dfrac{4}{5}\end{bmatrix}=\dfrac{1}{5}\begin{bmatrix}-4 & 3 \\ 3 & 4\end{bmatrix}$ となる。……………………………………(答)

・$T^{-1}=\dfrac{1}{\underbrace{-\frac{4}{5}\cdot\frac{4}{5}-\left(\frac{3}{5}\right)^2}_{-1}}\begin{bmatrix}\dfrac{4}{5} & -\dfrac{3}{5} \\[1ex] -\dfrac{3}{5} & -\dfrac{4}{5}\end{bmatrix}=\begin{bmatrix}-\dfrac{4}{5} & \dfrac{3}{5} \\[1ex] \dfrac{3}{5} & \dfrac{4}{5}\end{bmatrix}$ $(=T)$ となる。……(答)

$y=3x$ に関する対称移動 T の逆行列 T^{-1} は，これも
$y-3x$ に関する対称移動の行列だから，当然 $T^{-1}-T$ となる。

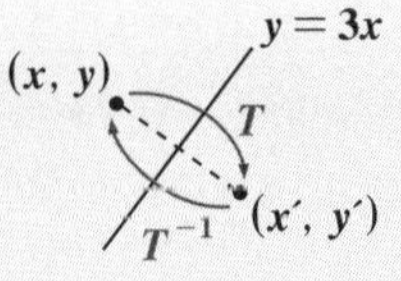

(2) $\begin{bmatrix}x' \\ y'\end{bmatrix}=T\begin{bmatrix}5 \\ 0\end{bmatrix}=\dfrac{1}{5}\begin{bmatrix}-4 & 3 \\ 3 & 4\end{bmatrix}\begin{bmatrix}5 \\ 0\end{bmatrix}=\dfrac{1}{5}\begin{bmatrix}-20 \\ 15\end{bmatrix}=\begin{bmatrix}-4 \\ 3\end{bmatrix}$ より，

点 $(5,\ 0)$ は，行列 T により，点 $(-4,\ 3)$ に移される。……………………(答)

演習問題 21　● 1 次変換の行列の決定 ●

1 次変換 f により，点 $(1,\ 1)$ が点 $(2,\ 2)$ に，点 $(2,\ -1)$ が点 $(7,\ -2)$ に移されるとき，1 次変換 f を表す行列 A を求めよ。また，f によって，点 $(3,\ 0)$ に移される点の座標を求めよ。

ヒント！ 2 組の点の対応関係が与えられているので，この 1 次変換 f を表す行列 A を決定することができるんだね。頻出問題だから確実に解こう！

解答＆解説

行列 A による 1 次変換 f によって，(i) 点 $(1,\ 1)$ は点 $(2,\ 2)$ に，(ii) 点 $(2,\ -1)$ は点 $(7,\ -2)$ に移されるので，

(i) $\begin{bmatrix} 2 \\ 2 \end{bmatrix} = A\begin{bmatrix} 1 \\ 1 \end{bmatrix}$ ……①　　(ii) $\begin{bmatrix} 7 \\ -2 \end{bmatrix} = A\begin{bmatrix} 2 \\ -1 \end{bmatrix}$ ……② となる。

①，②をまとめて 1 つの式で表すと，

$\begin{bmatrix} 2 & 7 \\ 2 & -2 \end{bmatrix} = A\begin{bmatrix} 1 & 2 \\ 1 & -1 \end{bmatrix}$ ……③ となる。

行列 $\begin{bmatrix} 1 & 2 \\ 1 & -1 \end{bmatrix}$ の行列式 $\Delta = 1\cdot(-1) - 2\cdot 1 = -3\ (\neq 0)$ より，この逆行列 $\begin{bmatrix} 1 & 2 \\ 1 & -1 \end{bmatrix}^{-1}$ は存在する。よって，この逆行列を③の両辺に右からかけて，

$$A = \begin{bmatrix} 2 & 7 \\ 2 & -2 \end{bmatrix} \cdot \frac{1}{-3}\begin{bmatrix} -1 & -2 \\ -1 & 1 \end{bmatrix} = \frac{1}{3}\begin{bmatrix} 2 & 7 \\ 2 & -2 \end{bmatrix}\begin{bmatrix} 1 & 2 \\ 1 & -1 \end{bmatrix} = \frac{1}{3}\begin{bmatrix} 9 & -3 \\ 0 & 6 \end{bmatrix}$$

$\therefore A = \begin{bmatrix} 3 & -1 \\ 0 & 2 \end{bmatrix}$ となる。……………………………………………(答)

次に，$\begin{bmatrix} 3 \\ 0 \end{bmatrix} = A\begin{bmatrix} x \\ y \end{bmatrix}$ とおくと，← 点 $(x,\ y) \xrightarrow[A]{f}$ 点 $(3,\ 0)$

$\begin{bmatrix} x \\ y \end{bmatrix} = A^{-1}\begin{bmatrix} 3 \\ 0 \end{bmatrix} = \frac{1}{6}\begin{bmatrix} 2 & 1 \\ 0 & 3 \end{bmatrix}\begin{bmatrix} 3 \\ 0 \end{bmatrix} = \frac{1}{6}\begin{bmatrix} 6 \\ 0 \end{bmatrix} = \begin{bmatrix} 1 \\ 0 \end{bmatrix}$ より，

f によって点 $(3,\ 0)$ に移される点は，$(1,\ 0)$ である。…………………………(答)

演習問題 22　● 図形の1次変換 (Ⅰ) ●

1 次変換 $\begin{bmatrix} x' \\ y' \end{bmatrix} = \begin{bmatrix} 2 & -3 \\ -1 & 2 \end{bmatrix} \begin{bmatrix} x \\ y \end{bmatrix}$ ……① によって，

(i) 直線 $2x-7y+3=0$ が移される図形の方程式を求めよ。

(ii) x 軸 $(y=0)$ が移される図形の方程式を求めよ。

(iii) 円 $x^2+y^2=1$ が移される図形の方程式を求めよ。

ヒント！ ①を変形して，x と y を x' と y' の式で表す。そして，これらを (i)(ii)(iii) の各方程式に代入して，x' と y' の関係式を求めればいい。これが，(i)，(ii)，(iii) の各図形を①の 1 次変換で移したときの図形の方程式になるんだね。頑張ろう！

解答＆解説

$A = \begin{bmatrix} 2 & -3 \\ -1 & 2 \end{bmatrix}$ とおくと，この行列式 $\Delta = 2\cdot 2-(-3)\cdot(-1)=4-3=1\,(\neq 0)$ より，

逆行列 A^{-1} が存在する。よって，①の両辺に左から A^{-1} をかけると，

$\begin{bmatrix} x \\ y \end{bmatrix} = A^{-1}\begin{bmatrix} x' \\ y' \end{bmatrix} = \frac{1}{1}\begin{bmatrix} 2 & 3 \\ 1 & 2 \end{bmatrix}\begin{bmatrix} x' \\ y' \end{bmatrix} = \begin{bmatrix} 2x'+3y' \\ x'+2y' \end{bmatrix}$

$\begin{bmatrix} x' \\ y' \end{bmatrix} = A\begin{bmatrix} x \\ y \end{bmatrix}$ …①の両辺に A^{-1} を左からかけて
$A^{-1}\begin{bmatrix} x' \\ y' \end{bmatrix} = \underbrace{A^{-1}A}_{E}\begin{bmatrix} x \\ y \end{bmatrix} = \begin{bmatrix} x \\ y \end{bmatrix}$

$\therefore\ x = 2x'+3y'$ ……②，$y = x'+2y'$ ……③ となる。

(i) $2x-7y+3=0$ ……④ に，②，③を代入して，

$2(2x'+3y')-7(x'+2y')+3=0$

$-3x'-8y'+3=0 \qquad \therefore\ 3x'+8y'-3=0$

よって，④の直線は，直線 $3x+8y-3=0$ に移される。…………………(答)

(ii) $y=0$…⑤に，③を代入して，$x'+2y'=0$

よって，⑤の x 軸は，直線 $x+2y=0$ に移される。…………………………(答)

(iii) $x^2+y^2=1$ ……⑥ に，②，③を代入して，

$(2x'+3y')^2+(x'+2y')^2=1$

$4x'^2+12x'y'+9y'^2+x'^2+4x'y'+4y'^2=1$

$\therefore\ 5x'^2+16x'y'+13y'^2=1$ となる。

よって，⑥の円は，$5x^2+16xy+13y^2=1$ に移される。…………………(答)

演習問題 23 ● 図形の1次変換(II) ●

xy 平面における図形を原点のまわりに $\frac{\pi}{4}$ だけ回転する行列を $R\left(\frac{\pi}{4}\right)$ とおく。行列 $R\left(\frac{\pi}{4}\right)$ による1次変換 f によって，だ円 $\frac{x^2}{4}+\frac{y^2}{2}=1$ が移される図形の方程式を求めよ。

ヒント！ $\begin{bmatrix} x' \\ y' \end{bmatrix}=R\left(\frac{\pi}{4}\right)\begin{bmatrix} x \\ y \end{bmatrix}$ から，x と y を x' と y' の式で表し，これらを与えられただ円の方程式に代入して，x' と y' の方程式を求めればいいんだね。

解答＆解説

原点のまわりに $\frac{\pi}{4}$ だけ回転する1次変換 f は，次のようになる。

$$\begin{bmatrix} x' \\ y' \end{bmatrix}=R\left(\frac{\pi}{4}\right)\begin{bmatrix} x \\ y \end{bmatrix} \quad \cdots\cdots ①$$

①の両辺に，$R\left(\frac{\pi}{4}\right)^{-1}$ を左からかけて，

$$\begin{bmatrix} x \\ y \end{bmatrix}=R\left(-\frac{\pi}{4}\right)\begin{bmatrix} x' \\ y' \end{bmatrix}=\begin{bmatrix} \cos\frac{\pi}{4} & \sin\frac{\pi}{4} \\ -\sin\frac{\pi}{4} & \cos\frac{\pi}{4} \end{bmatrix}\begin{bmatrix} x' \\ y' \end{bmatrix}$$

> 回転の行列 $R(\theta)=\begin{bmatrix} \cos\theta & -\sin\theta \\ \sin\theta & \cos\theta \end{bmatrix}$ の行列 $R(\theta)^{-1}=R(-\theta)$ より，
> $R(\theta)^{-1}=\begin{bmatrix} \cos(-\theta) & -\sin(-\theta) \\ \sin(-\theta) & \cos(-\theta) \end{bmatrix}$
> $=\begin{bmatrix} \cos\theta & \sin\theta \\ -\sin\theta & \cos\theta \end{bmatrix}$ となる。

$$=\frac{1}{\sqrt{2}}\begin{bmatrix} 1 & 1 \\ -1 & 1 \end{bmatrix}\begin{bmatrix} x' \\ y' \end{bmatrix}=\frac{1}{\sqrt{2}}\begin{bmatrix} x'+y' \\ -x'+y' \end{bmatrix}$$ となるので，

$$x=\frac{1}{\sqrt{2}}(x'+y')\cdots\cdots② \qquad y=\frac{1}{\sqrt{2}}(-x'+y')\cdots\cdots③$$

②，③を，だ円 $\frac{x^2}{4}+\frac{y^2}{2}=1$，すなわち $x^2+2y^2=4$ に代入すると，

$$\frac{1}{2}(x'+y')^2+2\cdot\frac{1}{2}(-x'+y')^2=4$$ 両辺を2倍して，

$x'^2+2x'y'+y'^2+2(x'^2-2x'y'+y'^2)=8$ より，

$3x'^2-2x'y'+3y'^2=8$ となる。

よって，だ円 $\frac{x^2}{4}+\frac{y^2}{2}=1$ は，原点のまわりに $\frac{\pi}{4}$ だけ回転する1次変換 f によって，$3x^2-2xy+3y^2=8$ に移される。……………………………………(答)

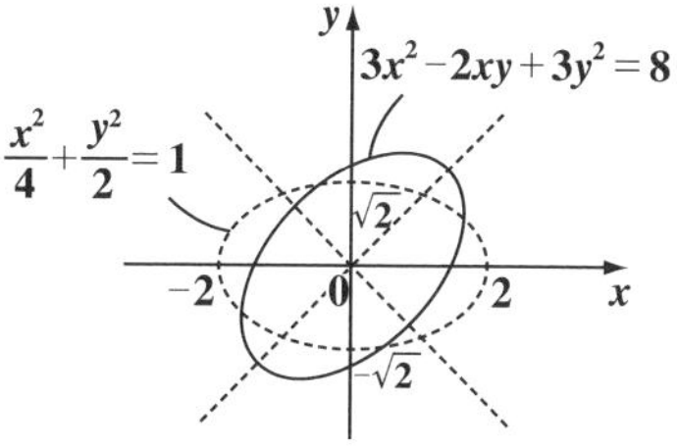

演習問題 24　● 図形の1次変換(Ⅲ) ●

xy 平面上の1次変換 f により，点 $(3,\ 3)$ は点 $(1,\ 1)$ に移され，
点 $(2,\ 1)$ は点 $(1,\ 0)$ に移される。

(1) 1次変換 f を表す行列 A を求めよ。

(2) 1次変換 f により動かない点（不動点）の集合を求めよ。

(3) f により自分自身に移される直線 $y = mx + n$ を求めよ。

ヒント！ (1)は，2組の点の対応関係から行列 A を求めよう。(2)では，点 $(x,\ y)$ から同じ点 $(x,\ y)$ に移される不動点の問題なので $\begin{bmatrix} x \\ y \end{bmatrix} = A\begin{bmatrix} x \\ y \end{bmatrix}$ として，点 $(x,\ y)$ の集合を求めればいいね。(3)は，$y = mx + n \longrightarrow y' = mx' + n$ の関係が成り立つことに注意して解いていこう。応用問題だけれど，典型問題だ！ 頑張ろう!!

解答＆解説

(1) f により，(i) 点 $(3,\ 3) \xrightarrow{f}$ 点 $(1,\ 1)$，(ii) 点 $(2,\ 1) \xrightarrow{f}$ 点 $(1,\ 0)$ より，

(i) $\begin{bmatrix} 1 \\ 1 \end{bmatrix} = A\begin{bmatrix} 3 \\ 3 \end{bmatrix}$ ……①，　(ii) $\begin{bmatrix} 1 \\ 0 \end{bmatrix} = A\begin{bmatrix} 2 \\ 1 \end{bmatrix}$ ……②

①，②をまとめて，$\begin{bmatrix} 1 & 1 \\ 1 & 0 \end{bmatrix} = A\begin{bmatrix} 3 & 2 \\ 3 & 1 \end{bmatrix}$ ……③ となる。

ここで，$\begin{bmatrix} 3 & 2 \\ 3 & 1 \end{bmatrix}$ の行列式 $\Delta = 3\cdot1 - 2\cdot3 = -3 \neq 0$ より，$\begin{bmatrix} 3 & 2 \\ 3 & 1 \end{bmatrix}^{-1}$ は存在する。

よって，この逆行列を③の両辺に右からかけると，

$$A = \begin{bmatrix} 1 & 1 \\ 1 & 0 \end{bmatrix}\begin{bmatrix} 3 & 2 \\ 3 & 1 \end{bmatrix}^{-1} = \begin{bmatrix} 1 & 1 \\ 1 & 0 \end{bmatrix}\cdot\frac{1}{-3}\begin{bmatrix} 1 & -2 \\ -3 & 3 \end{bmatrix}$$

$$= \frac{1}{3}\begin{bmatrix} 1 & 1 \\ 1 & 0 \end{bmatrix}\begin{bmatrix} -1 & 2 \\ 3 & -3 \end{bmatrix} = \frac{1}{3}\begin{bmatrix} 2 & -1 \\ -1 & 2 \end{bmatrix}$$ ……④ となる。 ………………(答)

(2) f による不動点とは，f によって，まったく動かない点なので，1次変換 f：

$\begin{bmatrix} x' \\ y' \end{bmatrix} = A\begin{bmatrix} x \\ y \end{bmatrix}$ ……⑤ の $\begin{bmatrix} x' \\ y' \end{bmatrix}$ を $\begin{bmatrix} x \\ y \end{bmatrix}$ とおいて，

$\begin{bmatrix} x \\ y \end{bmatrix} = A\begin{bmatrix} x \\ y \end{bmatrix}$ より，$\underline{E}\begin{bmatrix} x \\ y \end{bmatrix} = A\begin{bmatrix} x \\ y \end{bmatrix}$　$(E - A)\begin{bmatrix} x \\ y \end{bmatrix} = \begin{bmatrix} 0 \\ 0 \end{bmatrix}$

（単位行列 E をかけることによって，計算の見通しが立つんだね。）

$$\left\{\begin{bmatrix}1&0\\0&1\end{bmatrix}-\frac{1}{3}\begin{bmatrix}2&-1\\-1&2\end{bmatrix}\right\}\begin{bmatrix}x\\y\end{bmatrix}=\begin{bmatrix}0\\0\end{bmatrix}$$ より，

$$\begin{bmatrix}\frac{1}{3}&\frac{1}{3}\\\frac{1}{3}&\frac{1}{3}\end{bmatrix}\begin{bmatrix}x\\y\end{bmatrix}=\begin{bmatrix}\frac{1}{3}x+\frac{1}{3}y\\\frac{1}{3}x+\frac{1}{3}y\end{bmatrix}=\begin{bmatrix}0\\0\end{bmatrix}\quad\therefore\ \frac{1}{3}x+\frac{1}{3}y=0$$

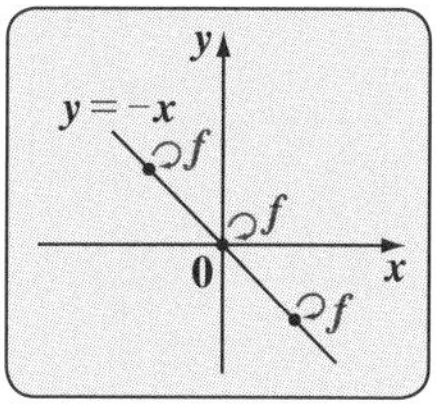

これから，$x+y=0$，すなわち直線 $y=-x$ 上の点はすべて，１次変換 f によって動かされない不動点である。…………(答)

(3) f によって，直線 $y=mx+n \xrightarrow{f} y'=mx'+n$ となる場合を調べる。

１次変換 $f:\begin{bmatrix}x'\\y'\end{bmatrix}=A\begin{bmatrix}x\\y\end{bmatrix}$ ……⑤ の y に $mx+n$ を代入すると，

$$\begin{bmatrix}x'\\y'\end{bmatrix}=\frac{1}{3}\begin{bmatrix}2&-1\\-1&2\end{bmatrix}\begin{bmatrix}x\\mx+n\end{bmatrix}=\frac{1}{3}\begin{bmatrix}2x-mx-n\\-x+2mx+2n\end{bmatrix}$$ より，

$x'=\frac{2-m}{3}x-\frac{n}{3}$ ……⑥　　$y'=\frac{2m-1}{3}x+\frac{2}{3}n$ ……⑦ となる。

⑥，⑦を $y'=mx'+n$ に代入して，両辺に３をかけると，

$(2m-1)x+2n=m\{(2-m)x-n\}+3n$ より，

［$m\{(2-m)x-n\}+3n = (2m-m^2)x-mn+3n$］

$(m^2-1)x+n(m-1)=0$　　$(m-1)\{(m+1)x+n\}=0$ ……⑧

［$m^2-1=(m-1)(m+1)$］　［これは，任意に動く変数］

ここで，x は任意に動く変数であるから，⑧が成り立つための条件は，

(i) $m=1$ のとき，n は任意，または，［このとき，$0\cdot(2x+n)=0$ となって⑧をみたす。］

(ii) $m=-1$ かつ $n=0$ である。［このとき，$-2(0\cdot x+0)=0$ となって⑧をみたす。］

以上(i)，(ii)より，f により自分自身に移される直線は，

$y=x+n$ (n：任意)，または $y=-x$ である。………………………(答)

演習問題 25　● A^{-1} をもたない A による1次変換 ●

1次変換 f：$\begin{bmatrix} x' \\ y' \end{bmatrix} = \begin{bmatrix} 3 & -2 \\ -9 & 6 \end{bmatrix} \begin{bmatrix} x \\ y \end{bmatrix}$ ……① がある。

(1) 1次変換 f によって，xy 平面全体が移される図形の方程式を求めよ。

(2) 1次変換 f によって，原点 O に移される図形の方程式を求めよ。

(3) 1次変換 f によって，点 $(k, -3k)$ (k：実数) に移される図形の方程式を求めよ。

ヒント！ 1次変換 f を表す行列を $A = \begin{bmatrix} 3 & -2 \\ -9 & 6 \end{bmatrix}$ とおくと，この行列式 $\Delta = \det A = 3\times6-(-2)\times(-9)=0$ より，逆行列 A^{-1} は存在しない。この場合，(1) xy 平面全体はある直線に移されることになる。また，(2), (3) では，xy 平面上のある直線が原点 O や点 $(k, -3k)$ (k：実数) に移されることになるんだね。頑張ろう！

解答＆解説

1次変換 f を表す行列を $A = \begin{bmatrix} 3 & -2 \\ -9 & 6 \end{bmatrix}$ とおくと，

A の行列式 $\Delta = \det A = 3\cdot6-(-2)\cdot(-9) = 18-18 = 0$ となるので，

A^{-1} は存在しない。

(1) $\begin{bmatrix} x' \\ y' \end{bmatrix} = A\begin{bmatrix} x \\ y \end{bmatrix} = \begin{bmatrix} 3 & -2 \\ -9 & 6 \end{bmatrix}\begin{bmatrix} x \\ y \end{bmatrix} = \begin{bmatrix} 3x-2y \\ -9x+6y \end{bmatrix}$ ……① より，

$$\begin{cases} x' = 3x-2y \\ y' = -9x+6y = -3(3x-2y) = -3x' \end{cases}$$ となる。

ここで，点 (x, y) について，何ら制約条件は設けていないので，点 (x, y) は，xy 平面全体を表し，これは，1次変換 f によって，直線 $y = -3x$ に移される。

………(答)

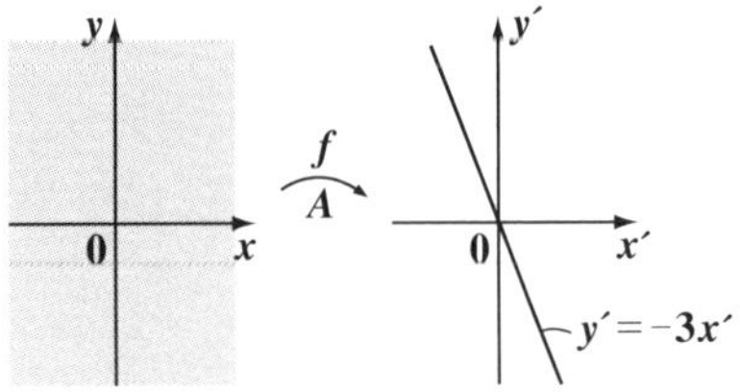

(xy 平面全体)

(2) $\begin{bmatrix} x' \\ y' \end{bmatrix} = \begin{bmatrix} 0 \\ 0 \end{bmatrix}$ ……② とおいて，②を①に代入すると，

$\begin{bmatrix} 0 \\ 0 \end{bmatrix} = \begin{bmatrix} 3x-2y \\ -9x+6y \end{bmatrix}$ より，$3x-2y=0$ ← これは，$-9x+6y=0$ と同じ

よって，直線 $y=\frac{3}{2}x$ 上のすべての点が，1次変換 f によって，原点 $O(0,\ 0)$ に移される。…………(答)

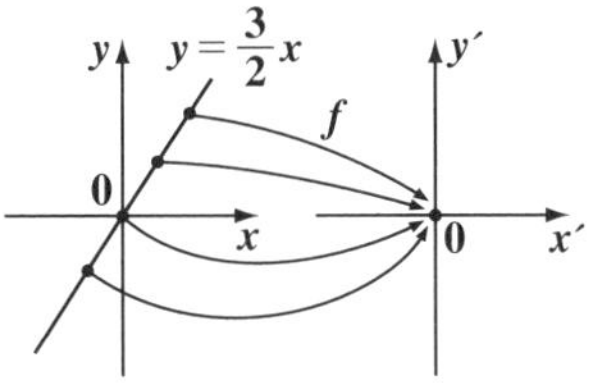

(3) 点 $(k,\ -3k)$ は，(1) で求めた直線 $y=-3x$ 上の点である。ここで，

$\begin{bmatrix} x' \\ y' \end{bmatrix} = \begin{bmatrix} k \\ -3k \end{bmatrix}$ ……③ とおいて，③を①に代入すると，

$\begin{bmatrix} k \\ -3k \end{bmatrix} = \begin{bmatrix} 3x-2y \\ -9x+6y \end{bmatrix}$ より，$3x-2y=k$ ← これは，$-9x+6y=-3k$ と同じ

よって，直線 $y=\frac{3}{2}x-\frac{k}{2}$ 上のすべての点が，1次変換 f によって，点 $(k,\ -3k)$ に移される。……(答)

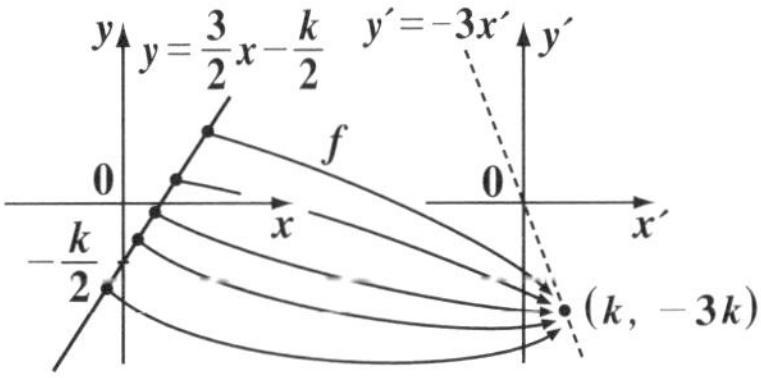

参考

したがって，$k=\cdots,\ -1,\ 0,\ 1,\ 2,\ \cdots$ と変化させると，

……………………………………

・$k=-1$ のとき，直線 $y=\frac{3}{2}x+\frac{1}{2}$ は，点 $(-1,\ 3)$ に移される。

・$k=0$ のとき，直線 $y=\frac{3}{2}x$ は，点 $(0,\ 0)$ に移される。← これは (2) の結果のこと

・$k=1$ のとき，直線 $y=\frac{3}{2}x-\frac{1}{2}$ は，点 $(1,\ -3)$ に移される。

・$k=2$ のとき，直線 $y=\frac{3}{2}x-1$ は，点 $(2,\ -6)$ に移される。

……………………………………………………………………

このように，直線と点との1対1の対応関係が得られるんだね。

§3. 2次正方行列の n 乗計算

それでは，これから“**行列の n 乗計算**”について解説しよう。2次の正方行列 A の n 乗 A^n を求める手法を，体系立てて教えよう。まず，10秒で A^n を求めることができる4つのパターンについて解説し，次にケーリー・ハミルトンの定理を利用して求める方法を解説する。さらに $P^{-1}AP$ 型の A^n 計算についても教えるつもりだ。

● 4つのパターンは10秒で解ける！

一般に，行列同士の積は手間がかかる。それを n 個もかけ合わせる A^n 計算は大変だと思っているかも知れないね。でも，次の4つのパターンに関しては，文字通り10秒で A^n を求めることができるんだ。

A^n 計算の4つのパターン

(1) $A^2 = kA$ (k : 実数) のとき，$A^n = k^{n-1}A$ $(n=1, 2, \cdots)$

(2) $A = \begin{bmatrix} \alpha & 0 \\ 0 & \beta \end{bmatrix}$ のとき，$A^n = \begin{bmatrix} \alpha^n & 0 \\ 0 & \beta^n \end{bmatrix}$ $(n=1, 2, \cdots)$

これを“**対角行列**”という。

(3) $A = \begin{bmatrix} 1 & \alpha \\ 0 & 1 \end{bmatrix}$ のとき，$A^n = \begin{bmatrix} 1 & n\alpha \\ 0 & 1 \end{bmatrix}$ $(n=1, 2, \cdots)$

これは，“**ジョルダン細胞**”に関係したものだ。

(4) $A = \begin{bmatrix} \cos\theta & -\sin\theta \\ \sin\theta & \cos\theta \end{bmatrix}$ のとき，$A^n = \begin{bmatrix} \cos n\theta & -\sin n\theta \\ \sin n\theta & \cos n\theta \end{bmatrix}$ $(n=1, 2, \cdots)$

(4) の A は，$R(\theta)$ (回転の行列) のことだ。$R(\theta)^n$ により，点は θ の回転を n 回行うので，結局 $n\theta$ 回転したことになる。よって，$R(\theta)^n = R(n\theta)$ となるんだね。

これらはすべて数学的帰納法で証明することが出来る。これについては，演習問題で示すね。

ここで，(1) の $A^2 = kA$ について，どのような行列がこれをみたすか分かる？ ……そう，逆行列 A^{-1} をもたない行列だね。

$A = \begin{bmatrix} a & b \\ c & d \end{bmatrix}$ が逆行列をもたないとき，行列式 $\Delta = ad - bc = 0$ より，ケー

リー・ハミルトンの定理を用いると,

$$A^2-(a+d)A+\underbrace{(ad-bc)}_{\Delta=0}E=O \qquad \therefore A^2=(\underbrace{a+d}_{k})A \text{ となる。}$$

ここで, $a+d=k$ (定数) とおくと, $A^2=kA$ となる。そして, これから $A^n=k^{n-1}A$ と求められるんだね。この一連の流れを覚えよう。

それでは, この **4** つのパターンの行列の n 乗計算の問題を解いてみよう。

> 例題 **24** 次のそれぞれの行列の n 乗を求めよう。
>
> (1) $\begin{bmatrix}1&2\\2&4\end{bmatrix}$ (2) $\begin{bmatrix}2&0\\0&-1\end{bmatrix}$ (3) $\begin{bmatrix}1&3\\0&1\end{bmatrix}$ (4) $\begin{bmatrix}1&-\sqrt{3}\\\sqrt{3}&1\end{bmatrix}$

(1) $A=\begin{bmatrix}1&2\\2&4\end{bmatrix}$ とおくと, 行列式 $\Delta=1\cdot4-2\cdot2=0$ より, A^{-1} は存在しない。

よって, ケーリー・ハミルトンの定理より,

$$A^2-(1+4)A+\cancel{0\cdot E}=O \qquad A^2=5A$$

$$\therefore A^n=5^{n-1}A=5^{n-1}\begin{bmatrix}1&2\\2&4\end{bmatrix}=\begin{bmatrix}5^{n-1}&2\cdot5^{n-1}\\2\cdot5^{n-1}&4\cdot5^{n-1}\end{bmatrix} \text{ となるんだね。}$$

(2) $A=\begin{bmatrix}2&0\\0&-1\end{bmatrix}$ とおくと, $A^n=\begin{bmatrix}2^n&0\\0&(-1)^n\end{bmatrix}$ となる。 ← 公式: $\begin{bmatrix}\alpha&0\\0&\beta\end{bmatrix}^n=\begin{bmatrix}\alpha^n&0\\0&\beta^n\end{bmatrix}$

(3) $A=\begin{bmatrix}1&3\\0&1\end{bmatrix}$ とおくと, $A^n=\begin{bmatrix}1&3n\\0&1\end{bmatrix}$ となる。 ← 公式: $\begin{bmatrix}1&\alpha\\0&1\end{bmatrix}^n=\begin{bmatrix}1&n\alpha\\0&1\end{bmatrix}$

(4) $A=\begin{bmatrix}1&-\sqrt{3}\\\sqrt{3}&1\end{bmatrix}=2\begin{bmatrix}\frac{1}{2}&-\frac{\sqrt{3}}{2}\\\frac{\sqrt{3}}{2}&\frac{1}{2}\end{bmatrix}=2\begin{bmatrix}\cos\frac{\pi}{3}&-\sin\frac{\pi}{3}\\\sin\frac{\pi}{3}&\cos\frac{\pi}{3}\end{bmatrix}=2\cdot R\left(\frac{\pi}{3}\right)$

とおくと,

$$A^n=\left\{2\cdot R\left(\frac{\pi}{3}\right)\right\}^n=2^n\cdot \underset{\sim\sim\sim}{R\left(\frac{\pi}{3}\right)^n}=2^n\underset{\sim\sim\sim}{R\left(\frac{n\pi}{3}\right)}$$ ← 公式: $R(\theta)^n=R(n\theta)$

$$=2^n\cdot\begin{bmatrix}\cos\frac{n\pi}{3}&-\sin\frac{n\pi}{3}\\\sin\frac{n\pi}{3}&\cos\frac{n\pi}{3}\end{bmatrix} \text{ となるんだね。大丈夫だった?}$$

● ケーリー・ハミルトンの定理を利用しよう！

4 つのパターンの行列の n 乗計算については教えたけれど，これに当てはまらない行列について，その n 乗を求めるには"**ケーリー・ハミルトンの定理**"が有効なんだ。次の例題で，実際にこの解法を練習してみよう。

> 例題 **25** $A=\begin{bmatrix}4 & -2\\ 3 & -1\end{bmatrix}$ について，ケーリー・ハミルトンの定理を用いて，
> A^n $(n=1,\ 2,\ \cdots)$ を求めてみよう。

まず，$A=\begin{bmatrix}4 & -2\\ 3 & -1\end{bmatrix}$ が，前述の **4** つのパターンのどれにも当てはまらないことを確認してくれ。

それでは，ケーリー・ハミルトンの定理を用いて，

$A^2-(4-1)A+\{4\cdot(-1)-(-2)\cdot 3\}E=O$ より，

$A^2-3A+2E=O$ ……①

ここで，A に x，E に 1，O に 0 を代入した方程式を作ると，

$x^2-3x+2=0$ ………② となる。←（これを行列 A の"**特性方程式**"という。）

この②の左辺 x^2-3x+2 で x^n を割ったときの商を $Q(x)$，余りを $ax+b$ とおくと，

$x^n=\underbrace{(x^2-3x+2)}_{2次式}\underbrace{Q(x)}_{商}+\underbrace{ax+b}_{余り(1次式)}$ ……③ となる。よって，

$x^n=(x-1)(x-2)Q(x)+ax+b$ ……③′

（何故こんなことをするかについては，後で分かるよ！）

③′は x の恒等式より，x にどんな数値を代入しても成り立つ。
（つまり，$x^n=x^n$ のことなんだ。）

よって，ここでは，特性方程式②の解の $x=1$ と 2 を③′に代入すると，

$$\begin{cases}1^n=\underbrace{(1-1)}_{0}(1-2)Q(1)+a\cdot 1+b\\ 2^n=(2-1)\underbrace{(2-2)}_{0}Q(2)+a\cdot 2+b\end{cases}$$

よって，$\begin{cases} a+b=1 & \cdots\cdots④ \\ 2a+b=2^n & \cdots\cdots⑤ \end{cases}$　となる。

⑤−④より，　$a=2^n-1$　……⑥

④×2−⑤より，$b=2-2^n$　……⑦

ここで，A^n についても，③と同様に次式が成り立つ。

$A^n=\underbrace{(A^2-3A+2E)}_{O\ (①より)}Q(A)+aA+bE$　……⑧

参考

行列の場合，一般に交換法則は成り立たない $(AB \fallingdotseq BA)$ ので，行列の計算に，整式の乗法公式（または除法の公式）は使えない。でも，⑧に使われている

（たとえば，$(A+B)^2 \fallingdotseq A^2+2AB+B^2$ だったね。$(\because AB \fallingdotseq BA)$）

行列を見てくれ。これらは E や A^k $(k=1,\ 2,\ \cdots,\ n)$ の多項式だけなので，たとえば，$A^2\cdot E=E\cdot A^2$ や $A^2\cdot A^3=A^3\cdot A^2$ などのように，すべて交換法則が成り立つものなんだ。よって，x の整式の除法の公式③が成り立つのであれば，A^n の展開式⑧も同様に成り立つんだ。納得いった？

ここで，$A^2-3A+2E=O$ ……①　より，これを⑧に代入すると，

$A^n=aA+bE$ ……⑨　となる。←（A^n が A の１次式で表せた！）

⑨に⑥，⑦を代入して A^n を求めると，

$$A^n=\underbrace{(2^n-1)}_{a}\begin{bmatrix}4 & -2\\3 & -1\end{bmatrix}+\underbrace{(2-2^n)}_{b}\begin{bmatrix}1 & 0\\0 & 1\end{bmatrix}$$

$$=\begin{bmatrix}4(2^n-1) & -2(2^n-1)\\3(2^n-1) & -(2^n-1)\end{bmatrix}+\begin{bmatrix}2-2^n & 0\\0 & 2-2^n\end{bmatrix}$$

$$=\begin{bmatrix}3\cdot2^n-2 & -2\cdot2^n+2\\3\cdot2^n-3 & -2\cdot2^n+3\end{bmatrix}\quad(n=1,\ 2,\ \cdots)$$ となって，答えだ！

参考

結構複雑な計算だったから，これで合っているか否か，検算しておこう。

$n=1$ のとき，$A^1=\begin{bmatrix}3\cdot2^1-2 & -2\cdot2^1+2\\3\cdot2^1-3 & -2\cdot2^1+3\end{bmatrix}=\begin{bmatrix}4 & -2\\3 & -1\end{bmatrix}$ となって，行列 A になるね。これで，おそらく計算ミスはしていないことが分かるんだ。

● サンドイッチ$(P^{-1}AP)$型のn乗計算も押さえよう！

行列のn乗計算に，次のサンドイッチ型の解法もよく利用されるんだ。

$P^{-1}AP$型のn乗計算（Ⅰ）

$P^{-1}AP=\begin{bmatrix}\alpha & 0\\ 0 & \beta\end{bmatrix}$ とする。← 対角行列になるように，問題で行列Pは与えられる。

この両辺をn乗して，

（対角行列のn乗）

$$(P^{-1}AP)^n=\begin{bmatrix}\alpha & 0\\ 0 & \beta\end{bmatrix}^n \quad \therefore P^{-1}A^nP=\begin{bmatrix}\alpha^n & 0\\ 0 & \beta^n\end{bmatrix} \quad \cdots\cdots①$$

$(P^{-1}A\underbrace{P)(P^{-1}}_{E}A\underbrace{P)(P^{-1}}_{E}A\underbrace{P)}_{E}\cdots\underbrace{(P^{-1}}_{E}AP)$

$=P^{-1}AEAEAE\cdots EAP$ ← Eは書かなくていい！

$=P^{-1}\underbrace{AAA\cdots A}_{n\text{個の}A\text{の積}}P=P^{-1}A^nP$ となる。

よって，①の両辺に左からP，右からP^{-1}をかけると，

$\underbrace{PP^{-1}}_{E}A^n\underbrace{PP^{-1}}_{E}=P\begin{bmatrix}\alpha^n & 0\\ 0 & \beta^n\end{bmatrix}P^{-1}$ となって，A^nが求まる。

それでは$P^{-1}AP$型の行列のn乗計算の練習を，次の例題でやってみよう。

例題 **26** $A=\begin{bmatrix}4 & -2\\ 3 & -1\end{bmatrix}$，$P=\begin{bmatrix}2 & 1\\ 3 & 1\end{bmatrix}$ について，

（i）$P^{-1}AP$を求めて，（ii）A^n $(n=1,\ 2,\ \cdots)$ を求めよう。

この行列Aは例題**25**のものと同じだから，解法は違っても，A^nの結果は前問と同じになるはずだね。

まず，Pの逆行列P^{-1}を求めると，

$$P^{-1}=\frac{1}{2\cdot1-1\cdot3}\begin{bmatrix}1 & -1\\ -3 & 2\end{bmatrix}=\begin{bmatrix}-1 & 1\\ 3 & -2\end{bmatrix}$$ となる。

(i) よって，$P^{-1}AP = \begin{bmatrix} -1 & 1 \\ 3 & -2 \end{bmatrix}\begin{bmatrix} 4 & -2 \\ 3 & -1 \end{bmatrix}\begin{bmatrix} 2 & 1 \\ 3 & 1 \end{bmatrix}$

$$= \begin{bmatrix} -1 & 1 \\ 6 & -4 \end{bmatrix}\begin{bmatrix} 2 & 1 \\ 3 & 1 \end{bmatrix} = \begin{bmatrix} 1 & 0 \\ 0 & 2 \end{bmatrix}$$ ← 対角行列になった！

$\therefore P^{-1}AP = \begin{bmatrix} 1 & 0 \\ 0 & 2 \end{bmatrix}$ ……(a)　となる。

(ii) 次，(a) の両辺を n 乗すると，

$$\underbrace{(P^{-1}AP)^n}_{P^{-1}A^nP} = \underbrace{\begin{bmatrix} 1 & 0 \\ 0 & 2 \end{bmatrix}^n}_{\begin{bmatrix} 1^n & 0 \\ 0 & 2^n \end{bmatrix}}$$

公式
$$\begin{bmatrix} \alpha & 0 \\ 0 & \beta \end{bmatrix}^n = \begin{bmatrix} \alpha^n & 0 \\ 0 & \beta^n \end{bmatrix}$$

$\therefore P^{-1}A^nP = \begin{bmatrix} 1 & 0 \\ 0 & 2^n \end{bmatrix}$ ……(b)　となる。

(b) の両辺に左から P，右から P^{-1} をかけると，

$$A^n = P\begin{bmatrix} 1 & 0 \\ 0 & 2^n \end{bmatrix}P^{-1} = \begin{bmatrix} 2 & 1 \\ 3 & 1 \end{bmatrix}\begin{bmatrix} 1 & 0 \\ 0 & 2^n \end{bmatrix}\begin{bmatrix} -1 & 1 \\ 3 & -2 \end{bmatrix}$$

$$= \begin{bmatrix} 2 & 2^n \\ 3 & 2^n \end{bmatrix}\begin{bmatrix} -1 & 1 \\ 3 & -2 \end{bmatrix}$$

$$= \begin{bmatrix} 3\cdot 2^n - 2 & -2\cdot 2^n + 2 \\ 3\cdot 2^n - 3 & -2\cdot 2^n + 3 \end{bmatrix} \quad (n = 1,\ 2,\ \cdots)$$　となって，

例題 **25** と同じ結果が導けた！　大丈夫だった？

ここで，A を対角化する行列 P をどのようにして求めるのか？ 疑問に思っている方も多いと思う。高校数学ではこの行列 P は問題文で与えられるけれど，大学の“**線形代数**”では，これも“**固有値**”や“**固有ベクトル**”から導出できるようになるんだよ。これらについては，この次の節でその基本を詳しく解説するつもりだ。楽しみにしてくれ (^ 0 ^)/

● サンドイッチ型の n 乗の応用計算にもチャレンジしよう！

このサンドイッチ $(P^{-1}AP)$ 型の n 乗計算には，$P^{-1}AP$ が対角行列になるもの以外に，ジョルダン細胞の形になるものもある。2 次のジョルダン細胞とは，$\begin{bmatrix} \gamma & 1 \\ 0 & \gamma \end{bmatrix}$ $(\gamma \neq 0)$ の形の行列のことなんだね。そして，$P^{-1}AP$ が，この形の行列になるときも，次のように A^n を求めることができる。

$P^{-1}AP$ 型の n 乗計算（Ⅱ）

$$P^{-1}AP = \begin{bmatrix} \gamma & 1 \\ 0 & \gamma \end{bmatrix} \quad (\gamma \neq 0) \quad \cdots\cdots ①$$

（この形になるように，問題では予め行列 P は与えられる。）

（$\begin{bmatrix} \gamma & 1 \\ 0 & \gamma \end{bmatrix}$：2 次のジョルダン細胞）

①の両辺を n 乗すると，

$$\underbrace{(P^{-1}AP)^n}_{P^{-1}A^nP} = \underbrace{\begin{bmatrix} \gamma & 1 \\ 0 & \gamma \end{bmatrix}^n}_{\begin{bmatrix} \gamma^n & n\gamma^{n-1} \\ 0 & \gamma^n \end{bmatrix}} \qquad \therefore P^{-1}A^nP = \begin{bmatrix} \gamma^n & n\gamma^{n-1} \\ 0 & \gamma^n \end{bmatrix} \cdots\cdots ②$$

（この変形は，P106 で既に解説した。）

よって，②の両辺に左から P，右から P^{-1} をかけると，

$$\underbrace{PP^{-1}}_{E} A^n \underbrace{PP^{-1}}_{E} = P\begin{bmatrix} \gamma^n & n\gamma^{n-1} \\ 0 & \gamma^n \end{bmatrix}P^{-1}$$ より，

$$A^n = P\begin{bmatrix} \gamma^n & n\gamma^{n-1} \\ 0 & \gamma^n \end{bmatrix}P^{-1}$$ となって，A^n が求まる。

①の左辺の n 乗が，$(P^{-1}AP)^n = P^{-1}A^nP$ となるのは，P106 で既にそのやり方を解説しているので，大丈夫だね。皆さんの疑問は，①の右辺の n 乗が，何故 $\begin{bmatrix} \gamma & 1 \\ 0 & \gamma \end{bmatrix}^n = \begin{bmatrix} \gamma^n & n\gamma^{n-1} \\ 0 & \gamma^n \end{bmatrix}$ と変形できるのか？　だろうね。詳しく解説しておこう。

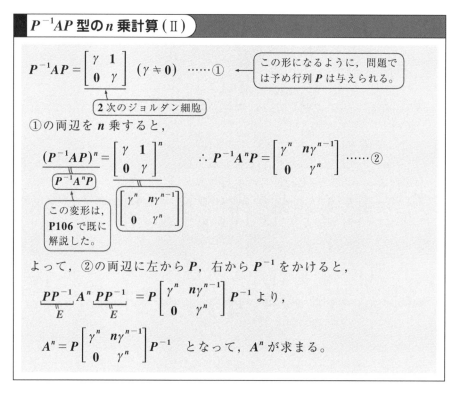

$$\begin{bmatrix}\gamma & 1\\0 & \gamma\end{bmatrix}^n=\left\{\gamma\begin{bmatrix}1 & \frac{1}{\gamma}\\0 & 1\end{bmatrix}\right\}^n=\gamma^n\begin{bmatrix}1 & \frac{1}{\gamma}\\0 & 1\end{bmatrix}^n=\gamma^n\begin{bmatrix}1 & n\cdot\frac{1}{\gamma}\\0 & 1\end{bmatrix}$$

（$\frac{1}{\gamma}$ の上に α）

まず，γ をくくり出す

$\frac{1}{\gamma}=\alpha$ とおくと，**4** つの A^n 計算の基本パターンの **1** つより，
$\begin{bmatrix}1 & \alpha\\0 & 1\end{bmatrix}^n=\begin{bmatrix}1 & n\alpha\\0 & 1\end{bmatrix}$ だね。

これから，①の右辺の n 乗は，

$\begin{bmatrix}\gamma & 1\\0 & \gamma\end{bmatrix}^n=\begin{bmatrix}\gamma^n & n\gamma^{n-1}\\0 & \gamma^n\end{bmatrix}$ と変形できるんだね。納得いった？

それでは，このサンドイッチ $(P^{-1}A^nP)$ 型の A^n 計算の応用についても，次の例題で練習しておこう。

例題 **27**　$A=\begin{bmatrix}1 & -1\\1 & 3\end{bmatrix}$，$P=\begin{bmatrix}1 & -1\\-1 & 0\end{bmatrix}$ について，

（ⅰ）$P^{-1}AP$ を求めて，（ⅱ）A^n $(n=1,\ 2,\ \cdots)$ を求めよう。

（ⅰ）まず，P^{-1} を求めると，

$$P^{-1}=\frac{1}{\cancel{1\cdot 0}-(-1)\cdot(-1)}\begin{bmatrix}0 & 1\\1 & 1\end{bmatrix}$$

$\begin{bmatrix}a & b\\c & d\end{bmatrix}^{-1}=\frac{1}{ad-bc}\begin{bmatrix}d & -b\\-c & a\end{bmatrix}$

$$=-1\cdot\begin{bmatrix}0 & 1\\1 & 1\end{bmatrix}=\begin{bmatrix}0 & -1\\-1 & -1\end{bmatrix}$$ となる。

よって，$P^{-1}AP$ を求めると，

$$P^{-1}AP=\begin{bmatrix}0 & -1\\-1 & -1\end{bmatrix}\begin{bmatrix}1 & -1\\1 & 3\end{bmatrix}\begin{bmatrix}1 & -1\\-1 & 0\end{bmatrix}$$

$$=\begin{bmatrix}-1 & -3\\-2 & -2\end{bmatrix}\begin{bmatrix}1 & -1\\-1 & 0\end{bmatrix}$$

$$=\begin{bmatrix}2 & 1\\0 & 2\end{bmatrix}\quad\cdots\cdots(a)$$ となる。

これは，$\gamma=2$ の **2** 次のジョルダン細胞になっているんだね。

(ⅱ) $A=\begin{bmatrix}1&-1\\1&3\end{bmatrix}$, $P=\begin{bmatrix}1&-1\\-1&0\end{bmatrix}$, $P^{-1}=\begin{bmatrix}0&-1\\-1&-1\end{bmatrix}$について，

$P^{-1}AP=\begin{bmatrix}2&1\\0&2\end{bmatrix}$ ……(a)　となることが分かったので，

これは，2次のジョルダン細胞$\begin{bmatrix}\gamma&1\\0&\gamma\end{bmatrix}$の$\gamma=2$のときのものだ。

(a)の両辺をn乗し，変形すると

$$\underbrace{(P^{-1}AP)^n}_{P^{-1}A^nP}=\begin{bmatrix}2&1\\0&2\end{bmatrix}^n$$

$$=\left\{2\begin{bmatrix}1&\frac{1}{2}\\0&1\end{bmatrix}\right\}^n=2^n\begin{bmatrix}1&\frac{n}{2}\\0&1\end{bmatrix}=\begin{bmatrix}2^n&n\cdot2^{n-1}\\0&2^n\end{bmatrix}$$

$\begin{bmatrix}\gamma&1\\0&\gamma\end{bmatrix}^n=\begin{bmatrix}\gamma^n&n\gamma^{n-1}\\0&\gamma^n\end{bmatrix}$は，公式として覚えておいて使ってもいいけれど，上記のように，$\gamma=2$をくくり出してn乗して，その都度導いても構わない。

$$\therefore P^{-1}A^nP=\begin{bmatrix}2^n&n\cdot2^{n-1}\\0&2^n\end{bmatrix}\ \cdots\cdots(b)$$　となる。

(b)の両辺に，左からP，右からP^{-1}をかけると，

$$A^n=P\begin{bmatrix}2^n&n\cdot2^{n-1}\\0&2^n\end{bmatrix}P^{-1}$$

$$=\begin{bmatrix}1&-1\\-1&0\end{bmatrix}\begin{bmatrix}2^n&n\cdot2^{n-1}\\0&2^n\end{bmatrix}\begin{bmatrix}0&-1\\-1&-1\end{bmatrix}$$

$$=\begin{bmatrix}2^n&n\cdot2^{n-1}-2^n\\-2^n&-n\cdot2^{n-1}\end{bmatrix}\begin{bmatrix}0&-1\\-1&-1\end{bmatrix}$$

$$=\begin{bmatrix}-n\cdot2^{n-1}+2^n&-2^n-n\cdot2^{n-1}+2^n\\n\cdot2^{n-1}&2^n+n\cdot2^{n-1}\end{bmatrix}$$

以上より，A^nは次のようになる。

$$A^n=\begin{bmatrix}2^n-n\cdot2^{n-1}&-n\cdot2^{n-1}\\n\cdot2^{n-1}&2^n+n\cdot2^{n-1}\end{bmatrix}\quad(n=1,\ 2,\ \cdots)\ \cdots\cdots(c)$$

少し複雑な計算だったので，(c)の検算をやっておこう。(c)の n に $n=1$ を代入して，$A^1=A=\begin{bmatrix} 1 & -1 \\ 1 & 3 \end{bmatrix}$ となるか？否か？を確認しておくといいんだね。

(c)に $n=1$ を代入すると，

$$A^1=\begin{bmatrix} 2^1-1\cdot 2^0 & -1\cdot 2^0 \\ 1\cdot 2^0 & 2^1+1\cdot 2^0 \end{bmatrix}=\begin{bmatrix} 2-1 & -1 \\ 1 & 2+1 \end{bmatrix}=\begin{bmatrix} 1 & -1 \\ 1 & 3 \end{bmatrix}(=A)$$

となって，無事 A になるので，この計算もまず間違っていないってことが確認できたんだね。

ここでも，A を $P^{-1}AP$ により，ジョルダン細胞にするための行列 P をどのように求めるのか？疑問に思っている方も多いと思う。でも，そのためには，より本格的な"**線形代数**"の解説が必要となるため，ここでは，残念だけれど，割愛するね。でも，この次のステップとして，本格的な「**線形代数キャンパス・ゼミ**」で学習していけばいいんだよ。この本で，もう基礎はできているので，短期間でスムーズに学べるはずだ。是非頑張ってほしい！

● 複素行列の n 乗計算にもチャレンジしよう！

では，この章の最後に，行列の要素が複素数である複素行列 A の対角化と，それによる A^n 計算についても例題で解説しておこう。複素行列 A に対してある複素行列 P を用いて，$P^{-1}AP$ により対角化して，$P^{-1}AP=\begin{bmatrix} \alpha & 0 \\ 0 & \beta \end{bmatrix}$ の形にもち込む。後は，この両辺を n 乗して，A^n を求めればいい。本質的に解法のパターンは実行列のときと同様なので，違和感なく計算できると思う。

でも，何故複素行列まで考える必要があるのか？疑問に思っている方も多いと思う。これは直ぐに必要という訳ではないけれど，たとえば，量子力学を学ぼうとすると，量子力学は数学的には複素数で表現されるため，複素行列が多用されることになるんだね。ここでは，その基本の練習として，やっておく価値がある，と思ってもらえればいいんだね。

例題 28　$\boldsymbol{A}=\begin{bmatrix} -2 & 2i \\ -2i & 1 \end{bmatrix}$, $\boldsymbol{P}=\begin{bmatrix} 1 & -2i \\ -2i & 1 \end{bmatrix}$ について，

(i) $\boldsymbol{P}^{-1}\boldsymbol{A}\boldsymbol{P}$ を求めて，(ii) $\boldsymbol{A}^n$ $(n=1, 2, \cdots)$ を求めよう。

(ただし，i は虚数単位 $(i^2=-1)$ を表す。)

(i) まず，$\boldsymbol{P}^{-1}$ を求めると，

$$\boldsymbol{P}^{-1}=\frac{1}{1\times1-\underbrace{(-2i)^2}_{4i^2=(-4)}}\begin{bmatrix} 1 & 2i \\ 2i & 1 \end{bmatrix} \leftarrow \begin{bmatrix} a & b \\ c & d \end{bmatrix}^{-1}=\frac{1}{ad-bc}\begin{bmatrix} d & -b \\ -c & a \end{bmatrix}$$

$$=\frac{1}{1+4}\begin{bmatrix} 1 & 2i \\ 2i & 1 \end{bmatrix}=\frac{1}{5}\begin{bmatrix} 1 & 2i \\ 2i & 1 \end{bmatrix}$$ となる。

よって，$\boldsymbol{P}^{-1}\boldsymbol{A}\boldsymbol{P}$ を求めると，

$$\boldsymbol{P}^{-1}\boldsymbol{A}\boldsymbol{P}=\frac{1}{5}\begin{bmatrix} 1 & 2i \\ 2i & 1 \end{bmatrix}\begin{bmatrix} -2 & 2i \\ -2i & 1 \end{bmatrix}\begin{bmatrix} 1 & -2i \\ -2i & 1 \end{bmatrix}$$

$$=\frac{1}{5}\begin{bmatrix} -2-4\overset{(-1)}{i^2} & 2i+2i \\ -4i-2i & 4\underset{(-1)}{i^2}+1 \end{bmatrix}\begin{bmatrix} 1 & -2i \\ -2i & 1 \end{bmatrix}$$

$$=\frac{1}{5}\begin{bmatrix} 2 & 4i \\ -6i & -3 \end{bmatrix}\begin{bmatrix} 1 & -2i \\ -2i & 1 \end{bmatrix}=\frac{1}{5}\begin{bmatrix} 2-8\overset{(-1)}{i^2} & -4i+4i \\ -6i+6i & 12\underset{(-1)}{i^2}-3 \end{bmatrix}$$

$$=\frac{1}{5}\begin{bmatrix} 10 & 0 \\ 0 & -15 \end{bmatrix}=\begin{bmatrix} 2 & 0 \\ 0 & -3 \end{bmatrix} \cdots\cdots①$$ となって，対角化できた。

(ii) ①の両辺を n 乗して，変形すると，

$$\underbrace{(\boldsymbol{P}^{-1}\boldsymbol{A}\boldsymbol{P})^n}_{\boldsymbol{P}^{-1}\boldsymbol{A}^n\boldsymbol{P}}=\underbrace{\begin{bmatrix} 2 & 0 \\ 0 & -3 \end{bmatrix}^n}_{\begin{bmatrix} 2^n & 0 \\ 0 & (-3)^n \end{bmatrix}} \leftarrow \begin{bmatrix} \alpha & 0 \\ 0 & \beta \end{bmatrix}^n=\begin{bmatrix} \alpha^n & 0 \\ 0 & \beta^n \end{bmatrix}$$

$$\boldsymbol{P}^{-1}\boldsymbol{A}^n\boldsymbol{P}=\begin{bmatrix} 2^n & 0 \\ 0 & (-3)^n \end{bmatrix} \cdots\cdots②$$ となる。

②の両辺に，左から P，右から P^{-1} をかけると，

$$A^n = P\begin{bmatrix} 2^n & 0 \\ 0 & (-3)^n \end{bmatrix}P^{-1}$$

$$= \begin{bmatrix} 1 & -2i \\ -2i & 1 \end{bmatrix}\begin{bmatrix} 2^n & 0 \\ 0 & (-3)^n \end{bmatrix}\cdot\frac{1}{5}\begin{bmatrix} 1 & 2i \\ 2i & 1 \end{bmatrix}$$

定数係数は前に出せる。

$$= \frac{1}{5}\begin{bmatrix} 2^n & -2i\cdot(-3)^n \\ -2i\cdot 2^n & (-3)^n \end{bmatrix}\begin{bmatrix} 1 & 2i \\ 2i & 1 \end{bmatrix}$$

$$= \frac{1}{5}\begin{bmatrix} 2^n & -2\cdot(-3)^n i \\ -2^{n+1}i & (-3)^n \end{bmatrix}\begin{bmatrix} 1 & 2i \\ 2i & 1 \end{bmatrix}$$

$$= \frac{1}{5}\begin{bmatrix} 2^n-4(-3)^n\cdot \underbrace{i^2}_{-1} & 2^n\cdot 2i-2\cdot(-3)^n i \\ -2^{n+1}i+(-3)^n\cdot 2i & -2^{n+1}\cdot 2\cdot \underbrace{i^2}_{-1}+(-3)^n \end{bmatrix}$$

以上より，

$$A^n = \frac{1}{5}\begin{bmatrix} 2^n+4\cdot(-3)^n & 2\{2^n-(-3)^n\}i \\ 2\{-2^n+(-3)^n\}i & 2^{n+2}+(-3)^n \end{bmatrix} \quad (n=1,\ 2,\ \cdots) \qquad \cdots\cdots③$$

となって，答えが求まるんだね。

③も，$n=1$ のとき，$A=\begin{bmatrix} -2 & 2i \\ -2i & 1 \end{bmatrix}$ と一致するか？否か？確認しておこう。

$n=1$ のとき，③は，

$$A^1 = \frac{1}{5}\begin{bmatrix} 2+4\cdot(-3) & 2(2+3)i \\ 2(-2-3)i & 8-3 \end{bmatrix} = \frac{1}{5}\begin{bmatrix} -10 & 10i \\ -10i & 5 \end{bmatrix}$$

$=\begin{bmatrix} -2 & 2i \\ -2i & 1 \end{bmatrix}$ となって，A と一致することが確認できたので，検算も終了です。面白かった？

どう？複素2次正方行列の対角化による n 乗計算も，実行例のときと同様だったので分かりやすかったでしょう？

演習問題 26　●行列の n 乗の基本 (Ⅰ)●

(1) $A^2 = kA$ (A：2次の正方行列，k：実数) のとき，$A^n = k^{n-1}A$ ……(*1)
($n = 1, 2, 3, \cdots$) が成り立つことを，数学的帰納法により示せ。

(2) $A = \begin{bmatrix} 6 & -2 \\ -3 & 1 \end{bmatrix}$ のとき，A^n ($n = 1, 2, 3, \cdots$) を求めよ。

ヒント！ (1) 数学的帰納法では (ⅰ) $n=1$ のとき成り立つことを示し，(ⅱ) $n=m$ ($m = 1, 2, 3, \cdots$) のとき，$A^m = k^{m-1}A$ が成り立つと仮定して，$n=m+1$ のとき成り立つことを示せばいいんだね。(2) は，(1) の結果を使えば，10 秒で解けるはずだ！

解答＆解説

(1) $A^2 = kA$ ……① のとき，$A^n = k^{n-1}A$ ……(*1) ($n = 1, 2, 3, \cdots$) が成り立つことを，数学的帰納法により示す。

(ⅰ) $n = 1$ のとき，

(*1) は，$A^1 = k^0 \cdot A = 1 \cdot A = A$ となって成り立つ。

(ⅱ) $n = m$ のとき，($m = 1, 2, 3, \cdots$)

$A^m = k^{m-1}A$ ……② が成り立つと仮定して，$n = m+1$ のときについて調べる。

②の両辺に A をかけると，

$A^{m+1} = k^{m-1} \cdot \underbrace{A^2}_{kA\ (①より)} = k^m \cdot A$ となって，$n = m+1$ のときも成り立つ。

（これは，$n = m+1$ のときの，(*1) の式）

以上 (ⅰ)(ⅱ) より，数学的帰納法により，任意の自然数 n に対して，(*1) は成り立つ。……………………………………………………(終)

(2) $A = \begin{bmatrix} 6 & -2 \\ -3 & 1 \end{bmatrix}$ のとき，ケーリー・ハミルトンの定理より，

$A^2 - (6+1)A + \underbrace{\{6 \cdot 1 - (-2) \cdot (-3)\}}_{0}E = O$

$A^2 = 7A$ となる，よって (*1) より，A^n ($n = 1, 2, 3, \cdots$) は，

$A^n = 7^{n-1}A = 7^{n-1}\begin{bmatrix} 6 & -2 \\ -3 & 1 \end{bmatrix} = \begin{bmatrix} 6 \cdot 7^{n-1} & -2 \cdot 7^{n-1} \\ -3 \cdot 7^{n-1} & 7^{n-1} \end{bmatrix}$ である。…………(答)

演習問題 27　● 行列の n 乗の基本 (Ⅱ) ●

(1) $A=\begin{bmatrix}\alpha & 0\\ 0 & \beta\end{bmatrix}$ のとき，$A^n=\begin{bmatrix}\alpha^n & 0\\ 0 & \beta^n\end{bmatrix}$ ……(∗2)　($n=1, 2, 3, \cdots$) が成り立つことを，数学的帰納法により示せ。

(2) $A=\begin{bmatrix}-5 & 0\\ 0 & 3\end{bmatrix}$ のとき，A^n ($n=1, 2, 3, \cdots$) を求めよ。

ヒント！ **(1)** は，数学的帰納法により示せばいい。**(2)** の行列 A は対角行列なので，**(1)** の結果から，アッという間に A^n が求まるんだね。

解答＆解説

(1) $A=\begin{bmatrix}\alpha & 0\\ 0 & \beta\end{bmatrix}$ ……① のとき，$A^n=\begin{bmatrix}\alpha^n & 0\\ 0 & \beta^n\end{bmatrix}$ ……(∗2)　($n=1, 2, 3, \cdots$) が成り立つことを，数学的帰納法により示す。

(ⅰ) $n=1$ のとき，

$A^1=\begin{bmatrix}\alpha^1 & 0\\ 0 & \beta^1\end{bmatrix}=\begin{bmatrix}\alpha & 0\\ 0 & \beta\end{bmatrix}$ ……① となるので，明らかに成り立つ。

(ⅱ) $n=k$ のとき，($k=1, 2, 3, \cdots$)

$A^k=\begin{bmatrix}\alpha^k & 0\\ 0 & \beta^k\end{bmatrix}$ ……② が成り立つと仮定して，$n=k+1$ のときについて調べる。

②の両辺に A を左からかけて，

これは，$n=k+1$ のときの，(∗2) の式だ

$A^{k+1}=A\cdot\begin{bmatrix}\alpha^k & 0\\ 0 & \beta^k\end{bmatrix}=\begin{bmatrix}\alpha & 0\\ 0 & \beta\end{bmatrix}\begin{bmatrix}\alpha^k & 0\\ 0 & \beta^k\end{bmatrix}=\begin{bmatrix}\alpha^{k+1} & 0\\ 0 & \beta^{k+1}\end{bmatrix}$ となって，

$n=k+1$ のときも成り立つ。

以上(ⅰ)(ⅱ)より，数学的帰納法により，任意の自然数 n に対して，(∗2) は成り立つ。……………………………………………………(終)

(2) 行列 $A=\begin{bmatrix}-5 & 0\\ 0 & 3\end{bmatrix}$ は対角行列より，(∗2) から，A^n ($n=1, 2, 3, \cdots$) は，

$A^n=\begin{bmatrix}(-5)^n & 0\\ 0 & 3^n\end{bmatrix}$ である。……………………………………(答)

演習問題 28 　●行列の n 乗の基本 (Ⅲ)●

(1) $A=\begin{bmatrix}1 & \alpha \\ 0 & 1\end{bmatrix}$ のとき，$A^n=\begin{bmatrix}1 & n\alpha \\ 0 & 1\end{bmatrix}$ ……$(*3)$ 　$(n=1,\ 2,\ 3,\ \cdots)$ が成り立つことを，数学的帰納法により示せ。

(2) $A=\begin{bmatrix}1 & -4 \\ 0 & 1\end{bmatrix}$ のとき，A^n $(n=1,\ 2,\ 3,\ \cdots)$ を求めよ。

ヒント！ (1) は，数学的帰納法：「(ⅰ) $n=1$ のとき，成り立つ。(ⅱ) $n=k$ のとき，成り立つとして $n=k+1$ のときも成り立つ。」を利用しよう。(2) は，$(*3)$ を使えば直ぐに求まるんだね。

解答＆解説

(1) $A=\begin{bmatrix}1 & \alpha \\ 0 & 1\end{bmatrix}$ ……① のとき，$A^n=\begin{bmatrix}1 & n\alpha \\ 0 & 1\end{bmatrix}$ ……$(*3)$ $(n=1,\ 2,\ 3,\ \cdots)$ が成り立つことを，数学的帰納法により示す。

(ⅰ) $n=1$ のとき，

$A^1=\begin{bmatrix}1 & 1\cdot\alpha \\ 0 & 1\end{bmatrix}=\begin{bmatrix}1 & \alpha \\ 0 & 1\end{bmatrix}$ ……① となって，明らかに成り立つ。

(ⅱ) $n=k$ のとき，$(k=1,\ 2,\ 3,\ \cdots)$

$A^k=\begin{bmatrix}1 & k\alpha \\ 0 & 1\end{bmatrix}$ ……② が成り立つと仮定して，$n=k+1$ のときについて調べる。

②の両辺に A を左からかけて，（これは，$n=k+1$ のときの，$(*3)$ の式だね）

$A^{k+1}=A\begin{bmatrix}1 & k\alpha \\ 0 & 1\end{bmatrix}=\begin{bmatrix}1 & \alpha \\ 0 & 1\end{bmatrix}\begin{bmatrix}1 & k\alpha \\ 0 & 1\end{bmatrix}=\begin{bmatrix}1 & (k+1)\alpha \\ 0 & 1\end{bmatrix}$ となって，

$n=k+1$ のときも成り立つ。

以上 (ⅰ)(ⅱ) より，数学的帰納法により，任意の自然数 n に対して，$(*3)$ は成り立つ。……………………………………………………………(終)

(2) $A=\begin{bmatrix}1 & -4 \\ 0 & 1\end{bmatrix}$ について，$(*3)$ より，A^n $(n=1,\ 2,\ 3,\ \cdots)$ は，

$A^n=\begin{bmatrix}1 & -4n \\ 0 & 1\end{bmatrix}$ となる。…………………………………………(答)

演習問題 29 ● 行列の n 乗の基本(IV) ●

(1) $A=\begin{bmatrix}\cos\theta & -\sin\theta \\ \sin\theta & \cos\theta\end{bmatrix}$ のとき, $A^n=\begin{bmatrix}\cos n\theta & -\sin n\theta \\ \sin n\theta & \cos n\theta\end{bmatrix}$ ……(∗4)

$(n=1,\ 2,\ 3,\ \cdots)$ が成り立つことを，数学的帰納法により示せ。

(2) $A=\begin{bmatrix}1 & -1 \\ 1 & 1\end{bmatrix}$ のとき, A^n $(n=1,\ 2,\ 3,\ \cdots)$ を求めよ。

ヒント! これも10秒で解ける行列の n 乗計算の基本パターンなんだね。マスターしよう!

解答&解説

(1) (∗4) が成り立つことを，数学的帰納法により示す。

(i) $n=1$ のとき, $A^1=\begin{bmatrix}\cos 1\cdot\theta & -\sin 1\cdot\theta \\ \sin 1\cdot\theta & \cos 1\cdot\theta\end{bmatrix}=\begin{bmatrix}\cos\theta & -\sin\theta \\ \sin\theta & \cos\theta\end{bmatrix}$ ……①

となって，成り立つ。

(ii) $n=k$ のとき, $(k=1,\ 2,\ 3,\ \cdots)$

$A^k=\begin{bmatrix}\cos k\theta & -\sin k\theta \\ \sin k\theta & \cos k\theta\end{bmatrix}$ ……② が成り立つと仮定して, $n=k+1$ のときを調べる。

②の両辺に A を左からかけて,

・$\cos(\alpha+\beta)=\cos\alpha\cos\beta-\sin\alpha\sin\beta$
・$\sin(\alpha+\beta)=\sin\alpha\cos\beta+\cos\alpha\sin\beta$

$$A^{k+1}=\begin{bmatrix}\cos\theta & -\sin\theta \\ \sin\theta & \cos\theta\end{bmatrix}\begin{bmatrix}\cos k\theta & -\sin k\theta \\ \sin k\theta & \cos k\theta\end{bmatrix}$$

$$=\begin{bmatrix}\cos k\theta\cos\theta-\sin k\theta\sin\theta & -(\sin k\theta\cos\theta+\cos k\theta\sin\theta) \\ \sin k\theta\cos\theta+\cos k\theta\sin\theta & \cos k\theta\cos\theta-\sin k\theta\sin\theta\end{bmatrix}$$

$$=\begin{bmatrix}\cos(k+1)\theta & -\sin(k+1)\theta \\ \sin(k+1)\theta & \cos(k+1)\theta\end{bmatrix}$$ となって, $n=k+1$ のときも成り立つ。

以上(i)(ii)より, (∗4) は成り立つ。 ……(終)

(2) $A=\begin{bmatrix}1 & -1 \\ 1 & 1\end{bmatrix}=\sqrt{2}\begin{bmatrix}\frac{1}{\sqrt{2}} & -\frac{1}{\sqrt{2}} \\ \frac{1}{\sqrt{2}} & \frac{1}{\sqrt{2}}\end{bmatrix}=\sqrt{2}\begin{bmatrix}\cos\frac{\pi}{4} & -\sin\frac{\pi}{4} \\ \sin\frac{\pi}{4} & \cos\frac{\pi}{4}\end{bmatrix}$ より, (∗4) から,

$$A^n=\left\{\sqrt{2}\begin{bmatrix}\cos\frac{\pi}{4} & -\sin\frac{\pi}{4} \\ \sin\frac{\pi}{4} & \cos\frac{\pi}{4}\end{bmatrix}\right\}^n=(\sqrt{2})^n\begin{bmatrix}\cos\frac{n\pi}{4} & -\sin\frac{n\pi}{4} \\ \sin\frac{n\pi}{4} & \cos\frac{n\pi}{4}\end{bmatrix}$$ $(n=1,\ 2,\ \cdots)$ ……(答)

演習問題 30 ●ケーリー・ハミルトンと行列の n 乗●

$A=\begin{bmatrix}4 & -5\\ 1 & -2\end{bmatrix}$ について，ケーリー・ハミルトンの定理を用いて，

A^n $(n=1,\ 2,\ 3,\ \cdots)$ を求めよ。

ヒント！ これは，ケー・ハミの式から，$A^2-2A-3E=O$ となるので，x^n を x^2-2x-3 で割ると，$x^n=(x^2-2x-3)\cdot Q(x)+ax+b$ となるね。これから $a,\ b$ を求めると，$A^n=aA+bE$ として，A^n を計算することができるんだね。頑張ろう！

解答＆解説

$A=\begin{bmatrix}4 & -5\\ 1 & -2\end{bmatrix}$ ……① より，ケーリー・ハミルトンの定理を用いると，

$A^2-2A-3E=O$ ……② となる。← $A^2-(4-2)A+\{4\cdot(-2)-(-5)\cdot 1\}E=O$

ここで，A に x，E に 1，O に 0 を代入した，A の特性方程式を求めると，

$x^2-2x-3=0$ ……③ となる。

この③の左辺で x^n を割ったとき，商を $Q(x)$，余りを $ax+b$ とおくと，

$x^n=\underbrace{(x^2-2x-3)}_{2次式}\cdot\underbrace{Q(x)}_{商}+\underbrace{ax+b}_{余り(1次式)}$ ……④ となる。よって，

$x^n=(x+1)(x-3)\cdot Q(x)+ax+b$ ……④´

この④´は恒等式なので，x にどんな値を代入しても成り立つ。

よって，④´の両辺に，$x=-1$ と 3 を代入すると，

$(-1)^n=\underbrace{(-1+1)(-1-3)\cdot Q(-1)}_{0}+a\cdot(-1)+b$

$3^n=(3+1)\underbrace{(3-3)}_{0}\cdot Q(3)+a\cdot 3+b$

よって，$\begin{cases}-a+b=(-1)^n & ……⑤\\ 3a+b=3^n & …………⑥\end{cases}$ となる。

⑥−⑤より，$4a=3^n-(-1)^n$

$\therefore a=\dfrac{1}{4}\{3^n-(-1)^n\}$ …………⑦

⑤×3＋⑥より，$4b=3\cdot(-1)^n+3^n$

$\therefore b=\dfrac{1}{4}\{3^n+3\cdot(-1)^n\}$ ……⑧

ここで，A^k $(k=1, 2, \cdots)$ や E の積は，交換則が成り立つので，

A^n $(n=1, 2, 3, \cdots)$ についても，④と同様の次式が成り立つ。

$A^n=\underbrace{(A^2-2A-3E)}_{O\ (②より)}\cdot Q(A)+aA+bE$ ……⑨

ここで，$A^2-2A-3E=O$ ……② より，⑨から

$A^n=aA+bE$ ……⑩ となる。

⑦，⑧を⑩に代入すると，求める A^n は，

$$A^n=\frac{1}{4}\{3^n-(-1)^n\}\begin{bmatrix}4&-5\\1&-2\end{bmatrix}+\frac{1}{4}\{3^n+3\cdot(-1)^n\}\begin{bmatrix}1&0\\0&1\end{bmatrix}$$

$$=\frac{1}{4}\begin{bmatrix}4\{3^n-(-1)^n\}+3^n+3\cdot(-1)^n & -5\{3^n-(-1)^n\}\\3^n-(-1)^n & -2\{3^n-(-1)^n\}+3^n+3\cdot(-1)^n\end{bmatrix}$$

$$\therefore A^n=\frac{1}{4}\begin{bmatrix}5\cdot3^n-(-1)^n & -5\cdot3^n+5\cdot(-1)^n\\3^n-(-1)^n & -3^n+5\cdot(-1)^n\end{bmatrix} \cdots\cdots⑪\quad (n=1, 2, 3, \cdots)$$

となる。……………………………………………………………………(答)

⑪の n に 1 を代入して検算してみると，

$$A^1=\frac{1}{4}\begin{bmatrix}5\cdot3-(-1) & -5\cdot3+5\cdot(-1)\\3-(-1) & -3+5\cdot(-1)\end{bmatrix}=\frac{1}{4}\begin{bmatrix}16&-20\\4&-8\end{bmatrix}$$

$=\begin{bmatrix}4&-5\\1&-2\end{bmatrix}$ となって，①と一致する。これから，⑪の答えはまず間違いないことが分かるんだね。このように，少し複雑な計算結果については，このような $n=1$ のときの検算をして，解答の確実性を確認しておくといいんだね。

演習問題 31	●行列の対角化と n 乗●

$A=\begin{bmatrix}2&1\\2&3\end{bmatrix}$ と $P=\begin{bmatrix}1&1\\-1&2\end{bmatrix}$ について，次の各問いに答えよ。

(1) $P^{-1}AP$ を求めよ。

(2) $(P^{-1}AP)^n$ を計算することにより，A^n $(n=1,2,3,\cdots)$ を求めよ。

ヒント！ **(1)** $P^{-1}AP=\begin{bmatrix}\alpha&0\\0&\beta\end{bmatrix}$ となって，対角行列になる。よって，**(2)** では，この両辺を n 乗して，$P^{-1}A^nP=\begin{bmatrix}\alpha^n&0\\0&\beta^n\end{bmatrix}$ から，A^n を求める。この一連の流れを頭に入れよう！

解答＆解説

(1) $A=\begin{bmatrix}2&1\\2&3\end{bmatrix}$，$P=\begin{bmatrix}1&1\\-1&2\end{bmatrix}$ について，

P の行列式 $\Delta=\det P=1\times2-1\times(-1)=3$ $(\neq 0)$ より，P^{-1} は存在して，

$$P^{-1}=\begin{bmatrix}1&1\\-1&2\end{bmatrix}^{-1}=\frac{1}{\Delta}\begin{bmatrix}2&-1\\1&1\end{bmatrix}=\frac{1}{3}\begin{bmatrix}2&-1\\1&1\end{bmatrix}$$ となる。

よって，$P^{-1}AP$ を求めると，

$$P^{-1}AP=\frac{1}{3}\begin{bmatrix}2&-1\\1&1\end{bmatrix}\begin{bmatrix}2&1\\2&3\end{bmatrix}\begin{bmatrix}1&1\\-1&2\end{bmatrix}$$

$$=\frac{1}{3}\begin{bmatrix}2&-1\\4&4\end{bmatrix}\begin{bmatrix}1&1\\-1&2\end{bmatrix}=\frac{1}{3}\begin{bmatrix}3&0\\0&12\end{bmatrix}$$

$P^{-1}AP$ により，行列 A を対角化した！

$$\therefore P^{-1}AP=\begin{bmatrix}1&0\\0&4\end{bmatrix}$$ ……① である。……………………………………(答)

(2) ①の両辺を n 乗して，$(P^{-1}AP)^n=\begin{bmatrix}1&0\\0&4\end{bmatrix}^n$ より，

公式：$\begin{bmatrix}\alpha&0\\0&\beta\end{bmatrix}^n=\begin{bmatrix}\alpha^n&0\\0&\beta^n\end{bmatrix}$

$(P^{-1}AP)^n=\underbrace{P^{-1}AP\cdot P^{-1}AP\cdot P^{-1}AP\cdots P^{-1}AP}$（$PP^{-1}=E$）

$=P^{-1}AEAEAE\cdots EAP$

$=P^{-1}\underbrace{A\cdot A\cdot A\cdots A}_{n個のAの積}P$

$=P^{-1}A^nP$

$\begin{bmatrix}1&0\\0&4\end{bmatrix}^n=\begin{bmatrix}1^n&0\\0&4^n\end{bmatrix}=\begin{bmatrix}1&0\\0&2^{2n}\end{bmatrix}$　（$4^n=(2^2)^n$）

$$P^{-1}A^nP=\begin{bmatrix}1&0\\0&2^{2n}\end{bmatrix}\cdots\cdots②\quad(n=1,2,3,\cdots)$$ となる。

よって，②の両辺に，左から P を，そして右から P^{-1} をかけると，

$$\underbrace{PP^{-1}}_{E}A^n\underbrace{PP^{-1}}_{E}=P\begin{bmatrix}1&0\\0&2^{2n}\end{bmatrix}P^{-1}$$ となる。よって，

これらの E は，書かないでイー！

$$A^n=\begin{bmatrix}1&1\\-1&2\end{bmatrix}\begin{bmatrix}1&0\\0&2^{2n}\end{bmatrix}\cdot\frac{1}{3}\begin{bmatrix}2&-1\\1&1\end{bmatrix}$$

$$=\frac{1}{3}\begin{bmatrix}1&1\\-1&2\end{bmatrix}\begin{bmatrix}1&0\\0&2^{2n}\end{bmatrix}\begin{bmatrix}2&-1\\1&1\end{bmatrix}$$

実数係数は，頭に出せる！

$$=\frac{1}{3}\begin{bmatrix}1&2^{2n}\\-1&2^{2n+1}\end{bmatrix}\begin{bmatrix}2&-1\\1&1\end{bmatrix}=\frac{1}{3}\begin{bmatrix}2+2^{2n}&-1+2^{2n}\\-2+2^{2n+1}&1+2^{2n+1}\end{bmatrix}$$

∴求める A^n $(n=1,2,3,\cdots)$ は，

$$A^n=\frac{1}{3}\begin{bmatrix}2^{2n}+2&2^{2n}-1\\2^{2n+1}-2&2^{2n+1}+1\end{bmatrix}\cdots\cdots③\quad(n=1,2,3,\cdots)$$

となる。 ……………………………………………………………………(答)

③の n に 1 を代入して，検算しておこう。

$$A^1=\frac{1}{3}\begin{bmatrix}2^2+2&2^2-1\\2^3-2&2^3+1\end{bmatrix}=\frac{1}{3}\begin{bmatrix}6&3\\6&9\end{bmatrix}=\begin{bmatrix}2&1\\2&3\end{bmatrix}$$ となって，

$A=\begin{bmatrix}2&1\\2&3\end{bmatrix}$ と一致する。よって，検算も **OK** だね。

演習問題 32　●ジョルダン細胞と n 乗●

$A=\begin{bmatrix}2&1\\-1&4\end{bmatrix}$，$P=\begin{bmatrix}1&0\\1&1\end{bmatrix}$ について，次の各問いに答えよ。

(1) $P^{-1}AP$ を求めよ。

(2) $(P^{-1}AP)^n$ を計算することにより，A^n $(n=1,2,3,\cdots)$ を求めよ。

ヒント！ **(1)** $P^{-1}AP=\begin{bmatrix}\alpha&1\\0&\alpha\end{bmatrix}$ となって，ジョルダン細胞の形になる。よって，**(2)** では，この両辺を n 乗して，$P^{-1}A^nP=\begin{bmatrix}\alpha^n&n\alpha^{n-1}\\0&\alpha^n\end{bmatrix}$ から，A^n を求めればいいんだね。

解答＆解説

(1) $A=\begin{bmatrix}2&1\\-1&4\end{bmatrix}$，$P=\begin{bmatrix}1&0\\1&1\end{bmatrix}$ について，

P の行列式 $\Delta=\det P=1^2-0\cdot 1=1\ (\neq 0)$ より，P^{-1} は存在して，

$P^{-1}=\begin{bmatrix}1&0\\1&1\end{bmatrix}^{-1}=\dfrac{1}{\Delta}\begin{bmatrix}1&0\\-1&1\end{bmatrix}=\begin{bmatrix}1&0\\-1&1\end{bmatrix}$ となる。（$\Delta=1$）

よって，$P^{-1}AP$ を求めると，

$P^{-1}AP=\begin{bmatrix}1&0\\-1&1\end{bmatrix}\begin{bmatrix}2&1\\-1&4\end{bmatrix}\begin{bmatrix}1&0\\1&1\end{bmatrix}$

$=\begin{bmatrix}2&1\\-3&3\end{bmatrix}\begin{bmatrix}1&0\\1&1\end{bmatrix}=\begin{bmatrix}3&1\\0&3\end{bmatrix}$

ジョルダン細胞 $\begin{bmatrix}\alpha&1\\0&\alpha\end{bmatrix}$ の形になった！

$\therefore P^{-1}AP=\begin{bmatrix}3&1\\0&3\end{bmatrix}$ ……① である。……………………………………(答)

(2) ①の両辺を n 乗して，

$(P^{-1}AP)^n=\begin{bmatrix}3&1\\0&3\end{bmatrix}^n$ より，

（$(P^{-1}AP)^n=P^{-1}A^nP$，$\begin{bmatrix}3&1\\0&3\end{bmatrix}^n=\begin{bmatrix}3^n&n\cdot 3^{n-1}\\0&3^n\end{bmatrix}$）

$\begin{bmatrix}\alpha&1\\0&\alpha\end{bmatrix}^n=\left\{\alpha\begin{bmatrix}1&\frac{1}{\alpha}\\0&1\end{bmatrix}\right\}^n$

$=\alpha^n\begin{bmatrix}1&\frac{1}{\alpha}\\0&1\end{bmatrix}^n$

$=\alpha^n\begin{bmatrix}1&\frac{n}{\alpha}\\0&1\end{bmatrix}=\begin{bmatrix}\alpha^n&n\alpha^{n-1}\\0&\alpha^n\end{bmatrix}$

$$P^{-1}A^nP=\begin{bmatrix}3^n & n\cdot 3^{n-1}\\0 & 3^n\end{bmatrix}\ \cdots\cdots②\quad (n=1,2,3,\cdots)$$ となる。

よって，②の両辺に，左から P を，右から P^{-1} をかけると，

$$A^n=P\begin{bmatrix}3^n & n\cdot 3^{n-1}\\0 & 3^n\end{bmatrix}P^{-1}$$

$$=\begin{bmatrix}1 & 0\\1 & 1\end{bmatrix}\begin{bmatrix}3^n & n\cdot 3^{n-1}\\0 & 3^n\end{bmatrix}\begin{bmatrix}1 & 0\\-1 & 1\end{bmatrix}$$

$$=\begin{bmatrix}3^n & n\cdot 3^{n-1}\\3^n & n\cdot 3^{n-1}+3^n\end{bmatrix}\begin{bmatrix}1 & 0\\-1 & 1\end{bmatrix}$$

$$=\begin{bmatrix}3^n-n\cdot 3^{n-1} & n\cdot 3^{n-1}\\\cancel{3^n}-n\cdot 3^{n-1}\cancel{-3^n} & n\cdot 3^{n-1}+3^n\end{bmatrix}$$

∴求める A^n $(n=1,2,3,\cdots)$ は，

$$A^n=\begin{bmatrix}3^n-n\cdot 3^{n-1} & n\cdot 3^{n-1}\\-n\cdot 3^{n-1} & 3^n+n\cdot 3^{n-1}\end{bmatrix}\ \cdots\cdots③\quad (n=1,2,3,\cdots)$$ である。……(答)

③の n に 1 を代入して，検算してみると，

$$A^1=\begin{bmatrix}3^1-1\cdot 3^0 & 1\cdot 3^0\\-1\cdot 3^0 & 3^1+1\cdot 3^0\end{bmatrix}=\begin{bmatrix}2 & 1\\-1 & 4\end{bmatrix}$$ となって，

$$A=\begin{bmatrix}2 & 1\\-1 & 4\end{bmatrix}$$ と一致するので，検算の結果も **OK** だね。

演習問題 33　●複素行列の n 乗●

$A=\begin{bmatrix} 3 & \sqrt{5}i \\ -\sqrt{5}i & -1 \end{bmatrix}$，$P=\begin{bmatrix} 1 & \sqrt{5}i \\ \sqrt{5}i & 1 \end{bmatrix}$ (i：虚数単位) について，

次の各問いに答えよ。

(1) $P^{-1}AP$ を求めよ。

(2) $(P^{-1}AP)^n$ を計算することにより，A^n $(n=1, 2, 3, \cdots)$ を求めよ。

ヒント！ 複素行列ではあるけれど，$P^{-1}AP$ を計算すると，対角行列が得られるので，後は，実行列のときと同様に，A^n を求めればいいんだね。頑張ろう！

解答＆解説

(1) $A=\begin{bmatrix} 3 & \sqrt{5}i \\ -\sqrt{5}i & -1 \end{bmatrix}$，$P=\begin{bmatrix} 1 & \sqrt{5}i \\ \sqrt{5}i & 1 \end{bmatrix}$ について，

P の行列式 $\Delta=\det P=1^2-(\sqrt{5}i)^2=1+5=6$ $(\neq 0)$ より，P^{-1} は存在して，

$P^{-1}=\begin{bmatrix} 1 & \sqrt{5}i \\ \sqrt{5}i & 1 \end{bmatrix}^{-1}=\dfrac{1}{6}\begin{bmatrix} 1 & -\sqrt{5}i \\ -\sqrt{5}i & 1 \end{bmatrix}$　となる。

よって，$P^{-1}AP$ を求めると，

$$P^{-1}AP=\frac{1}{6}\begin{bmatrix} 1 & -\sqrt{5}i \\ -\sqrt{5}i & 1 \end{bmatrix}\begin{bmatrix} 3 & \sqrt{5}i \\ -\sqrt{5}i & -1 \end{bmatrix}\begin{bmatrix} 1 & \sqrt{5}i \\ \sqrt{5}i & 1 \end{bmatrix}$$

$$=\frac{1}{6}\begin{bmatrix} 3+5i^2 & 2\sqrt{5}i \\ -4\sqrt{5}i & -5i^2-1 \end{bmatrix}\begin{bmatrix} 1 & \sqrt{5}i \\ \sqrt{5}i & 1 \end{bmatrix}$$

$i^2=-1$ を用いた！

$$=\frac{1}{6}\begin{bmatrix} -2 & 2\sqrt{5}i \\ -4\sqrt{5}i & 4 \end{bmatrix}\begin{bmatrix} 1 & \sqrt{5}i \\ \sqrt{5}i & 1 \end{bmatrix}=\frac{1}{6}\begin{bmatrix} -2+10i^2 & 0 \\ 0 & -20i^2+4 \end{bmatrix}$$

$\therefore P^{-1}AP=\dfrac{1}{6}\begin{bmatrix} -12 & 0 \\ 0 & 24 \end{bmatrix}=\begin{bmatrix} -2 & 0 \\ 0 & 4 \end{bmatrix}$ ……① である。……………………(答)

(2) ①の両辺を n 乗して，

$(P^{-1}AP)^n=\begin{bmatrix} -2 & 0 \\ 0 & 4 \end{bmatrix}^n=\begin{bmatrix} (-2)^n & 0 \\ 0 & 4^n \end{bmatrix}=\begin{bmatrix} (-2)^n & 0 \\ 0 & 2^{2n} \end{bmatrix}$ より，

$(P^{-1}AP)^n = P^{-1}A^nP$

$4^n = (2^2)^n=2^{2n}$

$$P^{-1}A^nP=\begin{bmatrix}(-2)^n & 0\\ 0 & 2^{2n}\end{bmatrix}\ \cdots\cdots②\quad (n=1,2,3,\cdots)$$ となる。

よって，②の両辺に，左から $\underline{\underline{P}}$ を，右から P^{-1} をかけると，

$$A^n=\underline{\underline{P}}\begin{bmatrix}(-2)^n & 0\\ 0 & 2^{2n}\end{bmatrix}P^{-1}$$

$$=\begin{bmatrix}1 & \sqrt{5}i\\ \sqrt{5}i & 1\end{bmatrix}\begin{bmatrix}(-2)^n & 0\\ 0 & 2^{2n}\end{bmatrix}\cdot\frac{1}{6}\begin{bmatrix}1 & -\sqrt{5}i\\ -\sqrt{5}i & 1\end{bmatrix}$$

$$=\frac{1}{6}\begin{bmatrix}(-2)^n & 2^{2n}\cdot\sqrt{5}i\\ (-2)^n\cdot\sqrt{5}i & 2^{2n}\end{bmatrix}\begin{bmatrix}1 & -\sqrt{5}i\\ -\sqrt{5}i & 1\end{bmatrix}$$

$$=\frac{1}{6}\begin{bmatrix}(-2)^n+5\cdot 2^{2n} & -(-2)^n\cdot\sqrt{5}i+2^{2n}\cdot\sqrt{5}i\\ (-2)^n\cdot\sqrt{5}i-2^{2n}\cdot\sqrt{5}i & 5(-2)^n+2^{2n}\end{bmatrix}$$

∴求める A^n $(n=1,2,3,\cdots)$ は，

$$A^n=\frac{1}{6}\begin{bmatrix}(-2)^n+5\cdot 2^{2n} & \{2^{2n}-(-2)^n\}\cdot\sqrt{5}i\\ \{(-2)^n-2^{2n}\}\cdot\sqrt{5}i & 5\cdot(-2)^n+2^{2n}\end{bmatrix}\ \cdots\cdots③\quad (n=1,2,3,\cdots)$$

である。……………………………………………………………………(答)

③の n に 1 を代入して，検算してみよう。

$$A^1=\frac{1}{6}\begin{bmatrix}-2+5\cdot 2^2 & \{2^2-(-2)\}\sqrt{5}i\\ (-2-2^2)\sqrt{5}i & 5\cdot(-2)+2^2\end{bmatrix}=\frac{1}{6}\begin{bmatrix}18 & 6\sqrt{5}i\\ -6\sqrt{5}i & -6\end{bmatrix}$$

$=\begin{bmatrix}3 & \sqrt{5}i\\ -\sqrt{5}i & -1\end{bmatrix}$ となって，$A=\begin{bmatrix}3 & \sqrt{5}i\\ -\sqrt{5}i & -1\end{bmatrix}$ と一致する。

よって，これで，検算も **OK**！ってことだね (^o^)/

§4. 固有値と固有ベクトル

2 次の正方行列 $\boldsymbol{A}$ に対して，逆行列をもつある行列 $\boldsymbol{P}$ を用いて，
$\boldsymbol{P}^{-1}\boldsymbol{A}\boldsymbol{P}=\begin{bmatrix}\alpha & \mathbf{0}\\ \mathbf{0} & \beta\end{bmatrix}$ のように対角化できる場合があることは，**P106** や **P120** で既に学んだんだね。

では，行列 $\boldsymbol{A}$ に対してどのようにして行列 $\boldsymbol{P}$ を作ればいいのか？という問いに答えるために，これから行列 $\boldsymbol{A}$ の**固有値**(こゆうち)と**固有ベクトル**(こゆう)について解説しよう。高校までの数学では，問題文の中に行列 $\boldsymbol{P}$ は予め与えられているんだけれど，大学数学では，行列 $\boldsymbol{A}$ の固有値と固有ベクトルを調べることにより，行列 $\boldsymbol{A}$ からこの行列 $\boldsymbol{P}$ も，対角行列 $\begin{bmatrix}\alpha & \mathbf{0}\\ \mathbf{0} & \beta\end{bmatrix}$ も自分で求められるようになるんだね。どう？レベルは上がるけれど，面白そうでしょう？
では，早速講義を始めよう。

● 固有値と固有ベクトルの定義から始めよう！

ある **2** 次の正方行列 $\boldsymbol{A}=\begin{bmatrix}a & b\\ c & d\end{bmatrix}$ に対して，固有値と固有ベクトルを次のように定義しよう。

固有値と固有ベクトル

ある **2** 次の正方行列 $\boldsymbol{A}=\begin{bmatrix}a & b\\ c & d\end{bmatrix}$ に対して，

$$\boldsymbol{A}\begin{bmatrix}x\\ y\end{bmatrix}=\lambda\begin{bmatrix}x\\ y\end{bmatrix}\ \cdots\cdots(*)$$

（$\begin{bmatrix}x\\ y\end{bmatrix}$：固有ベクトル，$\lambda$：固有値，$\begin{bmatrix}x\\ y\end{bmatrix}$：固有ベクトル）

をみたす **2** 次元ベクトル $\begin{bmatrix}x\\ y\end{bmatrix}$ $\left(\neq\begin{bmatrix}\mathbf{0}\\ \mathbf{0}\end{bmatrix}\right)$
と実数 λ(ラムダ) が存在するとき，
・λ を固有値(こゆうち)といい，
・$\begin{bmatrix}x\\ y\end{bmatrix}$ を固有(こゆう)ベクトルという。

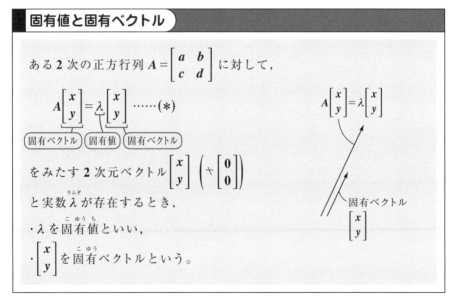

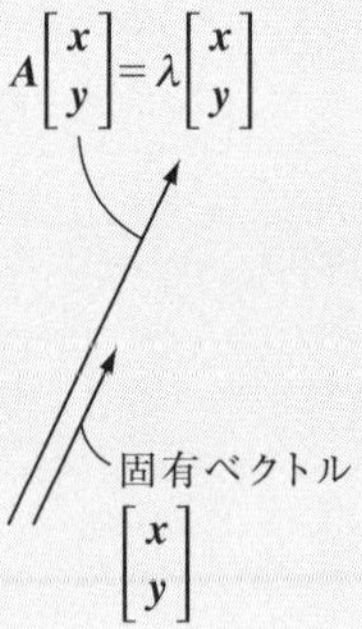

固有値λは，正・負いずれの場合もあるんだけれど，固有ベクトル$\begin{bmatrix} x \\ y \end{bmatrix}$は，$\mathbf{0}=\begin{bmatrix} 0 \\ 0 \end{bmatrix}$ではないものとする。一般に，ベクトル$\begin{bmatrix} x \\ y \end{bmatrix}$に行列$A$を左からかけたものを，$\underbrace{\begin{bmatrix} x' \\ y' \end{bmatrix}=A\begin{bmatrix} x \\ y \end{bmatrix}}_{\text{これは，1次変換の式だ}}$とおくと，右図のように$\begin{bmatrix} x' \\ y' \end{bmatrix}$と$\begin{bmatrix} x \\ y \end{bmatrix}$とは方向の異なるベクトルになる場合がほとんどなんだね。

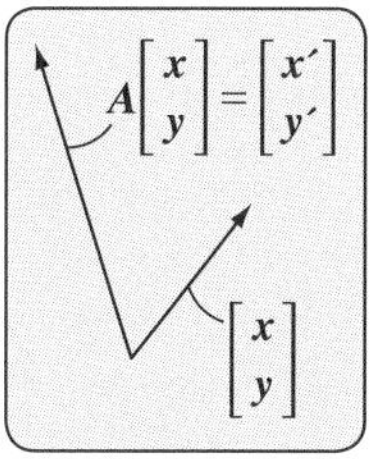

しかし，この$\begin{bmatrix} x' \\ y' \end{bmatrix}$がたまたま$\begin{bmatrix} x \\ y \end{bmatrix}$と同じ方向 ($\lambda$が負のときは逆向き) のベクトル$\lambda\begin{bmatrix} x \\ y \end{bmatrix}$となる場合，この実数係数$\lambda$を固有値といい，$\begin{bmatrix} x \\ y \end{bmatrix}$を固有ベクトルというんだね。

では，行列Aに対する固有値λと固有ベクトル$\begin{bmatrix} x \\ y \end{bmatrix}$の求め方を示そう。

(I) まず，固有方程式 (λの 2 次方程式) から，異なる 2 つの固有値λ_1とλ_2を求める。

(II) λ_1, λ_2それぞれの固有値に対応する固有ベクトル$\begin{bmatrix} x_1 \\ y_1 \end{bmatrix}$と$\begin{bmatrix} x_2 \\ y_2 \end{bmatrix}$を求める。(ただし，これらの固有ベクトルは一意(いちい)には定まらないことに注意しよう。)

● 実際に，固有値と固有ベクトルを求めよう！

ン？ 抽象的でよくわからないって!? いいよ，具体例で一連の流れを示そう。例題 26(P106) で用いた行列$A=\begin{bmatrix} 4 & -2 \\ 3 & -1 \end{bmatrix}$の固有値と固有ベクトルを具体的に求めてみよう。$A$の固有値を$\lambda$，固有ベクトルを$\begin{bmatrix} x \\ y \end{bmatrix}$とおくと，(*) の定義式より，

$\begin{bmatrix} 4 & -2 \\ 3 & -1 \end{bmatrix}\begin{bmatrix} x \\ y \end{bmatrix}=\lambda\begin{bmatrix} x \\ y \end{bmatrix}$ ……① となる。

①より，$\begin{bmatrix} 4 & -2 \\ 3 & -1 \end{bmatrix}\begin{bmatrix} x \\ y \end{bmatrix}-\lambda\begin{bmatrix} x \\ y \end{bmatrix}=\begin{bmatrix} 0 \\ 0 \end{bmatrix}$とすると，$\left\{\begin{bmatrix} 4 & -2 \\ 3 & -1 \end{bmatrix}-\lambda\right\}\begin{bmatrix} x \\ y \end{bmatrix}=\begin{bmatrix} 0 \\ 0 \end{bmatrix}$ (行列と実数の引き算???)

となって，ムム…となってしまうんだね。

ムム…とならないためには，①の右辺に予め $\boldsymbol{E}$(単位行列)を左からかけて，

(このEは，入れないとイーけない！)

$$\underbrace{\begin{bmatrix} 4 & -2 \\ 3 & -1 \end{bmatrix}}_{A}\begin{bmatrix} x \\ y \end{bmatrix} = \lambda \underbrace{E\begin{bmatrix} x \\ y \end{bmatrix}} = \lambda\begin{bmatrix} 1 & 0 \\ 0 & 1 \end{bmatrix}\begin{bmatrix} x \\ y \end{bmatrix} = \begin{bmatrix} \lambda & 0 \\ 0 & \lambda \end{bmatrix}\begin{bmatrix} x \\ y \end{bmatrix} \quad \cdots\cdots ①'$$

($\begin{bmatrix} 1 & 0 \\ 0 & 1 \end{bmatrix}\begin{bmatrix} x \\ y \end{bmatrix} = \begin{bmatrix} x \\ y \end{bmatrix}$ となって，①と同じだね。)

とすると，①´より，

$$\begin{bmatrix} 4 & -2 \\ 3 & -1 \end{bmatrix}\begin{bmatrix} x \\ y \end{bmatrix} - \begin{bmatrix} \lambda & 0 \\ 0 & \lambda \end{bmatrix}\begin{bmatrix} x \\ y \end{bmatrix} = \begin{bmatrix} 0 \\ 0 \end{bmatrix}$$ より，

$$\left\{\begin{bmatrix} 4 & -2 \\ 3 & -1 \end{bmatrix} - \begin{bmatrix} \lambda & 0 \\ 0 & \lambda \end{bmatrix}\right\}\begin{bmatrix} x \\ y \end{bmatrix} = \begin{bmatrix} 0 \\ 0 \end{bmatrix}$$

(これは $(\boldsymbol{A}-\lambda\boldsymbol{E})\begin{bmatrix} x \\ y \end{bmatrix} = \begin{bmatrix} 0 \\ 0 \end{bmatrix}$ のことだ！)

(今度は，2次の正方行列同士の引き算だから，問題ないね！)

$$\underbrace{\begin{bmatrix} 4-\lambda & -2 \\ 3 & -1-\lambda \end{bmatrix}}_{A-\lambda E = T \text{ とおこう}}\begin{bmatrix} x \\ y \end{bmatrix} = \begin{bmatrix} 0 \\ 0 \end{bmatrix} \quad \cdots\cdots ②$$ となる。

よって，$\boldsymbol{T} = \begin{bmatrix} 4-\lambda & -2 \\ 3 & -1-\lambda \end{bmatrix}$ ……③ とおくと，②は，

$$\boldsymbol{T}\begin{bmatrix} x \\ y \end{bmatrix} = \begin{bmatrix} 0 \\ 0 \end{bmatrix} \quad \cdots\cdots ②'$$ となるんだね。

ここで，もし $\boldsymbol{T}$ が逆行列 $\boldsymbol{T}^{-1}$ をもつものと仮定すると，②´の両辺に $\boldsymbol{T}^{-1}$ を左からかけて，

$$\underbrace{\boldsymbol{T}^{-1}\boldsymbol{T}}_{E}\begin{bmatrix} x \\ y \end{bmatrix} = \boldsymbol{T}^{-1}\begin{bmatrix} 0 \\ 0 \end{bmatrix} \quad \cdots\cdots ②''$$ となる。

(E（これは，書かないでイー）)

ここで，$\boldsymbol{T}^{-1} = \begin{bmatrix} ⊗ & \triangle \\ ⊠ & \triangledown \end{bmatrix}$ のように，$\boldsymbol{T}^{-1}$ もある2次の正方行列だから，②´´の右辺は，$\boldsymbol{T}^{-1}\begin{bmatrix} 0 \\ 0 \end{bmatrix} = \begin{bmatrix} 0 \\ 0 \end{bmatrix}$ となる。つまり，②´´は，

$\begin{bmatrix} x \\ y \end{bmatrix} = \begin{bmatrix} 0 \\ 0 \end{bmatrix}$ となって，固有ベクトル $\begin{bmatrix} x \\ y \end{bmatrix} \neq \begin{bmatrix} 0 \\ 0 \end{bmatrix}$ の条件に反するんだね。

よって，$T=\begin{bmatrix}4-\lambda & -2\\ 3 & -1-\lambda\end{bmatrix}$は，逆行列をもたない。従って，この行列式を$|T|$

（これまで，Δや$\det T$とおいたものと同じもの）

とおくと，$|T|=\begin{vmatrix}4-\lambda & -2\\ 3 & -1-\lambda\end{vmatrix}=(4-\lambda)(-1-\lambda)-(-2)\cdot 3=0$ となって，

（$(\lambda-4)(\lambda+1)+6=\lambda^2-3\lambda-4+6=\lambda^2-3\lambda+2$）

固有方程式(λの2次方程式)：$\lambda^2-3\lambda+2=0$ ……④ が導けるんだね。

④を解いて，$(\lambda-1)(\lambda-2)=0$

$\therefore\lambda=1$，または2となる。

（これで，(I) $\lambda=\lambda_1$，λ_2の値が求まった！ステップ(I)の終了だね。）

では次に，それぞれの固有値$\lambda=1$，2に対する固有ベクトルを求めよう。

(i) $\lambda=1$のとき，②より，

$$\begin{bmatrix}4-1 & -2\\ 3 & -1-1\end{bmatrix}\begin{bmatrix}x\\ y\end{bmatrix}=\begin{bmatrix}0\\ 0\end{bmatrix},\quad \begin{bmatrix}3 & -2\\ 3 & -2\end{bmatrix}\begin{bmatrix}x\\ y\end{bmatrix}=\begin{bmatrix}0\\ 0\end{bmatrix}$$

$\begin{bmatrix}3x-2y\\ 3x-2y\end{bmatrix}=\begin{bmatrix}0\\ 0\end{bmatrix}$ より，$3x-2y=0$ ……⑤

（未知数x，yの2つに対して，方程式は⑤の1つしかないので，
$\begin{bmatrix}x\\ y\end{bmatrix}=\begin{bmatrix}2\\ 3\end{bmatrix}$や$\begin{bmatrix}4\\ 6\end{bmatrix}$や$\begin{bmatrix}-6\\ -9\end{bmatrix}$…など，何でも構わない。
つまり，一意には定まらない。ここでは，$\begin{bmatrix}x\\ y\end{bmatrix}=\begin{bmatrix}2\\ 3\end{bmatrix}$を採用しよう。）

⑤をみたすx，yとして，$\begin{bmatrix}x\\ y\end{bmatrix}=\begin{bmatrix}2\\ 3\end{bmatrix}$とする。

これで$\lambda=1$に対応する固有ベクトルが1つ求まったんだね。では次，

(ii) $\lambda=2$のとき，②より，

$$\begin{bmatrix}4-2 & -2\\ 3 & -1-2\end{bmatrix}\begin{bmatrix}x\\ y\end{bmatrix}=\begin{bmatrix}0\\ 0\end{bmatrix},\quad \begin{bmatrix}2 & -2\\ 3 & -3\end{bmatrix}\begin{bmatrix}x\\ y\end{bmatrix}=\begin{bmatrix}0\\ 0\end{bmatrix}$$

$\begin{bmatrix}2x-2y\\ 3x-3y\end{bmatrix}=\begin{bmatrix}0\\ 0\end{bmatrix}$ より，$2x-2y=0$ ……⑥

（これは，$3x-3y=0$と同じ。）

⑥をみたすx，yとして，$\begin{bmatrix}x\\ y\end{bmatrix}=\begin{bmatrix}1\\ 1\end{bmatrix}$とする。

（⑥をみたすものとして，$\begin{bmatrix}x\\ y\end{bmatrix}=\begin{bmatrix}2\\ 2\end{bmatrix}$でも$\begin{bmatrix}-3\\ -3\end{bmatrix}$でも構わない！）

これで，$\lambda=2$に対応する固有ベクトルも求まった。

（(II)これで，2つの固有ベクトルも求まったので，ステップ(II)も終了です！）

● 行列 A を対角化してみよう！

$A=\begin{bmatrix}4 & -2\\3 & -1\end{bmatrix}$ について，2つの固有値を $\lambda_1=1$，$\lambda_2=2$ とおくと，

(i) 固有値 $\lambda_1=1$ に対する固有ベクトル $\begin{bmatrix}x_1\\y_1\end{bmatrix}=\begin{bmatrix}2\\3\end{bmatrix}$ が求まり，

(ii) 固有値 $\lambda_2=2$ に対する固有ベクトル $\begin{bmatrix}x_2\\y_2\end{bmatrix}=\begin{bmatrix}1\\1\end{bmatrix}$ も求められた。

よって，これらを式で表すと，

$A\begin{bmatrix}2\\3\end{bmatrix}=1\cdot\begin{bmatrix}2\\3\end{bmatrix}$ ……⑦　　$A\begin{bmatrix}1\\1\end{bmatrix}=2\cdot\begin{bmatrix}1\\1\end{bmatrix}$ ……⑧ となる。

よって，⑦，⑧より，

$A\begin{bmatrix}2\\3\end{bmatrix}=\begin{bmatrix}1\cdot2\\1\cdot3\end{bmatrix}$ ……⑦´　　$A\begin{bmatrix}1\\1\end{bmatrix}=\begin{bmatrix}2\cdot1\\2\cdot1\end{bmatrix}$ ……⑧´ となるので，

⑦´と⑧´を1つの式にまとめると，

$A\begin{bmatrix}2 & 1\\3 & 1\end{bmatrix}=\begin{bmatrix}1\cdot2 & 2\cdot1\\1\cdot3 & 2\cdot1\end{bmatrix}$ ……⑨ となる。

これは，2組の点の対応関係から，1次変換の行列 A を求めるときのやり方と同じだね。(P87)

$\begin{bmatrix}2\cdot1 & 1\cdot2\\3\cdot1 & 1\cdot2\end{bmatrix}=\begin{bmatrix}2 & 1\\3 & 1\end{bmatrix}\begin{bmatrix}1 & 0\\0 & 2\end{bmatrix}$ となる。

ここで，⑨の右辺は，$\begin{bmatrix}1\cdot2 & 2\cdot1\\1\cdot3 & 2\cdot1\end{bmatrix}=\begin{bmatrix}2 & 1\\3 & 1\end{bmatrix}\begin{bmatrix}1 & 0\\0 & 2\end{bmatrix}$ と変形できることが確認できるでしょう？ よって，⑨は，

$A\begin{bmatrix}2 & 1\\3 & 1\end{bmatrix}=\begin{bmatrix}2 & 1\\3 & 1\end{bmatrix}\begin{bmatrix}1 & 0\\0 & 2\end{bmatrix}$ ……⑨´ となる。

P　　P

固有値 $\lambda_1=1$，$\lambda_2=2$ からなる対角行列 $\begin{bmatrix}\lambda_1 & 0\\0 & \lambda_2\end{bmatrix}$

固有ベクトル $\begin{bmatrix}x_1\\y_1\end{bmatrix}$，$\begin{bmatrix}x_2\\y_2\end{bmatrix}$ からなる行列 $P=\begin{bmatrix}x_1 & x_2\\y_1 & y_2\end{bmatrix}$

ここで，$P=\begin{bmatrix}2 & 1\\3 & 1\end{bmatrix}$ とおくと，$\det P=2\cdot1-1\cdot3=-1\neq0$ より，P は逆行列 P^{-1} をもつ。

よって，$AP = P\begin{bmatrix} 1 & 0 \\ 0 & 2 \end{bmatrix}$ ……⑨′ の両辺に，左から P^{-1} をかけると，

$P^{-1}AP = \begin{bmatrix} 1 & 0 \\ 0 & 2 \end{bmatrix}$ となって，$P = \begin{bmatrix} 2 & 1 \\ 3 & 1 \end{bmatrix}$ を用いた，行列 A の対角化ができるんだね。どう？ 面白かったでしょう？

それでは，行列 A の固有値，固有ベクトルを求めて，A の対角化までの一連のプロセス(流れ)を一般化して，下に示そう。

(Ⅰ) 2次の正方行列 $A = \begin{bmatrix} a & b \\ c & d \end{bmatrix}$ の固有値を λ，固有ベクトルを $\begin{bmatrix} x \\ y \end{bmatrix}$ とおくと，

$A\begin{bmatrix} x \\ y \end{bmatrix} = \lambda\begin{bmatrix} x \\ y \end{bmatrix}$ より，　$A\begin{bmatrix} x \\ y \end{bmatrix} = \lambda E\begin{bmatrix} x \\ y \end{bmatrix}$

$\underbrace{(A-\lambda E)}_{T}\begin{bmatrix} x \\ y \end{bmatrix} = \begin{bmatrix} 0 \\ 0 \end{bmatrix}$ ……①　ここで，$T = A - \lambda E = \begin{bmatrix} a-\lambda & b \\ c & d-\lambda \end{bmatrix}$ とおくと，

T^{-1} は存在しないので，

$|T| = (a-\lambda)(d-\lambda) - bc = 0$ となって，λ の固有方程式が得られる。

これを解いて，相異なる2実数解 $\lambda = \lambda_1,\ \lambda_2$ を得る。

(Ⅱ) (ⅰ) $\lambda = \lambda_1$ のとき，これを①に代入して，

固有ベクトル $\begin{bmatrix} x \\ y \end{bmatrix} = \begin{bmatrix} x_1 \\ y_1 \end{bmatrix}$ を得る。

(ⅱ) $\lambda = \lambda_2$ のとき，これを①に代入して，

固有ベクトル $\begin{bmatrix} x \\ y \end{bmatrix} = \begin{bmatrix} x_2 \\ y_2 \end{bmatrix}$ を得る。

固有ベクトル $\begin{bmatrix} x_1 \\ y_1 \end{bmatrix}$，$\begin{bmatrix} x_2 \\ y_2 \end{bmatrix}$ はいずれも，一意には決まらないけれど，簡単なものを採用すればいい。

(Ⅲ) 以上より，$A\begin{bmatrix} x_1 \\ y_1 \end{bmatrix} = \lambda_1\begin{bmatrix} x_1 \\ y_1 \end{bmatrix} = \begin{bmatrix} \lambda_1 x_1 \\ \lambda_1 y_1 \end{bmatrix}$，$A\begin{bmatrix} x_2 \\ y_2 \end{bmatrix} = \lambda_2\begin{bmatrix} x_2 \\ y_2 \end{bmatrix} = \begin{bmatrix} \lambda_2 x_2 \\ \lambda_2 y_2 \end{bmatrix}$

これらをまとめて，$A\underbrace{\begin{bmatrix} x_1 & x_2 \\ y_1 & y_2 \end{bmatrix}}_{P} = \begin{bmatrix} \lambda_1 x_1 & \lambda_2 x_2 \\ \lambda_1 y_1 & \lambda_2 y_2 \end{bmatrix} = \underbrace{\begin{bmatrix} x_1 & x_2 \\ y_1 & y_2 \end{bmatrix}}_{P}\begin{bmatrix} \lambda_1 & 0 \\ 0 & \lambda_2 \end{bmatrix}$ ……②

ここで，$P = \begin{bmatrix} x_1 & x_2 \\ y_1 & y_2 \end{bmatrix}$ とおいて，P^{-1} を②の両辺に左からかけて，

$P^{-1}AP = \begin{bmatrix} \lambda_1 & 0 \\ 0 & \lambda_2 \end{bmatrix}$ と対角化ができる。(この場合，P^{-1} は存在する。)

どう？ スッキリまとまったって，感じでしょう？
ン？ $A=\begin{bmatrix}4 & -2\\3 & -1\end{bmatrix}$ の個有値 $\lambda_1=1$，$\lambda_2=2$ のときの固有ベクトルが共に一意に決まらないんだったら，他の固有ベクトルを用いても，同様に対角化できるのかって？ もちろんできるよ。やってみようか。

> $A=\begin{bmatrix}4 & -2\\3 & -1\end{bmatrix}$
> (i) $\lambda_1=1$ のとき，
> $3x-2y=0$ ……⑤
> (ii) $\lambda_2=2$ のとき，
> $x-y=0$ ………⑥

(i) $\lambda_1=1$のとき，固有ベクトルの成分は，$3x-2y=0$ ……⑤ をみたせば何でもいいわけだから，$\begin{bmatrix}x_1\\y_1\end{bmatrix}=\begin{bmatrix}4\\6\end{bmatrix}$としよう。

(ii) $\lambda_2=2$のとき，固有ベクトルの成分は，$x-y=0$ ……⑥ をみたせば何でもいいわけだから，これも$\begin{bmatrix}x_2\\y_2\end{bmatrix}=\begin{bmatrix}5\\5\end{bmatrix}$ とでもしよう。

すると，$P=\begin{bmatrix}x_1 & x_2\\y_1 & y_2\end{bmatrix}=\begin{bmatrix}4 & 5\\6 & 5\end{bmatrix}$ となり，この逆行列 P^{-1} は，

$P^{-1}=\dfrac{1}{4\cdot5-6\cdot5}\begin{bmatrix}5 & -5\\-6 & 4\end{bmatrix}=\dfrac{1}{10}\begin{bmatrix}-5 & 5\\6 & -4\end{bmatrix}$ となる。よって，$P^{-1}AP$を求めると，

$$P^{-1}AP=\frac{1}{10}\begin{bmatrix}-5 & 5\\6 & -4\end{bmatrix}\begin{bmatrix}4 & -2\\3 & -1\end{bmatrix}\begin{bmatrix}4 & 5\\6 & 5\end{bmatrix}$$

$$=\frac{1}{10}\begin{bmatrix}-5 & 5\\12 & -8\end{bmatrix}\begin{bmatrix}4 & 5\\6 & 5\end{bmatrix}=\frac{1}{10}\begin{bmatrix}10 & 0\\0 & 20\end{bmatrix}=\begin{bmatrix}1 & 0\\0 & 2\end{bmatrix}\left(=\begin{bmatrix}\lambda_1 & 0\\0 & \lambda_2\end{bmatrix}\right)$$

となって，同じ結果が導けるんだね。これですべて納得いっただろう？
ン？ まだ質問がある？…，λの固有方程式 (2次方程式) が重解や虚数解をもつときは，どうなるのかって？ なかなか良い質問だね。まず，λは実数なので，λの固有方程式が虚数解をもつときは，固有値はないということになるんだね。そして，λの固有方程式が重解をもつときは，固有値は実質的に1つしか存在しないわけだから，固有ベクトルも実質的に1つとなる。したがって，$P^{-1}AP$ による対角化はできないんだね。でも，次善(じぜん)の策(さく)として，対角行列は求められなくても，ジョルダン細胞 (ジョルダン標準形) の形にはできるんだね。これは，大学基礎数学の範囲を超えるので，ここでは解説しない。でも，ここで対角化の練習をシッカリやった後，ジョルダン

標準形の作り方のプロセスも「**線形代数キャンパス・ゼミ**」で学習するといいよ。「基本が固まれば応用は速い」から，すぐ分かると思う。

● 複素行列の対角化にもチャレンジしよう！

複素行列とは，行列の要素に複素数を含むもののことなんだね。そして，この複素行列の固有値 λ も実数であり，これが実数係数の固有方程式 (2 次方程式) の解となるための条件から，2 次の複素行列 A は次のような形になるんだね。

$$A=\begin{bmatrix} a & \alpha \\ \overline{\alpha} & d \end{bmatrix} \cdots\cdots ①$$ (a, d：実数，α と $\overline{\alpha}$ は互いに共役な複素数)

(対角成分)

①の対角成分の a と d は実数で，この対角線に対して対称な成分だけが虚数 (複素数) になる。そして，これらは，たとえば，$\alpha=1+2i$ ならば $\overline{\alpha}=1-2i$ のように共役な関係になるんだね。何故かというと，

$A\begin{bmatrix} x \\ y \end{bmatrix}=\lambda\begin{bmatrix} x \\ y \end{bmatrix}$ から，$(A-\lambda E)\begin{bmatrix} x \\ y \end{bmatrix}=\begin{bmatrix} 0 \\ 0 \end{bmatrix}$

ここで，$T=A-\lambda E=\begin{bmatrix} a & \alpha \\ \overline{\alpha} & d \end{bmatrix}-\begin{bmatrix} \lambda & 0 \\ 0 & \lambda \end{bmatrix}=\begin{bmatrix} a-\lambda & \alpha \\ \overline{\alpha} & d-\lambda \end{bmatrix}$ とおくと，

T^{-1} は存在しないので，

$$|T|=\underbrace{(a-\lambda)(d-\lambda)}_{\lambda^2-(a+d)\lambda+ad}-\underbrace{\alpha\overline{\alpha}}_{|\alpha|^2}=\boxed{\lambda^2-\underbrace{(a+d)}_{\text{実数}}\lambda+\underbrace{ad-|\alpha|^2}_{\text{実数}}=0}$$ となって，

実数係数の λ の固有方程式 (2 次方程式) が得られるからなんだね。そして，これが，異なる 2 つの実数解 λ_1, λ_2 をもてば，実行列のときと同様のプロセスで，$P^{-1}AP$ の形で，行列 A の対角化ができるんだね。

それでは，次の例題で，複素行列の対角化を実際にやってみよう。

> 例題 29　行列 $A=\begin{bmatrix} -2 & 2i \\ -2i & 1 \end{bmatrix}$ の 2 つの固有値とこれらに対応する適当な固有ベクトルを求め，行列 A を対角化しよう。

この複素行列 $A=\begin{bmatrix} -2 & 2i \\ -2i & 1 \end{bmatrix}$ は例題 28(P112) で解説したものと同じ

(-2：実数，$2i$：$\alpha=0+2i$，$-2i$：$\overline{\alpha}=0-2i$，1：実数)

行列で，$A=\begin{bmatrix} a & \alpha \\ \overline{\alpha} & d \end{bmatrix}$ $(a,\ d$：実数，α，$\overline{\alpha}$ ：複素数$)$の形をしている。

では，早速，この固有値と固有ベクトルを求めてみよう。

(Ⅰ) $\begin{bmatrix} -2 & 2i \\ -2i & 1 \end{bmatrix}\begin{bmatrix} x \\ y \end{bmatrix}=\lambda\begin{bmatrix} x \\ y \end{bmatrix}$，すなわち $A\begin{bmatrix} x \\ y \end{bmatrix}=\lambda\begin{bmatrix} x \\ y \end{bmatrix}$ ……① より，

$\underbrace{(A-\lambda E)}_{T}\begin{bmatrix} x \\ y \end{bmatrix}=\begin{bmatrix} 0 \\ 0 \end{bmatrix}$ ……①′ となる。 （これは，$\lambda E\begin{bmatrix} x \\ y \end{bmatrix}$ とする。）

ここで，$T=A-\lambda E=\begin{bmatrix} -2 & 2i \\ -2i & 1 \end{bmatrix}-\lambda\begin{bmatrix} 1 & 0 \\ 0 & 1 \end{bmatrix}=\begin{bmatrix} -2-\lambda & 2i \\ -2i & 1-\lambda \end{bmatrix}$

とおくと，①′は $\begin{bmatrix} -2-\lambda & 2i \\ -2i & 1-\lambda \end{bmatrix}\begin{bmatrix} x \\ y \end{bmatrix}=\begin{bmatrix} 0 \\ 0 \end{bmatrix}$ ……①″ となる。

T が T^{-1} をもつと，①″より $\begin{bmatrix} x \\ y \end{bmatrix}=\begin{bmatrix} 0 \\ 0 \end{bmatrix}$ (自明の解) となって，

条件 $\begin{bmatrix} x \\ y \end{bmatrix}\neq\begin{bmatrix} 0 \\ 0 \end{bmatrix}$ に反するので，T は T^{-1} をもたない。よって，

$|T|=\begin{vmatrix} -2-\lambda & 2i \\ -2i & 1-\lambda \end{vmatrix}=\underbrace{(-2-\lambda)(1-\lambda)}_{(\lambda+2)(\lambda-1)=\lambda^2+\lambda-2}-\underbrace{2i\cdot(-2i)}_{-4i^2=4}=0$ から，

固有方程式：$\lambda^2+\lambda-6=0$ が得られる。

これを解いて，$(\lambda-2)(\lambda+3)=0$ より，$\therefore \lambda=\underbrace{2}_{\lambda_1}$，$\underbrace{-3}_{\lambda_2}$ （相異なる 2 つの固有値）

(Ⅱ) (ⅰ) $\lambda_1=2$ のとき，

これを①″に代入すると，$\begin{bmatrix} -2-2 & 2i \\ -2i & 1-2 \end{bmatrix}\begin{bmatrix} x \\ y \end{bmatrix}=\begin{bmatrix} 0 \\ 0 \end{bmatrix}$ より，

$\begin{bmatrix} -4 & 2i \\ -2i & -1 \end{bmatrix}\begin{bmatrix} x \\ y \end{bmatrix}=\begin{bmatrix} 0 \\ 0 \end{bmatrix}$ $\therefore -2ix-y=0$ ……② ← （これは，$-4x+2iy=0$ と同じもの。）

②より，$x_1=1$，$y_1=-2i$ とすると， ← （②をみたせば，x_1，y_1 は，これ以外のものでもいい。）

$\therefore$ 固有ベクトル $\begin{bmatrix} x_1 \\ y_1 \end{bmatrix}=\begin{bmatrix} 1 \\ -2i \end{bmatrix}$ ……③ が得られる。

(ii) $\lambda_2=-3$ のとき，

これを①″に代入すると，$\begin{bmatrix} -2+3 & 2i \\ -2i & 1+3 \end{bmatrix}\begin{bmatrix} x \\ y \end{bmatrix}=\begin{bmatrix} 0 \\ 0 \end{bmatrix}$ より，

$\begin{bmatrix} 1 & 2i \\ -2i & 4 \end{bmatrix}\begin{bmatrix} x \\ y \end{bmatrix}=\begin{bmatrix} 0 \\ 0 \end{bmatrix}$ $\quad\therefore\ x+2iy=0$ ……④ ← これは，$-2ix+4y=0$ と同じもの。

④より，$x_2=-2i$，$y_2=1$ とすると，← ④をみたせば，x_2，y_2 は，これ以外のものでもいい。

$\therefore$ 固有ベクトル $\begin{bmatrix} x_2 \\ y_2 \end{bmatrix}=\begin{bmatrix} -2i \\ 1 \end{bmatrix}$ ……⑤ が得られる。

(Ⅲ) 以上より，(i), (ii)の結果を①に代入すると，

$$\begin{cases} A\begin{bmatrix} 1 \\ -2i \end{bmatrix}=2\begin{bmatrix} 1 \\ -2i \end{bmatrix}=\begin{bmatrix} 2\cdot1 \\ 2\cdot(-2i) \end{bmatrix} & \cdots\cdots⑥ \\ A\begin{bmatrix} -2i \\ 1 \end{bmatrix}=-3\begin{bmatrix} -2i \\ 1 \end{bmatrix}=\begin{bmatrix} -3\cdot(-2i) \\ -3\cdot1 \end{bmatrix} & \cdots\cdots⑦ \end{cases}$$ となる。

⑥，⑦をまとめて，1つの式で表すと，

$$A\underbrace{\begin{bmatrix} 1 & -2i \\ -2i & 1 \end{bmatrix}}_{P}=\begin{bmatrix} 2\cdot1 & -3\cdot(-2i) \\ 2\cdot(-2i) & -3\cdot1 \end{bmatrix}=\underbrace{\begin{bmatrix} 1 & -2i \\ -2i & 1 \end{bmatrix}}_{P}\cdot\begin{bmatrix} 2 & 0 \\ 0 & -3 \end{bmatrix} \cdots\cdots⑧$$

ここで，$P=\begin{bmatrix} 1 & -2i \\ -2i & 1 \end{bmatrix}$ とおくと，⑧は，$AP=P\begin{bmatrix} 2 & 0 \\ 0 & -3 \end{bmatrix}$ ……⑧′

となる。ここで，$|P|=\det P=1^2-(-2i)^2=1-(-4)=5\ (\neq 0)$ より，逆行列 P^{-1} は存在する。よって，P^{-1} を⑧′の両辺に左からかけると，

$P^{-1}AP=\begin{bmatrix} 2 & 0 \\ 0 & -3 \end{bmatrix}$ となって，行列 A の対角化ができる。

(この対角成分の 2 と −3 は，固有値になっている。)

以上で，固有値，固有ベクトルを用いた行列 A の対角化についても理解できたと思う。さらに，演習問題を解いて，実力を定着させよう！

演習問題 34　● 実行列の対角化 ●

行列 $A=\begin{bmatrix}2&1\\2&3\end{bmatrix}$ の**2**つの固有値と，これらに対応する適当な固有ベクトルを求めて，行列 P を作り，$P^{-1}AP$ により行列 A を対角化せよ。

ヒント！ これは，演習問題 **31(P120)** で用いた行列 A と同じものだね。この固有値と固有ベクトルを求めて，行列 A を対角化しよう。

解答＆解説

$\begin{bmatrix}2&1\\2&3\end{bmatrix}\begin{bmatrix}x\\y\end{bmatrix}=\lambda\begin{bmatrix}x\\y\end{bmatrix}$，すなわち $A\begin{bmatrix}x\\y\end{bmatrix}=\lambda\begin{bmatrix}x\\y\end{bmatrix}$ ……① より，

$(A-\lambda E)\begin{bmatrix}x\\y\end{bmatrix}=\begin{bmatrix}0\\0\end{bmatrix}$ ……①′ となる。（$\lambda\begin{bmatrix}x\\y\end{bmatrix}$ → $\lambda E\begin{bmatrix}x\\y\end{bmatrix}$）（$A-\lambda E$：$T$ とおく）

ここで，$T=A-\lambda E=\begin{bmatrix}2&1\\2&3\end{bmatrix}-\begin{bmatrix}\lambda&0\\0&\lambda\end{bmatrix}=\begin{bmatrix}2-\lambda&1\\2&3-\lambda\end{bmatrix}$ とおくと，①′は，

$\begin{bmatrix}2-\lambda&1\\2&3-\lambda\end{bmatrix}\begin{bmatrix}x\\y\end{bmatrix}=\begin{bmatrix}0\\0\end{bmatrix}$ ……①″ となる。

ここで，$\begin{bmatrix}x\\y\end{bmatrix}\neq\begin{bmatrix}0\\0\end{bmatrix}$（自明の解）より，$T$ は逆行列 T^{-1} をもたない。よって，

$|T|=(2-\lambda)(3-\lambda)-1\cdot2=(\lambda-2)(\lambda-3)-2=\lambda^2-5\lambda+4=0$ となる。（λ の固有方程式）

これを解いて，$(\lambda-1)(\lambda-4)=0$ より，$\lambda=1$ または 4 である。…………(答)

(i) $\lambda_1=1$ のとき，

①″より，$\begin{bmatrix}1&1\\2&2\end{bmatrix}\begin{bmatrix}x\\y\end{bmatrix}=\begin{bmatrix}0\\0\end{bmatrix}$ となる。これから，

$x+y=0$ ……② ←（これは，$2x+2y=0$ と同じもの。）

②より，$x=-1$，$y=1$ とすると，←（②をみたせば，x, y はこれ以外でもいい。）

$\therefore\ \lambda_1=1$ のときの固有ベクトル $\begin{bmatrix}x_1\\y_1\end{bmatrix}=\begin{bmatrix}-1\\1\end{bmatrix}$ ……③ が得られた。……(答)

(ii) $\lambda_2=4$ のとき，

①″より，$\begin{bmatrix}-2 & 1\\ 2 & -1\end{bmatrix}\begin{bmatrix}x\\ y\end{bmatrix}=\begin{bmatrix}0\\ 0\end{bmatrix}$ となる。これから，

$2x-y=0$ ……④ ← これは，$-2x+y=0$ と同じもの。

④より，$x=2$，$y=4$ とすると， ← ④をみたせば，x, y はこれ以外でもいい。

$\therefore \lambda_2=4$ のときの固有ベクトル $\begin{bmatrix}x_2\\ y_2\end{bmatrix}=\begin{bmatrix}2\\ 4\end{bmatrix}$ ……⑤ が得られた。……(答)

以上(i)(ii)の固有値と固有ベクトル(③，⑤)の結果を①に代入すると，

$$\begin{cases} A\begin{bmatrix}-1\\ 1\end{bmatrix}=1\cdot\begin{bmatrix}-1\\ 1\end{bmatrix}=\begin{bmatrix}1\cdot(-1)\\ 1\cdot 1\end{bmatrix} & \cdots\cdots⑥\\ A\begin{bmatrix}2\\ 4\end{bmatrix}=4\begin{bmatrix}2\\ 4\end{bmatrix}=\begin{bmatrix}4\cdot 2\\ 4\cdot 4\end{bmatrix} & \cdots\cdots⑦ \end{cases}$$ となる。

⑥と⑦をまとめて，1つの式で表すと，

$$A\underbrace{\begin{bmatrix}-1 & 2\\ 1 & 4\end{bmatrix}}_{P}=\begin{bmatrix}1\cdot(-1) & 4\cdot 2\\ 1\cdot 1 & 4\cdot 4\end{bmatrix}=\underbrace{\begin{bmatrix}-1 & 2\\ 1 & 4\end{bmatrix}}_{P}\begin{bmatrix}1 & 0\\ 0 & 4\end{bmatrix} \cdots\cdots⑧$$ となる。

ここで，$P=\begin{bmatrix}-1 & 2\\ 1 & 4\end{bmatrix}$ とおくと，⑧は，$AP=P\begin{bmatrix}1 & 0\\ 0 & 4\end{bmatrix}$ ……⑧′ となる。

また，$|P|=\det P=-1\cdot 4-2\cdot 1=-6\ (\neq 0)$ より，逆行列 P^{-1} は存在する。

よって，P^{-1} を⑧′の両辺に左からかけると，

$P^{-1}AP=\begin{bmatrix}1 & 0\\ 0 & 4\end{bmatrix}$ となって，行列 A の対角化ができる。……(答)

(ただし，$P=\begin{bmatrix}-1 & 2\\ 1 & 4\end{bmatrix}$ である。)

> $\lambda=1$ と 4 のときのそれぞれの固有ベクトルは一意には定まらないので，A を対角化する行列 P も無限に存在するんだね。ここでは，演習問題31の $P=\begin{bmatrix}1 & 1\\ -1 & 2\end{bmatrix}$ とは異なる行列 P を意識的に作って，A の対角化を行ったんだね。大丈夫だった？

演習問題 35 ● 複素行列の対角化 ●

行列 $A=\begin{bmatrix} 3 & \sqrt{5}i \\ -\sqrt{5}i & -1 \end{bmatrix}$ の 2 つの固有値と，これらに対応する適当な固有ベクトルを求めて，行列 P を作り，$P^{-1}AP$ により行列 A を対角化せよ。

ヒント！ これは，演習問題 **33**(**P124**) で用いた複素行列 A と同じものだね。この固有値と固有ベクトルを求めて，実行列のときと同様に，複素行列 A を対角化しよう。

解答＆解説

$\begin{bmatrix} 3 & \sqrt{5}i \\ -\sqrt{5}i & -1 \end{bmatrix}\begin{bmatrix} x \\ y \end{bmatrix}=\lambda\begin{bmatrix} x \\ y \end{bmatrix}$，すなわち $A\begin{bmatrix} x \\ y \end{bmatrix}=\lambda\begin{bmatrix} x \\ y \end{bmatrix}$ ……① より，（$\lambda E\begin{bmatrix} x \\ y \end{bmatrix}$）

$(A-\lambda E)\begin{bmatrix} x \\ y \end{bmatrix}=\begin{bmatrix} 0 \\ 0 \end{bmatrix}$ ……①′ となる。（T とおく）

ここで，$T=A-\lambda E=\begin{bmatrix} 3 & \sqrt{5}i \\ -\sqrt{5}i & -1 \end{bmatrix}-\begin{bmatrix} \lambda & 0 \\ 0 & \lambda \end{bmatrix}=\begin{bmatrix} 3-\lambda & \sqrt{5}i \\ -\sqrt{5}i & -1-\lambda \end{bmatrix}$ とおくと，①′は，

$\begin{bmatrix} 3-\lambda & \sqrt{5}i \\ -\sqrt{5}i & -1-\lambda \end{bmatrix}\begin{bmatrix} x \\ y \end{bmatrix}=\begin{bmatrix} 0 \\ 0 \end{bmatrix}$ ……①″ となる。

ここで，$\begin{bmatrix} x \\ y \end{bmatrix}\neq\begin{bmatrix} 0 \\ 0 \end{bmatrix}$ (自明の解) より，T は逆行列 T^{-1} をもたない。よって，

$|T|=(3-\lambda)(-1-\lambda)-\sqrt{5}i\cdot(-\sqrt{5}i)=\lambda^2-2\lambda-8=0$ となる。

（$(\lambda-3)(\lambda+1)=\lambda^2-2\lambda-3$）（$5$）（$\lambda$ の固有方程式）

これを解いて，$(\lambda+2)(\lambda-4)=0$ より，$\lambda=-2$ または 4 である。………(答)

(i) $\lambda_1=-2$ のとき，

①″より，$\begin{bmatrix} 5 & \sqrt{5}i \\ -\sqrt{5}i & 1 \end{bmatrix}\begin{bmatrix} x \\ y \end{bmatrix}=\begin{bmatrix} 0 \\ 0 \end{bmatrix}$ となる。これから，

$-\sqrt{5}ix+y=0$ ……② ←（これは，$5x+\sqrt{5}iy=0$ と同じもの。）

②より，$x=i$，$y=-\sqrt{5}$ とすると，←（②をみたせば，x, y はこれ以外でもいい。）

$\therefore \lambda_1=-2$ のときの固有ベクトル $\begin{bmatrix} x_1 \\ y_1 \end{bmatrix}=\begin{bmatrix} i \\ -\sqrt{5} \end{bmatrix}$ ……③ が得られた。……(答)

(ii) $\lambda_2=4$ のとき，

①″より，$\begin{bmatrix} -1 & \sqrt{5}i \\ -\sqrt{5}i & -5 \end{bmatrix}\begin{bmatrix} x \\ y \end{bmatrix}=\begin{bmatrix} 0 \\ 0 \end{bmatrix}$ となる。これから，

$-x+\sqrt{5}iy=0$ ……④ ← これは，$-\sqrt{5}ix-5y=0$ と同じものだね。

④より，$x=\sqrt{5}$，$y=-i$ とすると，← ②をみたせば，x, y はこれ以外でもいい。

$\therefore\ \lambda_2=4$ のときの固有ベクトル $\begin{bmatrix} x_2 \\ y_2 \end{bmatrix}=\begin{bmatrix} \sqrt{5} \\ -i \end{bmatrix}$ ……⑤ が得られた。……(答)

以上(i)(ii)の固有値と固有ベクトル(③，⑤)の結果を①に代入すると，

$$\begin{cases} A\begin{bmatrix} i \\ -\sqrt{5} \end{bmatrix}=-2\begin{bmatrix} i \\ -\sqrt{5} \end{bmatrix}=\begin{bmatrix} -2\cdot i \\ -2\cdot(-\sqrt{5}) \end{bmatrix} \quad \cdots\cdots⑥ \\ A\begin{bmatrix} \sqrt{5} \\ -i \end{bmatrix}=4\begin{bmatrix} \sqrt{5} \\ -i \end{bmatrix}=\begin{bmatrix} 4\cdot\sqrt{5} \\ 4\cdot(-i) \end{bmatrix} \quad \cdots\cdots⑦ \end{cases}$$ となる。

⑥と⑦をまとめて，1つの式で表すと，

$$\underbrace{A\begin{bmatrix} i & \sqrt{5} \\ -\sqrt{5} & -i \end{bmatrix}}_{P}=\begin{bmatrix} -2\cdot i & 4\cdot\sqrt{5} \\ -2\cdot(-\sqrt{5}) & 4\cdot(-i) \end{bmatrix}=\underbrace{\begin{bmatrix} i & \sqrt{5} \\ -\sqrt{5} & -i \end{bmatrix}}_{P}\begin{bmatrix} -2 & 0 \\ 0 & 4 \end{bmatrix} \quad \cdots\cdots⑧$$ となる。

ここで，$P=\begin{bmatrix} i & \sqrt{5} \\ -\sqrt{5} & -i \end{bmatrix}$ とおくと，⑧は，$AP=P\begin{bmatrix} -2 & 0 \\ 0 & 4 \end{bmatrix}$ ……⑧′ となる。

また，$|P|=\det P=i\cdot(-i)-\sqrt{5}\cdot(-\sqrt{5})=1+5=6\ (\neq 0)$ より，逆行列 P^{-1} は存在する。よって，P^{-1} を⑧′の両辺に左からかけると，

$P^{-1}AP=\begin{bmatrix} -2 & 0 \\ 0 & 4 \end{bmatrix}$ となって，複素行列 A の対角化ができる。……………(答)

$\left(\text{ただし，} P=\begin{bmatrix} i & \sqrt{5} \\ -\sqrt{5} & -i \end{bmatrix} \text{である。}\right)$

> $\lambda=-2$ と 4 のときのそれぞれの固有ベクトルは一意には定まらないので，A を対角化する行列 P も無限に存在する。ここでは，演習問題33の $P=\begin{bmatrix} 1 & \sqrt{5}i \\ \sqrt{5}i & 1 \end{bmatrix}$ とは異なる行列 P を使って，A の対角化を行った。

講義2 ● 行列と1次変換　公式エッセンス

1. 逆行列

$A=\begin{bmatrix} a & b \\ c & d \end{bmatrix}$ は，$\Delta=ad-bc\neq 0$ のとき，逆行列 $A^{-1}=\dfrac{1}{\Delta}\begin{bmatrix} d & -b \\ -c & a \end{bmatrix}$ をもつ。

2. 2元1次の連立方程式の解法

連立1次方程式 $A\begin{bmatrix} x \\ y \end{bmatrix}=\begin{bmatrix} p \\ q \end{bmatrix}$ ……① について，$\left(A=\begin{bmatrix} a & b \\ c & d \end{bmatrix}\text{とする}\right)$

(Ⅰ) A^{-1} が存在するとき，1組の解が存在する。

(Ⅱ) A^{-1} が存在しないとき，不定解をもつか，不能(解なし)になる。

3. ケーリー・ハミルトンの定理

行列 $A=\begin{bmatrix} a & b \\ c & d \end{bmatrix}$ について，$A^2-(a+d)A+(\underline{ad-bc})E=O$

（$\Delta=\det A=|A|$）

4. 点を回転移動する行列

(1) xy 座標平面上の点を原点を中心に θ だけ回転させる行列 $R(\theta)$ は，

$$R(\theta)=\begin{bmatrix} \cos\theta & -\sin\theta \\ \sin\theta & \cos\theta \end{bmatrix}$$

(2) $R(\theta)$ の性質：(ⅰ) $R(\theta)^{-1}=R(-\theta)$，(ⅱ) $R(\theta)^n=R(n\theta)$ (n：自然数)

5. 行列 A による1次変換

$\begin{bmatrix} x' \\ y' \end{bmatrix}=A\begin{bmatrix} x \\ y \end{bmatrix}$ によって，xy 平面全体は，

(ⅰ) A^{-1} が存在するとき，$x'y'$ 平面全体に移される。（点と点との1対1対応）

(ⅱ) A^{-1} が存在しないとき，$x'y'$ 平面上の原点を通る直線に移される。（直線と点との1対1対応）

6. A^n 計算

ケーリー・ハミルトンの定理と整式の除法を利用して，A^n を求める。

7. $P^{-1}AP$ 型の n 乗計算

$P^{-1}AP=\begin{bmatrix} \alpha & 0 \\ 0 & \beta \end{bmatrix}$ の両辺を n 乗して，$P^{-1}A^nP=\begin{bmatrix} \alpha^n & 0 \\ 0 & \beta^n \end{bmatrix}$ から，A^n を求める。

8. 固有値と固有ベクトル

$A\begin{bmatrix} x \\ y \end{bmatrix}=\lambda\begin{bmatrix} x \\ y \end{bmatrix}$ をみたす実数 λ を固有値，$\begin{bmatrix} x \\ y \end{bmatrix}$ を固有ベクトルといい，

この固有値と固有ベクトルを用いて行列 A を対角化することができる。

講義 Lecture 3

3次の正方行列

[線形代数入門(Ⅱ)]

テーマ

▶ 行列式の計算

(サラスの公式：
$|A| = a_{11}a_{22}a_{33} + a_{12}a_{23}a_{31} + a_{13}a_{21}a_{32} - a_{13}a_{22}a_{31} - \cdots$)

▶ 3元1次連立方程式と逆行列

(掃き出し法による逆行列の計算
$[A \mid \boldsymbol{e}_1\ \boldsymbol{e}_2\ \boldsymbol{e}_3] \longrightarrow [E \mid \boldsymbol{u}_1\ \boldsymbol{u}_2\ \boldsymbol{u}_3]$)

▶ 3次の正方行列の対角化

$$\left(\boldsymbol{P}^{-1}\boldsymbol{A}\boldsymbol{P} = \begin{bmatrix} \lambda_1 & 0 & 0 \\ 0 & \lambda_2 & 0 \\ 0 & 0 & \lambda_3 \end{bmatrix} \right)$$

§1. 3次正方行列の行列式

さァ，これから行列についてさらに深めよう。前章では主に **2** 次の正方行列について，様々な角度から，その基本を学習したんだね。そして，これからの講義では，主に **3** 次の正方行列について，その基本を解説しよう。**2** 次から **3** 次に行列の次数が **1** つ増えるだけだけれど，その成分(要素)の個数は $\mathbf{4}(=\mathbf{2}^2)$ 個から $\mathbf{9}(=\mathbf{3}^2)$ 個へと大きく増加するので，より本格的な行列の知識が必要となるんだね。

ここではまず，**3** 次の正方行列 $\boldsymbol{A}$ の行列式 $|\boldsymbol{A}|$ について，サラスの公式や，行列式の様々な性質，およびそれらを用いた計算手法について詳しく解説しよう。大学数学では，さらに大きな **4** 次以上の正方行列の行列式についても学習する。でも，この **3** 次正方行列の行列式をマスターすれば，そのひな型をほぼすべて習得できるので，大学の講義にもスムーズに入っていけるはずだ。どう？やる気が湧いてきた？それでは，早速，講義を始めよう！

● 3次の正方行列の基本から始めよう！

一般に，$\boldsymbol{n}$ 次の正方行列 $\boldsymbol{A}$ の行列式 $|\boldsymbol{A}|$ とは何か？と問われれば，その行列 $\boldsymbol{A}$ を基にある規則に従って計算した結果得られる **1** つの数値であると答えることができる。そして，この数値(行列式)$|\boldsymbol{A}|$は，行列 $\boldsymbol{A}$ の逆行列 $\boldsymbol{A}^{-1}$ の計算や，連立 **1** 次方程式の解法を行う際に，重要な鍵となるんだね。

ここではまず，**3** 次の正方行列 $\boldsymbol{A}$ を次のように表すことにしよう。

①´列　②´列　③´列

$$\boldsymbol{A}=\begin{bmatrix} a_{11} & a_{12} & a_{13} \\ a_{21} & a_{22} & a_{23} \\ a_{31} & a_{32} & a_{33} \end{bmatrix} \begin{matrix} \leftarrow \text{①行} \\ \leftarrow \text{②行} \\ \leftarrow \text{③行} \end{matrix} \quad \cdots\cdots ①$$

行は①，②，③で，列は①´，②´，③´で表すことにしよう。

①に示すように，**3** 次の正方行列の第 $\boldsymbol{i}$ 行，第 $\boldsymbol{j}$ 列の成分，すなわち $(\boldsymbol{i},\ \boldsymbol{j})$ 成分を a_{ij} と表している。したがって，$(\mathbf{1},\ \mathbf{2})$ 成分は a_{12} であり，$(\mathbf{3},\ \mathbf{2})$ 成分

（i：行，j：列を表す）

は a_{32} と表すんだね。

ここで，特殊な 3 次正方行列を列記しておこう。

(ⅰ) 零行列 $O = \begin{bmatrix} 0 & 0 & 0 \\ 0 & 0 & 0 \\ 0 & 0 & 0 \end{bmatrix}$ ← すべての成分が 0 の行列

・$A + O = O + A = A$ ・$A \cdot O = O \cdot A = O$

$\left(\begin{array}{l} \text{ただし，} AB = O \text{ のときでも，} A \neq O, \text{ かつ } B \neq O \text{ の場合もある。} \\ \text{このような行列 } A, B \text{ を零因子と呼ぶ。} \end{array}\right)$

(ⅱ) 単位行列 $E = \begin{bmatrix} 1 & 0 & 0 \\ 0 & 1 & 0 \\ 0 & 0 & 1 \end{bmatrix}$ ← 対角成分のみが 1 で, 他は 0

・$A \cdot E = E \cdot A = A$ ・$A \cdot A^{-1} = A^{-1} \cdot A = E$ ・$E^n = E$

(ⅲ) 対角行列 $X = \begin{bmatrix} a & 0 & 0 \\ 0 & b & 0 \\ 0 & 0 & c \end{bmatrix}$ ← 対角線上にない成分がすべて 0

対角線

(ⅳ) A の 転置行列 ^tA

行列 A の行と列を入れ替えた行列を A の転置行列といい，^tA で表す。

$A = \begin{bmatrix} a_{11} & a_{12} & a_{13} \\ a_{21} & a_{22} & a_{23} \\ a_{31} & a_{32} & a_{33} \end{bmatrix}$ に対して，$^tA = \begin{bmatrix} a_{11} & a_{21} & a_{31} \\ a_{12} & a_{22} & a_{32} \\ a_{13} & a_{23} & a_{33} \end{bmatrix}$

対角線に対して，各成分を対称移動したものと覚えてもいい

$\left(\text{イメージ} \quad A = \begin{bmatrix} \\ \\ \end{bmatrix} \leftarrow \text{列と行の入れ替え} \rightarrow {}^tA = \begin{bmatrix} \\ \\ \end{bmatrix}\right)$

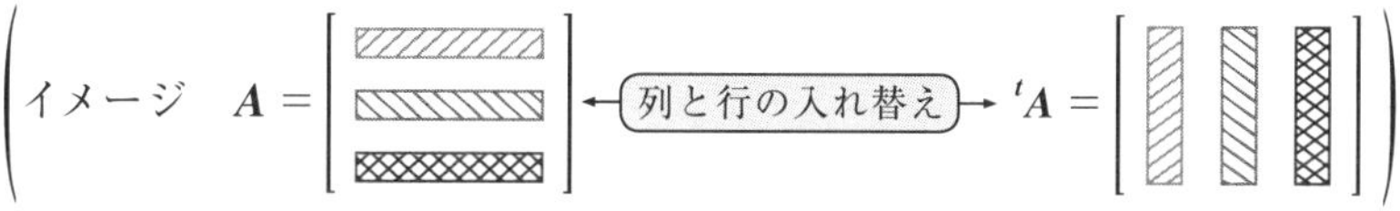

・$^t(^tA) = A$ ・$^t(A \pm B) = {}^tA \pm {}^tB$ ・$^t(AB) = {}^tB\,{}^tA$

転置行列の転置行列は，元の行列 A になる。

この証明は難しいけれど，公式として覚えておこう！

それでは，2つの3次正方行列 A，B の係数倍と和·差·積の計算をやってみよう。

例題 30 $A=\begin{bmatrix}1&2&3\\1&1&2\\0&3&2\end{bmatrix}$ と $B=\begin{bmatrix}-1&0&1\\1&-1&1\\-2&1&2\end{bmatrix}$ について，次の計算をしよう。

(1) $A+B$ (2) $2A-3B$ (3) AB (4) BA (5) B^2

(1) $A+B=\begin{bmatrix}1&2&3\\1&1&2\\0&3&2\end{bmatrix}+\begin{bmatrix}-1&0&1\\1&-1&1\\-2&1&2\end{bmatrix}=\begin{bmatrix}0&2&4\\2&0&3\\-2&4&4\end{bmatrix}$ となる。

(2) $2A-3B=2\begin{bmatrix}1&2&3\\1&1&2\\0&3&2\end{bmatrix}-3\begin{bmatrix}-1&0&1\\1&-1&1\\-2&1&2\end{bmatrix}$ ← A の各成分に2をかけ，B の各成分に3をかける。

$=\begin{bmatrix}2&4&6\\2&2&4\\0&6&4\end{bmatrix}-\begin{bmatrix}-3&0&3\\3&-3&3\\-6&3&6\end{bmatrix}=\begin{bmatrix}5&4&3\\-1&5&1\\6&3&-2\end{bmatrix}$ となる。

(3) $A\cdot B=\begin{bmatrix}1&2&3\\1&1&2\\0&3&2\end{bmatrix}\cdot\begin{bmatrix}-1&0&1\\1&-1&1\\-2&1&2\end{bmatrix}=\begin{bmatrix}-5&1&9\\-4&1&6\\-1&-1&7\end{bmatrix}$ となる。

(-5 = $1\cdot(-1)+2\cdot1+3\cdot(-2)$，$-1$ = $0^2+3\cdot(-1)+2\cdot1$)

(4) $B\cdot A=\begin{bmatrix}-1&0&1\\1&-1&1\\-2&1&2\end{bmatrix}\cdot\begin{bmatrix}1&2&3\\1&1&2\\0&3&2\end{bmatrix}=\begin{bmatrix}-1&1&-1\\0&4&3\\-1&3&0\end{bmatrix}$ となる。

(1 = $-1\cdot2+0\cdot1+1\cdot3$，0 = $-2\cdot3+1\cdot2+2\cdot2$)

(3)，(4) より $AB\neq BA$ なので，行列の積に交換則は一般に成り立たないこともこれで確認できたんだね。

(5) $B^2=\begin{bmatrix}-1&0&1\\1&-1&1\\-2&1&2\end{bmatrix}\begin{bmatrix}-1&0&1\\1&-1&1\\-2&1&2\end{bmatrix}=\begin{bmatrix}-1&1&1\\-4&2&2\\-1&1&3\end{bmatrix}$ となる。大丈夫？

● サラスの公式を使いこなそう！

では次，**3**次の正方行列Aの行列式$|A|$を求めるための"**サラスの公式**"を下に示そう。

行列式とサラスの公式

3次の正方行列$A=\begin{bmatrix} a_{11} & a_{12} & a_{13} \\ a_{21} & a_{22} & a_{23} \\ a_{31} & a_{32} & a_{33} \end{bmatrix}$に対して，この行列式$|A|$は，

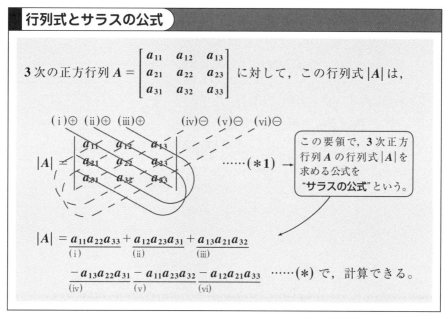

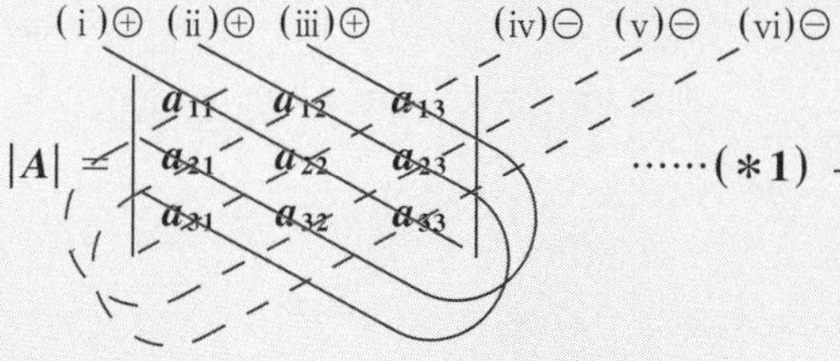

……(＊1) → この要領で，**3**次正方行列Aの行列式$|A|$を求める公式を"**サラスの公式**"という。

$$|A| = \underbrace{a_{11}a_{22}a_{33}}_{(\mathrm{i})} + \underbrace{a_{12}a_{23}a_{31}}_{(\mathrm{ii})} + \underbrace{a_{13}a_{21}a_{32}}_{(\mathrm{iii})}$$
$$\underbrace{-a_{13}a_{22}a_{31}}_{(\mathrm{iv})} \underbrace{-a_{11}a_{23}a_{32}}_{(\mathrm{v})} \underbrace{-a_{12}a_{21}a_{33}}_{(\mathrm{vi})}$$
……(＊)で，計算できる。

サラスの公式とは，上の模式図の実線部の**3**成分の積の符号は⊕，破線部の**3**成分の積の符号は⊖としてこれら**6**項の和(差)をとることにより，行列Aの行列式$|A|$の値を求めることができるんだね。そして，行列Aの

(i) 行列式$|A| \neq 0$のとき，Aは正則であるといい，A^{-1}が存在する。
(ii) 行列$|A| = 0$のとき，Aは正則でないといい，A^{-1}は存在しない。

このことも頭に入れておこう。これから

・$|O| = 0$となるので，Oは正則ではない。

・$|E| = \begin{vmatrix} 1 & 0 & 0 \\ 0 & 1 & 0 \\ 0 & 0 & 1 \end{vmatrix} = 1^3 + 0 + 0 - 0 - 0 - 0 = 1$となるので，$E$は正則である。

・対角行列の行列式は$\begin{vmatrix} a & 0 & 0 \\ 0 & b & 0 \\ 0 & 0 & c \end{vmatrix} = abc$より，$abc \neq 0$のとき正則である。
（$abc \neq 0$のとき：a，b，cがいずれも0でないとき）

次に，3次正方行列 A の行列式 $|A|$ とその転置行列 ${}^tA$ の行列式 $|{}^tA|$ とは等しい。つまり，$|A|=|{}^tA|$ となることを次の例題で示そう。

> 例題 31　$A=\begin{bmatrix} a_{11} & a_{12} & a_{13} \\ a_{21} & a_{22} & a_{23} \\ a_{31} & a_{32} & a_{33} \end{bmatrix}$ の行列式 $|A|$ と，A の転置行列
>
> ${}^tA$ の行列式 $|{}^tA|$ が等しいことを示そう。

サラスの公式より，A の行列式 $|A|$ は

$$|A|=\begin{vmatrix} a_{11} & a_{12} & a_{13} \\ a_{21} & a_{22} & a_{23} \\ a_{31} & a_{32} & a_{33} \end{vmatrix}=a_{11}a_{22}a_{33}+a_{12}a_{23}a_{31}+a_{13}a_{21}a_{32}$$

$$-a_{13}a_{22}a_{31}-a_{11}a_{23}a_{32}-a_{12}a_{21}a_{33}\quad\cdots\cdots①$$

となり，次に A の転置行列 ${}^tA$ の行列式 $|{}^tA|$ は，

$$|{}^tA|=\begin{vmatrix} a_{11} & a_{21} & a_{31} \\ a_{12} & a_{22} & a_{32} \\ a_{13} & a_{23} & a_{33} \end{vmatrix}=a_{11}a_{22}a_{33}+a_{21}a_{32}a_{13}+a_{31}a_{12}a_{23}$$

$$-a_{31}a_{22}a_{13}-a_{11}a_{32}a_{23}-a_{21}a_{12}a_{33}\quad\cdots\cdots②$$

となる。よって，①，②より，これらは一致する。

$\therefore\ |A|=|{}^tA|$ ……$(*2)$ が成り立つ。これは公式として覚えよう！ そして，この $(*2)$ から，「行列式の計算において，行で言えることは，列でも言える。」ということが分かったんだね。ン？ よく分からないって!? いいよ。この意味は後でハッキリするからね。今は，聞き流しておいてくれ。

それでは，具体的に3次正方行列の行列式を求めよう。

> 例題 32　$A=\begin{bmatrix} 1 & 2 & 3 \\ 1 & 1 & 2 \\ 0 & 3 & 2 \end{bmatrix}$，$B=\begin{bmatrix} -1 & 0 & 1 \\ 1 & -1 & 1 \\ -2 & 1 & 2 \end{bmatrix}$ について，次の
>
> 各行列式の値を求めよう。
>
> (1) $|A|$　　(2) $|{}^tA|$　　(3) $|B|$　　(4) $|{}^tB|$

(1) サラスの公式より，A の行列式 $|A|$ は，

$$|A|=\begin{vmatrix}1&2&3\\1&1&2\\0&3&2\end{vmatrix}=1\cdot1\cdot2+\cancel{2\cdot2\cdot0}+3\cdot3\cdot1-\cancel{3\cdot1\cdot0}-2\cdot3\cdot1-2\cdot1\cdot2$$

$$=2+9-6-4=1$$ である。

> $|A|=1\neq0$ より，A は逆行列 A^{-1} をもつことが分かる。ン？ A^{-1} はどのように求めるのかって？これは，結構難しいよ。後で詳しく教えよう。

(2) $|A|=|{}^tA|$ ……(＊2) より，**(1)** の結果から，$|{}^tA|=1$ である。

(3) サラスの公式より，B の行列式 $|B|$ は，

$$|B|=\begin{vmatrix}-1&0&1\\1&-1&1\\-2&1&2\end{vmatrix}=(-1)^2\cdot2+\cancel{0\cdot1\cdot(-2)}+1^3$$
$$-1\cdot(-1)\cdot(-2)-1^2\cdot(-1)-\cancel{2\cdot1\cdot0}$$
$$=2+1-2+1=2$$ である。

(4) $|B|=|{}^tB|$ より，**(3)** の結果から，
$|{}^tB|=2$ である。大丈夫だった？

これで，サラスの公式を使った行列式の計算にも少しは慣れたでしょう？

● 行列式の性質を調べよう！

3 次正方行列 A の行列式 $|A|$ には，様々な性質がある。そして，これらの性質を利用すると，さらに効率よく $|A|$ の値を求めることができるようになるんだね。

(Ⅰ) 性質 1

行列 A のいずれか 1 つの行の成分がすべて 0 であるとき，サラスの公式より

$$|A|=\begin{vmatrix}a_{11}&a_{12}&a_{13}\\a_{21}&a_{22}&a_{23}\\0&0&0\end{vmatrix}=0$$ となる。

> 例として，第 3 行の 3 つの成分がすべて 0 の場合を示した。もちろん，どの行でも同様だね。

そして，$|A|=|{}^tA|$ より「行で言えることは，列でも言える」ので，

行列 B のいずれか 1 つの列の成分がすべて 0 であるとき，サラスの公式

> これを ${}^tA$ と考えればいい。

より，同様に $|B|=0$ となるんだね。

(*ex*1)　(1) $\begin{vmatrix} \mathbf{2} & \mathbf{4} & \mathbf{-1} \\ \mathbf{0} & \mathbf{0} & \mathbf{0} \\ \mathbf{3} & \mathbf{2} & \mathbf{7} \end{vmatrix} = \mathbf{0}$　　(2) $\begin{vmatrix} \mathbf{-3} & \mathbf{1} & \mathbf{0} \\ \mathbf{2} & \mathbf{0} & \mathbf{0} \\ \mathbf{1} & \mathbf{4} & \mathbf{0} \end{vmatrix} = \mathbf{0}$

（第**2**行の成分がすべて**0**）　（第**3**列の成分がすべて**0**）

(Ⅱ) 性質**2**

行列 ***A*** のいずれか **2** つの行の成分がすべて同じであれば，
行列式 $|\boldsymbol{A}| = \mathbf{0}$　となる。

たとえば，$\boldsymbol{A} = \begin{bmatrix} a_{11} & a_{12} & a_{13} \\ a_{21} & a_{22} & a_{23} \\ a_{11} & a_{12} & a_{13} \end{bmatrix}$ のとき，　←（例として，第**1**行と第**3**行がまったく同じ成分の場合で示す。）

$$|\boldsymbol{A}| = \begin{vmatrix} a_{11} & a_{12} & a_{13} \\ a_{21} & a_{22} & a_{23} \\ a_{11} & a_{12} & a_{13} \end{vmatrix} = a_{11}a_{22}a_{13} + a_{12}a_{23}a_{11} + a_{13}a_{21}a_{12}$$
$$- a_{13}a_{22}a_{11} - a_{11}a_{23}a_{12} - a_{12}a_{21}a_{13}$$

$= \mathbf{0}$　となるんだね。

そして，「行で言えることは，列でも言える」ので，
行列 ***B*** のいずれか **2** つの列の成分がすべて同じであれば，
行列式 $|\boldsymbol{B}| = \mathbf{0}$ となることも，導けるんだね。

(*ex*2)　(1) $\begin{vmatrix} \mathbf{2} & \mathbf{-1} & \mathbf{5} \\ \mathbf{3} & \mathbf{2} & \mathbf{-4} \\ \mathbf{3} & \mathbf{2} & \mathbf{-4} \end{vmatrix} = \mathbf{0}$　　(2) $\begin{vmatrix} \mathbf{4} & \mathbf{-3} & \mathbf{4} \\ \mathbf{2} & \mathbf{4} & \mathbf{2} \\ \mathbf{-1} & \mathbf{2} & \mathbf{-1} \end{vmatrix} = \mathbf{0}$

（第**2**行と第**3**行が同じ）　（第**1**列と第**3**列が同じ）

(Ⅲ) 性質**3**

行列 ***A*** のいずれか **1** つの行の成分がすべて ***c***(実数) 倍されているとき，
その行列式は $c|\boldsymbol{A}|$ となる。

$$|\boldsymbol{A}| = \begin{vmatrix} a_{11} & a_{12} & a_{13} \\ a_{21} & a_{22} & a_{23} \\ a_{31} & a_{32} & a_{33} \end{vmatrix} = a_{11}a_{22}a_{33} + a_{12}a_{23}a_{31} + a_{13}a_{21}a_{32}$$
$$- a_{13}a_{22}a_{31} - a_{11}a_{23}a_{32} - a_{12}a_{21}a_{33}$$

に対して，例えば，***A*** の第 **2** 行の成分がすべて ***c*** 倍されているものとすると，

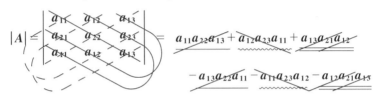

$$\begin{vmatrix} a_{11} & a_{12} & a_{13} \\ ca_{21} & ca_{22} & ca_{23} \\ a_{31} & a_{32} & a_{33} \end{vmatrix} = a_{11}ca_{22}a_{33} + a_{12}ca_{23}a_{31} + a_{13}ca_{21}a_{32} - a_{13}ca_{22}a_{31} - a_{11}ca_{23}a_{32} - a_{12}ca_{21}a_{33}$$

$$= c\,(\underline{a_{11}a_{22}a_{33} + a_{12}a_{23}a_{31} + a_{13}a_{21}a_{32} - a_{13}a_{22}a_{31} - a_{11}a_{23}a_{32} - a_{12}a_{21}a_{33}})$$

$= c|A|$ となるんだね。

そして，「行で言えることは，列でも言える」ので，

行列 B のいずれか 1 つの列の成分がすべて c 倍されているとき，その行列式は $c|B|$ となる。

(ex3) (1) $\begin{vmatrix} 2 & 1 & 0 \\ -1 & 0 & 2 \\ 10 & 5 & -5 \end{vmatrix} = 5\begin{vmatrix} 2 & 1 & 0 \\ -1 & 0 & 2 \\ 2 & 1 & -1 \end{vmatrix}$

（第 3 行から 5 をくくり出した）

$= 5\{2\cdot0\cdot(-1) + 1\cdot2\cdot2 + 0\cdot1\cdot(-1) - 0^2\cdot2 - 2\cdot1\cdot2 - (-1)^2\cdot1\}$

$= 5(4 - 4 - 1) = -5$

(2) $\begin{vmatrix} 2 & 6 & 0 \\ 1 & 3 & 2 \\ 2 & 9 & 0 \end{vmatrix} = 2\begin{vmatrix} 1 & 3 & 0 \\ 1 & 3 & 2 \\ 2 & 9 & 0 \end{vmatrix} = 2\cdot3\begin{vmatrix} 1 & 1 & 0 \\ 1 & 1 & 2 \\ 2 & 3 & 0 \end{vmatrix}$

（第 1 行から 2 をくくり出した）（第 2 列から 3 をくくり出した）

$= 6\{1^2\cdot0 + 1\cdot2^2 + 0\cdot3\cdot1 - 0\cdot1\cdot2 - 2\cdot3\cdot1 - 0\cdot1^2\}$

$= 6(4-6) = -12$ となる。実数を行や列からくくり出すことによって，行列式の計算がかなり楽になることが分かるでしょう？

(IV) 性質 4

行列 A のいずれか 2 つの行の成分を入れ替えたものの行列式は $-|A|$ となる。

たとえば，第 1 行と第 3 行を入れ替えたものとすると，

$$\begin{vmatrix} a_{31} & a_{32} & a_{33} \\ a_{21} & a_{22} & a_{23} \\ a_{11} & a_{12} & a_{13} \end{vmatrix} = a_{31}a_{22}a_{13} + a_{32}a_{23}a_{11} + a_{33}a_{21}a_{12} - a_{33}a_{22}a_{11} - a_{31}a_{23}a_{12} - a_{32}a_{21}a_{13}$$

$$= -(a_{11}a_{22}a_{33} + a_{12}a_{23}a_{31} + a_{13}a_{21}a_{32} - a_{13}a_{22}a_{31} - a_{11}a_{23}a_{32} - a_{12}a_{21}a_{33}) = -|A|$$ となる。

そして，「行で言えることは，列でも言える」ので，

行列 $\boldsymbol{B}$ のいずれか 2 つの列を入れ替えたものの行列式は $-|\boldsymbol{B}|$ になる。

(ex4)　(1) $\begin{vmatrix} 2 & 1 & 0 \\ -1 & 0 & 2 \\ 10 & 5 & -5 \end{vmatrix} = -5$ のとき，　((ex3)(1) の結果 (P149))

$\begin{vmatrix} -1 & 0 & 2 \\ 2 & 1 & 0 \\ 10 & 5 & -5 \end{vmatrix} = -(-5) = 5$ となる。　(第 1 行と第 2 行を入れ替えたものの行列式)

(2) $\begin{vmatrix} 2 & 6 & 0 \\ 1 & 3 & 2 \\ 2 & 9 & 0 \end{vmatrix} = -12$ のとき，　((ex3)(2) の結果 (P149))

$\begin{vmatrix} 0 & 6 & 2 \\ 2 & 3 & 1 \\ 0 & 9 & 2 \end{vmatrix} = -(-12) = 12$ となるんだね。大丈夫？　(第 1 列と第 3 列を入れ替えたものの行列式)

(V) 性質 5

行列 $\boldsymbol{A}$ のいずれか 1 つの行を c(実数) 倍したものを別の行にたしても (または，引いても)，行列式の値は変化せず $|\boldsymbol{A}|$ である。

例えば，第 1 行を c 倍して，第 3 行にたした (または，引いた) ものについて考えると，

$$\begin{vmatrix} a_{11} & a_{12} & a_{13} \\ a_{21} & a_{22} & a_{23} \\ a_{31} \pm ca_{11} & a_{32} \pm ca_{12} & a_{33} \pm ca_{13} \end{vmatrix}$$

$$= a_{11}a_{22}(a_{33} \pm ca_{13}) + a_{12}a_{23}(a_{31} \pm ca_{11}) + a_{13}a_{21}(a_{32} \pm ca_{12})$$
$$- a_{13}a_{22}(a_{31} \pm ca_{11}) - a_{11}a_{23}(a_{32} \pm ca_{12}) - a_{12}a_{21}(a_{33} \pm ca_{13})$$

$$= \underbrace{a_{11}a_{22}a_{33} + a_{12}a_{23}a_{31} + a_{13}a_{21}a_{32} - a_{13}a_{22}a_{31} - a_{11}a_{23}a_{32} - a_{12}a_{21}a_{33}}_{\text{この部分は}|\boldsymbol{A}|}$$

$$\underbrace{\pm c\,(a_{11}a_{22}a_{13} + a_{12}a_{23}a_{11} + a_{13}a_{21}a_{12} - a_{13}a_{22}a_{11} - a_{11}a_{23}a_{12} - a_{12}a_{21}a_{13})}_{\text{この部分は打ち消し合って}0} = |\boldsymbol{A}|$$ となる。

そして，「行で言えることは，列でも言える」ので，
行列 B のいずれか 1 つの列を c (実数) 倍したものを別の列にたしても (または，引いても)，行列式の値は変化せず $|B|$ である。

(*ex*5) (1)

$$\begin{vmatrix} 1 & -1 & 2 \\ 2 & 3 & 5 \\ 0 & 2 & 3 \end{vmatrix} \overset{②-2\times①}{=} \begin{vmatrix} 1 & -1 & 2 \\ 0 & 5 & 1 \\ 0 & 2 & 3 \end{vmatrix}$$

第 2 行から第 1 行を 2 倍したものを引く

$= \underline{1\cdot5\cdot3-1\cdot2\cdot1} = 15-2 = 13$ となる。

残るのは，この 2 項のみ

(2)

$$\begin{vmatrix} 2 & -1 & 4 \\ 0 & 1 & -3 \\ 2 & 2 & -1 \end{vmatrix} \overset{③'+3\times②'}{=} \begin{vmatrix} 2 & -1 & 1 \\ 0 & 1 & 0 \\ 2 & 2 & 5 \end{vmatrix}$$

第 3 列に第 2 列を 3 倍したものをたす

$= \underline{2\cdot1\cdot5-1\cdot1\cdot2} = 10-2 = 8$ となる。大丈夫だった？

残るのは，この 2 項のみ

このように性質 5 を利用して，行列の成分を 0 にしていけば行列式の計算がとても楽になることが分かるでしょう？

(VI) 性質 6

最後に，2 つの 3 次の正方行列 A と B の積の行列式について
$|AB| = |A||B|$ の関係が成り立つ。これは，証明は難しいので略すけれど，具体例で成り立つことを確認しておこう。

(*ex*6) $A = \begin{bmatrix} 1 & 1 & -1 \\ 0 & 2 & 1 \\ 2 & -1 & 0 \end{bmatrix}$，　$B = \begin{bmatrix} 0 & 2 & -1 \\ 1 & 1 & 2 \\ -1 & 0 & 1 \end{bmatrix}$ のとき，

$$A\cdot B = \begin{bmatrix} 1 & 1 & -1 \\ 0 & 2 & 1 \\ 2 & -1 & 0 \end{bmatrix}\begin{bmatrix} 0 & 2 & -1 \\ 1 & 1 & 2 \\ -1 & 0 & 1 \end{bmatrix} = \begin{bmatrix} 2 & 3 & 0 \\ 1 & 2 & 5 \\ -1 & 3 & -4 \end{bmatrix}$$ より，

$|A| = 2-(-4)-(-1) = 7$，　$|B| = -4-1-2 = -7$，

$|AB| = -16-15-30+12 = -49 \ (= |A||B|)$ となって，

$\underbrace{|AB|}_{-49} = \underbrace{|A|}_{7}\underbrace{|B|}_{-7}$ が成り立つことが確認できるんだね。

では，これらの性質をフルに活かして次の行列式の問題を解いてみよう。慣れると解き方は複数あるので，各自練習するといいね。

例題 33　$X=\begin{bmatrix} 2 & 2 & 4 \\ -1 & 3 & 2 \\ 2 & 1 & 3 \end{bmatrix}$，$Y=\begin{bmatrix} 3 & 6 & 9 \\ 1 & 3 & 4 \\ -2 & 3 & -1 \end{bmatrix}$ について，次の各行列式の値を求めよう。

(1) $|X|$　　**(2)** $|Y|$　　**(3)** $|XY|$　　**(4)** $|X-Y|$　　**(5)** $|X+2Y|$

（第1行より，2をくくり出す）（第2行に第1行をたす）

(1) $|X|=\begin{vmatrix} 2 & 2 & 4 \\ -1 & 3 & 2 \\ 2 & 1 & 3 \end{vmatrix}=2\begin{vmatrix} 1 & 1 & 2 \\ -1 & 3 & 2 \\ 2 & 1 & 3 \end{vmatrix}\overset{②+①}{=}2\begin{vmatrix} 1 & 1 & 2 \\ 0 & 4 & 4 \\ 2 & 1 & 3 \end{vmatrix}$

（第3行から2倍した第1行を引く）（第2行から4を，第3行から−1をくくり出す）

$\overset{③-2\times①}{=}2\begin{vmatrix} 1 & 1 & 2 \\ 0 & 4 & 4 \\ 0 & -1 & -1 \end{vmatrix}=2\times4\times(-1)\begin{vmatrix} 1 & 1 & 2 \\ 0 & 1 & 1 \\ 0 & 1 & 1 \end{vmatrix}$

$=2\times4\times(-1)\times0=0$ となる。（第2行と第3行が等しいので，この行列式は0）

（第1行より3をくくり出す）（第2行から第1行を引く）

(2) $|Y|=\begin{vmatrix} 3 & 6 & 9 \\ 1 & 3 & 4 \\ -2 & 3 & -1 \end{vmatrix}=3\begin{vmatrix} 1 & 2 & 3 \\ 1 & 3 & 4 \\ -2 & 3 & -1 \end{vmatrix}\overset{②-①}{=}3\begin{vmatrix} 1 & 2 & 3 \\ 0 & 1 & 1 \\ -2 & 3 & -1 \end{vmatrix}$

（第3行に2倍した第1行をたす）

$\overset{③+2\times①}{=}3\begin{vmatrix} 1 & 2 & 3 \\ 0 & 1 & 1 \\ 0 & 7 & 5 \end{vmatrix}=3(\underline{1\cdot1\cdot5}-\underline{1\cdot7\cdot1})=3(5-7)=-6$ となる。

（残るのは，この2項だけ）

(1)，(2) のように，行列式の第1列を $\begin{vmatrix} 1 & \cdots & \cdots \\ 0 & \cdots & \cdots \\ 0 & \cdots & \cdots \end{vmatrix}$ の形にすると，計算が楽になるんだね。もちろん，$\begin{vmatrix} 1 & 0 & 0 \\ \vdots & \vdots & \vdots \\ \vdots & \vdots & \vdots \end{vmatrix}$ の形にしてもいいよ。自由に求めてくれ。

(3) (1), (2) の結果より，$|X|=0$，$|Y|=-6$ を使って，

$|XY|=|X|\cdot|Y|=0\cdot(-6)=0$ となるんだね。

(4) $X-Y=\begin{bmatrix}2&2&4\\-1&3&2\\2&1&3\end{bmatrix}-\begin{bmatrix}3&6&9\\1&3&4\\-2&3&-1\end{bmatrix}=\begin{bmatrix}-1&-4&-5\\-2&0&-2\\4&-2&4\end{bmatrix}$ より，

（第 1 行から −1 を，第 2 行から −2 を，第 3 行から 2 をくくり出す）

$$|X-Y|=\begin{vmatrix}-1&-4&-5\\-2&0&-2\\4&-2&4\end{vmatrix}=-1\times(-2)\times2\begin{vmatrix}1&4&5\\1&0&1\\2&-1&2\end{vmatrix}$$

（第 2 行から第 1 行を引く。第 3 行から 2 倍した第 1 行を引く）（第 2 行から −4 をくくり出す）

$$\underset{③-2\times①}{\overset{②-①}{=}}\ 4\begin{vmatrix}1&4&5\\0&-4&-4\\0&-9&-8\end{vmatrix}=4\times(-4)\begin{vmatrix}1&4&5\\0&1&1\\0&-9&-8\end{vmatrix}$$

$$=-16\times\{1\cdot1\cdot(-8)-1\cdot(-9)\cdot1\}=-16(-8+9)=-16$$ となる。

(5) $X+2Y=\begin{bmatrix}2&2&4\\-1&3&2\\2&1&3\end{bmatrix}+2\begin{bmatrix}3&6&9\\1&3&4\\-2&3&-1\end{bmatrix}=\begin{bmatrix}8&14&22\\1&9&10\\-2&7&1\end{bmatrix}$ より，

（第 1 行より 2 をくくり出す）（第 1 行と第 2 行を入れ替える）

$$|X+2Y|=\begin{vmatrix}8&14&22\\1&9&10\\-2&7&1\end{vmatrix}=2\begin{vmatrix}4&7&11\\1&9&10\\-2&7&1\end{vmatrix}=2\times(-1)\begin{vmatrix}1&9&10\\4&7&11\\-2&7&1\end{vmatrix}$$

（第 2 行から 4 倍した第 1 行を引く。第 3 行に 2 倍した第 1 行をたす）

$$\underset{③+2\times①}{\overset{②-4\times①}{=}}\ -2\begin{vmatrix}1&9&10\\0&-29&-29\\0&25&21\end{vmatrix}=-2\times(-29)\begin{vmatrix}1&9&10\\0&1&1\\0&25&21\end{vmatrix}$$

（第 2 行から −29 をくくり出す）

$$=58\,(1\cdot1\cdot21-1\cdot25\cdot1)=58\cdot(-4)=-232$$ となって，答えだ。

以上で，3 次正方行列の行列式の計算にもずい分慣れたと思う。この後の演習問題で練習して，さらに実力を定着させよう！

演習問題 36　●行列式の計算(Ⅰ)●

行列 $A=\begin{bmatrix} a & b & c \\ a^2 & b^2 & c^2 \\ a^3 & b^3 & c^3 \end{bmatrix}$ (a, b, c：実数) が逆行列 A^{-1} をもたないとき，a, b, c の条件を示せ。

ヒント！ A^{-1} が逆行列をもたない(正則でない)ので $|A|=0$ となるね。ここで，行列式 $|A|$ は第 1, 2, 3 列からそれぞれ a, b, c をくくり出せるので，$|A|=abc\begin{vmatrix} 1 & 1 & 1 \\ \vdots & \vdots & \vdots \\ \vdots & \vdots & \vdots \end{vmatrix}$ の形になるから，さらに $|A|=abc\begin{vmatrix} 1 & 0 & 0 \\ \vdots & \vdots & \vdots \\ \vdots & \vdots & \vdots \end{vmatrix}$ の形にもち込めばいいんだね。

解答＆解説

$A=\begin{bmatrix} a & b & c \\ a^2 & b^2 & c^2 \\ a^3 & b^3 & c^3 \end{bmatrix}$ が逆行列 A^{-1} をもたない条件は，$|A|=0$ ……① である。

ここで，行列式 $|A|$ を求めると，

(第 1, 2, 3 列から a, b, c をくくり出す)

$$|A|=\begin{vmatrix} a & b & c \\ a^2 & b^2 & c^2 \\ a^3 & b^3 & c^3 \end{vmatrix}=a\cdot b\cdot c\begin{vmatrix} 1 & 1 & 1 \\ a & b & c \\ a^2 & b^2 & c^2 \end{vmatrix}$$

(第 2 列から第 1 列を引き，第 3 列から第 1 列を引く)

$$\overset{②'-①'}{\underset{③'-①'}{=}}\ abc\begin{vmatrix} 1 & 0 & 0 \\ a & b-a & c-a \\ a^2 & b^2-a^2 & c^2-a^2 \end{vmatrix}$$

$$=abc\{(b-a)\underbrace{(c^2-a^2)}_{(c-a)(c+a)}-(c-a)\underbrace{(b^2-a^2)}_{(b-a)(b+a)}\}$$

$$=abc(b-a)(c-a)\{c+a-(b+a)\}$$

$$=abc(b-a)(c-a)(c-b)=abc(a-b)(b-c)(c-a)$$ となる。

よって，①より，$abc(a-b)(b-c)(c-a)=0$　(a, b, c：実数)

これから，A が A^{-1} をもたない条件は，$a=0$ または $b=0$ または $c=0$ または $a=b$ または $b=c$ または $c=a$ である。……………………………(答)

演習問題 37 ● 行列式の計算(Ⅱ) ●

行列 $A=\begin{bmatrix} c & ca & bc \\ a & ab & ca \\ b & bc & ab \end{bmatrix}$ $(a, b, c$：実数$)$ が逆行列 A^{-1} をもたないとき，a, b, c の条件を示せ。

ヒント！ A は A^{-1} をもたないので，$|A|=0$ となる。ここで，$|A|$ の計算では，第 1, 2, 3 行からそれぞれ c, a, b をくくり出せることに気付くといいね。

解答＆解説

A が逆行列 A^{-1} をもたないための条件は，$|A|=0$ ……① である。

ここで，行列式 $|A|$ を求めると，

第 1, 2, 3 行から c, a, b をくくり出す

$$|A|=\begin{vmatrix} c & ca & bc \\ a & ab & ca \\ b & bc & ab \end{vmatrix}=c\cdot a\cdot b\begin{vmatrix} 1 & a & b \\ 1 & b & c \\ 1 & c & a \end{vmatrix}$$

第 2 行から第 1 行を引き，第 3 行から第 1 行を引く

$$\underset{③-①}{\overset{②-①}{=}} abc\begin{vmatrix} 1 & a & b \\ 0 & b-a & c-b \\ 0 & c-a & a-b \end{vmatrix}$$

$$=abc\{(b-a)(a-b)-(c-b)(c-a)\}$$

$$-a^2+2ab-b^2-c^2+ca+bc-ab=-(a^2+b^2+c^2-ab-bc-ca)$$
$$=-\frac{1}{2}\{(a^2-2ab+b^2)+(b^2-2bc+c^2)+(c^2-2ca+a^2)\}$$
$$=-\frac{1}{2}\{(a-b)^2+(b-c)^2+(c-a)^2\}$$

$x^2+y^2+z^2=0$ のとき，$x=0$ かつ $y=0$ かつ $z=0$

$$=-\frac{1}{2}abc\{(a-b)^2+(b-c)^2+(c-a)^2\}=0 \quad (①より)$$

これは $a=b$ かつ $b=c$ かつ $c=a$，すなわち $a=b=c$ のときのみ 0 となる。

よって，A が A^{-1} をもたない条件は，$a=0$ または $b=0$ または $c=0$ または $a=b=c$ である。 ……………………(答)

演習問題 38　●行列式の計算(Ⅲ)●

行列 $A=\begin{bmatrix}1-\lambda & 4 & -2\\ -1 & 2-\lambda & 2\\ 3 & 1 & -1-\lambda\end{bmatrix}$ (λ：実数) が逆行列 A^{-1} をもたないとき，実数 λ の値を求めよ。

ヒント！ 行列式 $|A|$ の計算において，第 2 列と第 3 列を第 1 列にたすと，$|A|=\begin{vmatrix}3-\lambda & \cdots & \cdots\\ 3-\lambda & \cdots & \cdots\\ 3-\lambda & \cdots & \cdots\end{vmatrix}$ の形になるので，第 1 列から $(3-\lambda)$ をくくり出して計算し，$|A|=0$ の条件から，λ の 3 次方程式にもち込めるんだね。

解答＆解説

行列 A が逆行列 A^{-1} をもたないための条件は，$|A|=0$ ……① である。
ここで，A の行列式 $|A|$ を求めると，

(第 1 列に，第 2 列と第 3 列をたす)

$$|A|=\begin{vmatrix}1-\lambda & 4 & -2\\ -1 & 2-\lambda & 2\\ 3 & 1 & -1-\lambda\end{vmatrix}\underset{①'+②'+③'}{=}\begin{vmatrix}3-\lambda & 4 & -2\\ 3-\lambda & 2-\lambda & 2\\ 3-\lambda & 1 & -1-\lambda\end{vmatrix}$$

(第 1 列から，$(3-\lambda)$ をくくり出す)　(第 2 行から第 1 行を引き，第 3 行から第 1 行を引く)

$$=(3-\lambda)\begin{vmatrix}1 & 4 & -2\\ 1 & 2-\lambda & 2\\ 1 & 1 & -1-\lambda\end{vmatrix}\underset{③-①}{\overset{②-①}{=}}(3-\lambda)\begin{vmatrix}1 & 4 & -2\\ 0 & -2-\lambda & 4\\ 0 & -3 & 1-\lambda\end{vmatrix}$$

$$=(3-\lambda)\{1\cdot(-2-\lambda)(1-\lambda)-4\cdot(-3)\cdot1\}$$

($(\lambda+2)(\lambda-1)+12=\lambda^2+\lambda+10$)

$$=\boxed{-(\lambda-3)(\lambda^2+\lambda+10)=0}$$ となる。（①より）

よって，$(\lambda-3)(\lambda^2+\lambda+10)=0$ より，A が A^{-1} をもたないときの λ の値は，$\lambda=3$ である。……………………………………(答)

($\lambda^2+1\cdot\lambda+10=0$ の判別式を D とおくと，$D=1^2-4\cdot1\cdot10=-39<0$ となるので，λ の 2 次方程式 $\lambda^2+\lambda+10=0$ は実数解をもたないんだね。)

演習問題 39 ● 行列式の計算 (IV) ●

行列 $A=\begin{bmatrix}-2-\lambda & 3 & -1\\ 2 & 2-\lambda & 1\\ 1 & -4 & 1-\lambda\end{bmatrix}$ (λ：実数) が逆行列 A^{-1} をもたないとき，実数 λ の値を求めよ。

ヒント！ 行列式 $|A|=0$ から λ を求めよう。$|A|$ の計算では，第 2 行と第 3 行を第 1 行にたすと，$|A|=\begin{vmatrix}1-\lambda & 1-\lambda & 1-\lambda\\ \vdots & \vdots & \vdots\\ \vdots & \vdots & \vdots\end{vmatrix}$ の形になるので，第 1 行から $(1-\lambda)$ をくくり出せば，計算が楽になるんだね。頑張ろう！

解答＆解説

行列 A が逆行列 A^{-1} をもたないための条件は，$|A|=0$ ……① である。
ここで，A の行列式 $|A|$ を求めると，

（第 1 行に，第 2 行と第 3 行をたす）

$$|A|=\begin{vmatrix}-2-\lambda & 3 & -1\\ 2 & 2-\lambda & 1\\ 1 & -4 & 1-\lambda\end{vmatrix}\underset{①+②+③}{=}\begin{vmatrix}1-\lambda & 1-\lambda & 1-\lambda\\ 2 & 2-\lambda & 1\\ 1 & -4 & 1-\lambda\end{vmatrix}$$

（第 1 行から，$(1-\lambda)$ をくくり出す）（第 2 列と第 3 列から第 1 列を引く）

$$=(1-\lambda)\begin{vmatrix}1 & 1 & 1\\ 2 & 2-\lambda & 1\\ 1 & -4 & 1-\lambda\end{vmatrix}\underset{③'-①'}{\overset{②'-①'}{=}}(1-\lambda)\begin{vmatrix}1 & 0 & 0\\ 2 & -\lambda & -1\\ 1 & -5 & -\lambda\end{vmatrix}$$

$$=(1-\lambda)\{1\cdot(-\lambda)^2-(-1)\cdot(-5)\cdot 1\}$$

$$=(1-\lambda)(\lambda^2-5)$$

$$=\boxed{-(\lambda-1)(\lambda+\sqrt{5})(\lambda-\sqrt{5})=0}$$ となる。（①より）

よって，$(\lambda-1)(\lambda+\sqrt{5})(\lambda-\sqrt{5})=0$ より，
A が A^{-1} をもたないときの λ の値は，
$\lambda=1,\ \pm\sqrt{5}$ である。 ……………………………………(答)

§2. 連立1次方程式と逆行列

これから，**3**元**1**次の連立方程式を**拡大係数行列**（かくだいけいすうぎょうれつ）と**掃き出し法**（はきだしほう）を用いて，機械的に解いていく手法について解説しよう。その際に，**行基本変形**（ぎょうきほんへんけい）のやり方も教えるつもりだ。ン？用語が何だか難しそうだって？そうだね。でも，心配は無用だよ。具体的な**3**元**1**次の連立方程式の解法とこの手法を併記して教えるので，その意味もよく理解できるはずだ。

そして，この拡大係数行列の行基本変形による**3**元**1**次の連立方程式の解法をうまく応用することにより，**3**次の正方行列 $\boldsymbol{A}$ の逆行列 $\boldsymbol{A}^{-1}$ もまた機械的に求めることができるんだね。**2**次の正方行列 $\boldsymbol{B}=\begin{bmatrix} a & b \\ c & d \end{bmatrix}$ の逆行列 $\boldsymbol{B}^{-1}$ は，公式 $\boldsymbol{B}^{-1}=\dfrac{1}{\Delta}\begin{bmatrix} d & -b \\ -c & a \end{bmatrix}$ $(\Delta = ad-bc \neq 0)$ から簡単に求められたけれど，**3**次正方行列 $\boldsymbol{A}$ の逆行列は，**掃き出し法**（はきだしほう）というやり方で求められることを示すつもりだ。

さらに，また，**3**元**1**次の連立方程式の解法に戻って，その係数行列である**3**次の正方行列 $\boldsymbol{A}$ が逆行列 $\boldsymbol{A}^{-1}$ をもたない場合に，その解がどのようなものになるかも教えよう。

今回も盛り沢山の内容になるけれど，また分かりやすく解説するから，楽しみながら勉強していこう！

● 掃き出し法を使って3元1次の連立方程式を解こう！

3元**1**次の連立方程式として，次の例題が与えられたとしよう。

$$\begin{cases} 2x-2y+3z=-5 & \cdots\cdots① \\ -x+2y-3z=6 & \cdots\cdots② \\ -x+3y-5z=10 & \cdots\cdots③ \end{cases}$$

ン？この程度の問題なら，文字を消去しながら解いていけばいいだけだから簡単だって？そうだね，でも，これをこれから体系立てて解いていこう。まず，①，②，③の左辺を行列とベクトルの積の形にして，次のように**1**つの式でまとめて表せるのは大丈夫だね。

$$\begin{bmatrix} 2 & -2 & 3 \\ -1 & 2 & -3 \\ -1 & 3 & -5 \end{bmatrix} \begin{bmatrix} x \\ y \\ z \end{bmatrix} = \begin{bmatrix} -5 \\ 6 \\ 10 \end{bmatrix} \cdots\cdots ④$$

係数行列 A ／ 未知数の列ベクトル x ／ 定数項の列ベクトル b

ここで，④の 3 次の正方行列を係数行列 $A = \begin{bmatrix} 2 & -2 & 3 \\ -1 & 2 & -3 \\ -1 & 3 & -5 \end{bmatrix}$ とおき，未知

数 x, y, z の列ベクトルを $x = \begin{bmatrix} x \\ y \\ z \end{bmatrix}$ とおき，右辺の定数項の列ベクトルを

$b = \begin{bmatrix} -5 \\ 6 \\ 10 \end{bmatrix}$ とおくと，④は，$Ax = b$ $\cdots\cdots$ ④′ と簡潔に表現できるんだね。

ここで，係数行列 A に，定数項のベクトル b を加えた行列 $[A\,|\,b]$ を**拡大係数行列**と呼び A_a で表すことにする。つまり，$A_a = [A\,|\,b]$ だね。そして，この拡大係数行列 A_a に対して**行基本変形**という 3 つの操作を施すことにより，下の模式図のように，解ベクトル u を求めることができる。

$$A_a = [A\,|\,b] \xrightarrow{\text{行基本変形}} [E\,|\,u]$$

単位行列 ／ x, y, z の解の列ベクトル

つまり，$x = u$，具体的には $\begin{bmatrix} x \\ y \\ z \end{bmatrix} = \begin{bmatrix} x_1 \\ y_1 \\ z_1 \end{bmatrix}$ のように，解が求まるというわけだ。

ン？これだけでは，まだ何のことなのか，さっぱり分からないって？当然だね。これから，①，②，③や④の具体例を使って，3 元 1 次の連立方程式の解法を詳しく解説しよう。

まず，この例では，④から拡大係数行列 A_a は，次のようになるのはいいね。

$$A_a = [A\,|\,b] = \begin{bmatrix} 2 & -2 & 3 & | & -5 \\ -1 & 2 & -3 & | & 6 \\ -1 & 3 & -5 & | & 10 \end{bmatrix}$$

A ／ b ／ ここに仕切り板を入れる！

そして，この拡大係数行列 A_a に対して，行基本変形と呼ばれる次の **3** つの変形操作を加えることにより，$A_a = [A \mid \boldsymbol{b}] \longrightarrow [E \mid \boldsymbol{u}]$ に変形して，解ベクトル $\boldsymbol{u}$ を求めればいいんだね。

行基本変形

(i) **2**つの行を入れ替える。

(ii) **1**つの行を c 倍する。（ただし，$c \neq 0$）

(iii) **1**つの行を c 倍したものを，他の行にたす。（または，他の行から引く。）

それでは，①，②，③と④を併記しながら具体的に解説していこう。この行基本変形は，**3** 元 **1** 次の連立方程式を解いていく過程で当たり前のことであることが分かるはずだ。

・**3** 元 **1** 次の連立方程式

$$\begin{cases} 2x - 2y + 3z = -5 & \cdots\cdots① \\ -x + 2y - 3z = 6 & \cdots\cdots② \\ -x + 3y - 5z = 10 & \cdots\cdots③ \end{cases}$$

①と②を入れ替えて，

$$\begin{cases} -x + 2y - 3z = 6 & \cdots\cdots① \\ 2x - 2y + 3z = -5 & \cdots\cdots② \\ -x + 3y - 5z = 10 & \cdots\cdots③ \end{cases}$$

$-1 \times$ ①より，

$$\begin{cases} x - 2y + 3z = -6 & \cdots\cdots① \\ 2x - 2y + 3z = -5 & \cdots\cdots② \\ -x + 3y - 5z = 10 & \cdots\cdots③ \end{cases}$$

② $- 2 \times$ ①，③ $+$ ①より，

$$\begin{cases} x - 2y + 3z = -6 & \cdots\cdots① \\ 2y - 3z - 7 & \cdots\cdots② \\ y - 2z = 4 & \cdots\cdots③ \end{cases}$$

②と③を入れ替えて，

$$\begin{cases} x - 2y + 3z = -6 & \cdots\cdots① \\ y - 2z = 4 & \cdots\cdots② \\ 2y - 3z = 7 & \cdots\cdots③ \end{cases}$$

・拡大係数行列 $A_a = [A \mid \boldsymbol{b}]$

$$\left[\begin{array}{ccc|c} 2 & -2 & 3 & -5 \\ -1 & 2 & -3 & 6 \\ -1 & 3 & -5 & 10 \end{array}\right]$$

(i) ①と②の入れ替え

$[A \mid \boldsymbol{b}]$ からスタート！

$$\left[\begin{array}{ccc|c} -1 & 2 & -3 & 6 \\ 2 & -2 & 3 & -5 \\ -1 & 3 & -5 & 10 \end{array}\right]$$

(ii) ①に -1 をかける。

$$\left[\begin{array}{ccc|c} 1 & -2 & 3 & -6 \\ 2 & -2 & 3 & -5 \\ -1 & 3 & -5 & 10 \end{array}\right]$$

(iii) ここを **1** にして，第 **2**，**3** 行の成分を② $-2\times$①，③ $+$ ①によって，掃き出して **0** にする。

$$\left[\begin{array}{ccc|c} 1 & -2 & 3 & -6 \\ 0 & 2 & -3 & 7 \\ 0 & 1 & -2 & 4 \end{array}\right]$$

(i) ②と③を入れ替える。

$$\left[\begin{array}{ccc|c} 1 & -2 & 3 & -6 \\ 0 & 1 & -2 & 4 \\ 0 & 2 & -3 & 7 \end{array}\right]$$

(iii) ここを **1** にして，他の行の成分を掃き出して **0** にする。

①$+2\times$②，③$-2\times$②より，

$$\begin{cases} x \quad - z = 2 & \cdots\cdots ① \\ y - 2z = 4 & \cdots\cdots ② \\ z = -1 & \cdots\cdots ③ \end{cases}$$

$$\left[\begin{array}{ccc|c} 1 & 0 & -1 & 2 \\ 0 & 1 & -2 & 4 \\ 0 & 0 & 1 & -1 \end{array}\right] \begin{array}{l} ①+2\times② \\ \\ ③-2\times② \end{array}$$

(iii) この1を使って，他の行の成分を掃き出して，0にする。

①＋③，②$+2\times$③より，

$$\begin{cases} x = 1 \\ y = 2 \\ z = -1 \end{cases}$$

$$\left[\begin{array}{ccc|c} 1 & 0 & 0 & 1 \\ 0 & 1 & 0 & 2 \\ 0 & 0 & 1 & -1 \end{array}\right] \begin{array}{l} ①+③ \\ ②+2\times③ \\ \\ \end{array}$$

$\therefore x = 1,\ y = 2,\ z = -1$

$[E|\boldsymbol{u}]$の完成！パチパチ…

解ベクトル

3元1次の連立方程式を解いていく流れが，そのまま拡大係数行列$[A|\boldsymbol{b}]$に行基本変形という3つの操作を加えて，$[E|\boldsymbol{u}]$を作る流れとキレイに

(i) 2つの行の入れ替え　(ii) 1つの行のc倍
(iii) 1つの行をc倍したものを他の行にたす(または，引く)

対応していることが分かったでしょう？

これから，3元1次の連立方程式が与えられたら，まず，$A\boldsymbol{x}=\boldsymbol{b}$の形にする。($A$：係数行列，$\boldsymbol{x}$：未知数の列ベクトル，$\boldsymbol{b}$：定数項の列ベクトル)そして，これから拡大係数行列$A_a=[A|\boldsymbol{b}]$を作って，

（単位行列）（解の列ベクトル）

$[A|\boldsymbol{b}] \xrightarrow{\text{行基本変形}} [E|\boldsymbol{u}]$を求める。その結果，解$\boldsymbol{x}=\boldsymbol{u}$，すなわち，

$\begin{bmatrix} x \\ y \\ z \end{bmatrix} = \begin{bmatrix} x_1 \\ y_1 \\ z_1 \end{bmatrix}$としてすべての解が求まるんだね。この行基本変形を行う際に，対角成分の1を使って，他の行の成分を0に掃き出す感じになるので，“**掃き出し法**”と呼ぶ。この行基本変形は，行列式の計算法とは異なることにも注意しよう。

（たとえば，行を入れ替えると，行列式の符号は変わる！）

それでは，次の例題で，拡大係数行列を使った掃き出し法で，3元1次の連立方程式を解いてみよう。

例題 34　次の 3 元 1 次の連立方程式の解を掃き出し法を使って求めよう。

$$\begin{cases} x + 2y - 3z = -2 \\ 2x + 3y - z = 2 \\ -2x + y + 2z = -5 \end{cases} \quad \cdots\cdots ①$$

①をまとめて，$\begin{bmatrix} 1 & 2 & -3 \\ 2 & 3 & -1 \\ -2 & 1 & 2 \end{bmatrix}\begin{bmatrix} x \\ y \\ z \end{bmatrix} = \begin{bmatrix} -2 \\ 2 \\ -5 \end{bmatrix}$ ……①′ となる。ここで，

$A = \begin{bmatrix} 1 & 2 & -3 \\ 2 & 3 & -1 \\ -2 & 1 & 2 \end{bmatrix}$，　$\boldsymbol{x} = \begin{bmatrix} x \\ y \\ z \end{bmatrix}$，$\boldsymbol{b} = \begin{bmatrix} -2 \\ 2 \\ -5 \end{bmatrix}$ とおき，

拡大係数行列 $[A \mid \boldsymbol{b}]$ に行基本変形を行って，$[E \mid \boldsymbol{u}]$ の形に持ち込めばいいんだね。

$$[A \mid \boldsymbol{b}] = \left[\begin{array}{ccc|c} 1 & 2 & -3 & -2 \\ 2 & 3 & -1 & 2 \\ -2 & 1 & 2 & -5 \end{array}\right] \xrightarrow[③+2\times①]{②-2\times①} \left[\begin{array}{ccc|c} 1 & 2 & -3 & -2 \\ 0 & -1 & 5 & 6 \\ 0 & 5 & -4 & -9 \end{array}\right]$$

$$\xrightarrow{-1\times②} \left[\begin{array}{ccc|c} 1 & 2 & -3 & -2 \\ 0 & 1 & -5 & -6 \\ 0 & 5 & -4 & -9 \end{array}\right] \xrightarrow[③-5\times②]{①-2\times②} \left[\begin{array}{ccc|c} 1 & 0 & 7 & 10 \\ 0 & 1 & -5 & -6 \\ 0 & 0 & 21 & 21 \end{array}\right]$$

$$\xrightarrow{\frac{1}{21}\times③} \left[\begin{array}{ccc|c} 1 & 0 & 7 & 10 \\ 0 & 1 & -5 & -6 \\ 0 & 0 & 1 & 1 \end{array}\right] \xrightarrow[②+5\times③]{①-7\times③} \left[\begin{array}{ccc|c} 1 & 0 & 0 & 3 \\ 0 & 1 & 0 & -1 \\ 0 & 0 & 1 & 1 \end{array}\right] = [E \mid \boldsymbol{u}]$$

（解ベクトル $\boldsymbol{u}$）

以上より，求める①の 3 元 1 次連立方程式の解は，

$\boldsymbol{x} = \begin{bmatrix} x \\ y \\ z \end{bmatrix} = \begin{bmatrix} 3 \\ -1 \\ 1 \end{bmatrix}$ すなわち，$x = 3$，$y = -1$，$z = 1$　である。大丈夫？

これで，3 元 1 次の連立方程式の掃き出し法による解法もマスターできたでしょう。次は，これを応用して，3 次正方行列 A の逆行列 A^{-1} を求めよう。

● 掃き出し法により，逆行列 A^{-1} を求めよう！

3元**1**次の連立方程式は，**3**次の正方行列 A を用いて，

$$A\boldsymbol{x}=\boldsymbol{b}\text{，すなわち，}\begin{bmatrix} a_{11} & a_{12} & a_{13} \\ a_{21} & a_{22} & a_{23} \\ a_{31} & a_{32} & a_{33} \end{bmatrix}\begin{bmatrix} x \\ y \\ z \end{bmatrix}=\begin{bmatrix} b_1 \\ b_2 \\ b_3 \end{bmatrix} \cdots ①$$

と表されるのはいいね。

ここで，定数項の列ベクトル $\boldsymbol{b}$ が，

(i) $\boldsymbol{b}=\boldsymbol{e}_1=\begin{bmatrix} 1 \\ 0 \\ 0 \end{bmatrix}$ のときの①の解を $\boldsymbol{x}=\boldsymbol{u}_1=\begin{bmatrix} x_1 \\ y_1 \\ z_1 \end{bmatrix}$ とおき，また，

(ii) $\boldsymbol{b}=\boldsymbol{e}_2=\begin{bmatrix} 0 \\ 1 \\ 0 \end{bmatrix}$ のときの①の解を $\boldsymbol{x}=\boldsymbol{u}_2=\begin{bmatrix} x_2 \\ y_2 \\ z_2 \end{bmatrix}$ とおき，さらに，

(iii) $\boldsymbol{b}=\boldsymbol{e}_3=\begin{bmatrix} 0 \\ 0 \\ 1 \end{bmatrix}$ のときの①の解を $\boldsymbol{x}=\boldsymbol{u}_3=\begin{bmatrix} x_3 \\ y_3 \\ z_3 \end{bmatrix}$ とおくと，①より，

(i) $A\begin{bmatrix} x_1 \\ y_1 \\ z_1 \end{bmatrix}=\begin{bmatrix} 1 \\ 0 \\ 0 \end{bmatrix}$ ……②　　(ii) $A\begin{bmatrix} x_2 \\ y_2 \\ z_2 \end{bmatrix}=\begin{bmatrix} 0 \\ 1 \\ 0 \end{bmatrix}$ ……③

(iii) $A\begin{bmatrix} x_3 \\ y_3 \\ z_3 \end{bmatrix}=\begin{bmatrix} 0 \\ 0 \\ 1 \end{bmatrix}$ ……④　　となるのは大丈夫だね。

そして，この②，③，④を**1**つの式でまとめると，

$$A\underbrace{\begin{bmatrix} x_1 & x_2 & x_3 \\ y_1 & y_2 & y_3 \\ z_1 & z_2 & z_3 \end{bmatrix}}_{A\text{の逆行列 }A^{-1}}=\underbrace{\begin{bmatrix} 1 & 0 & 0 \\ 0 & 1 & 0 \\ 0 & 0 & 1 \end{bmatrix}}_{E\text{（単位行列）}} \cdots\cdots ⑤\text{，すなわち，}$$

$$A[\boldsymbol{u}_1\ \ \boldsymbol{u}_2\ \ \boldsymbol{u}_3]=[\boldsymbol{e}_1\ \ \boldsymbol{e}_2\ \ \boldsymbol{e}_3] \cdots\cdots ⑤'$$

となる。

これは，**2**組の点の対応関係が分かれば**1**次変換の行列 A を求めるときの考え方 **(P87)** と同様だね。

ここで，$[\boldsymbol{e}_1\ \ \boldsymbol{e}_2\ \ \boldsymbol{e}_3]=E$（単位行列）より，⑤′は $A\cdot A^{-1}=E$ の形になっている。つまり，A の逆行列 $A^{-1}=[\boldsymbol{u}_1\ \ \boldsymbol{u}_2\ \ \boldsymbol{u}_3]=\begin{bmatrix} x_1 & x_2 & x_3 \\ y_1 & y_2 & y_3 \\ z_1 & z_2 & z_3 \end{bmatrix}$ となるんだね。

そして，(i) $\boldsymbol{x} = \boldsymbol{u}_1$，(ii) $\boldsymbol{x} = \boldsymbol{u}_2$，(iii) $\boldsymbol{x} = \boldsymbol{u}_3$ となる解は，**3** 元 **1** 次連立方程式の掃き出し法による解法から，

$$\begin{cases} \text{(i)}\ [A\,|\,\boldsymbol{e}_1] \xrightarrow{\text{行基本変形}} [E\,|\,\boldsymbol{u}_1] \\ \text{(ii)}\ [A\,|\,\boldsymbol{e}_2] \xrightarrow{\text{行基本変形}} [E\,|\,\boldsymbol{u}_2] \\ \text{(iii)}\ [A\,|\,\boldsymbol{e}_3] \xrightarrow{\text{行基本変形}} [E\,|\,\boldsymbol{u}_3] \end{cases}$$

として，求めることができるのも大丈夫だね。ここで，(i), (ii), (iii) の変形操作も次のように **1** まとめにして行うことにすると，

$$[A\,|\,\underbrace{\boldsymbol{e}_1\ \boldsymbol{e}_2\ \boldsymbol{e}_3}_{}] \xrightarrow{\text{行基本変形}} [E\,|\,\underbrace{\boldsymbol{u}_1\ \boldsymbol{u}_2\ \boldsymbol{u}_3}_{}]$$，すなわち

$E = \begin{bmatrix} 1 & 0 & 0 \\ 0 & 1 & 0 \\ 0 & 0 & 1 \end{bmatrix}$ のこと

A^{-1} のこと

$$[A\,|\,E] \xrightarrow{\text{行基本変形}} [E\,|\,A^{-1}] \cdots\cdots (*)$$ となるんだね。

つまり，$(*)$ の公式は，拡大係数行列 $[A\,|\,E]$ に行基本変形を行うことにより，A が正則であるとき，その逆行列 A^{-1} が求められることを示しているんだね。そして，この A^{-1} を求める手法も**掃き出し法**と呼ばれるんだね。

以上のことを，基本事項として下にまとめて示しておこう。

掃き出し法による逆行列 A^{-1} の計算

n 次正方行列 A が正則のとき，$AA^{-1} = A^{-1}A = E$ をみたす逆行列 A^{-1} が存在し，それは，

$$[A\,|\,E] \xrightarrow{\text{行基本変形}} [E\,|\,A^{-1}]$$

によって，計算することができる。

それでは，**P159** の **3** 元 **1** 次連立方程式で使った係数行列 A が正則行列であることを示した後，掃き出し法により，その逆行列 A^{-1} を求めてみよう。

まず，$A=\begin{bmatrix} 2 & -2 & 3 \\ -1 & 2 & -3 \\ -1 & 3 & -5 \end{bmatrix}$ の行列式 $|A|$ が 0 でないことを確認して，A が正則であることを示した後，A^{-1} を掃き出し法を使って求めてみよう。

$$|A|=\begin{vmatrix} 2 & -2 & 3 \\ -1 & 2 & -3 \\ -1 & 3 & -5 \end{vmatrix} = -\begin{vmatrix} -2 & -2 & 3 \\ 1 & 2 & -3 \\ 1 & 3 & -5 \end{vmatrix} \underset{①\leftrightarrow②}{=} \begin{vmatrix} 1 & 2 & -3 \\ -2 & -2 & 3 \\ 1 & 3 & -5 \end{vmatrix}$$

(第1列から，-1 をくくり出す)

$$\underset{③-①}{\overset{②+2\times①}{=}} \begin{vmatrix} 1 & 2 & -3 \\ 0 & 2 & -3 \\ 0 & 1 & -2 \end{vmatrix} = 1\cdot 2\cdot(-2)-(-3)\cdot 1^2 = -4+3 = -1\ (\neq 0)$$

よって，$|A|\neq 0$ より A は正則なので，逆行列 A^{-1} をもつ。それでは，A^{-1} を掃き出し法を使って求めると，

$$[A\,|\,E]=\left[\begin{array}{ccc|ccc} 2 & -2 & 3 & 1 & 0 & 0 \\ -1 & 2 & -3 & 0 & 1 & 0 \\ -1 & 3 & -5 & 0 & 0 & 1 \end{array}\right]$$

$$\xrightarrow{①\leftrightarrow②} \left[\begin{array}{ccc|ccc} -1 & 2 & -3 & 0 & 1 & 0 \\ 2 & -2 & 3 & 1 & 0 & 0 \\ -1 & 3 & -5 & 0 & 0 & 1 \end{array}\right] \xrightarrow{-1\times①} \left[\begin{array}{ccc|ccc} 1 & -2 & 3 & 0 & -1 & 0 \\ 2 & -2 & 3 & 1 & 0 & 0 \\ -1 & 3 & -5 & 0 & 0 & 1 \end{array}\right]$$

$$\xrightarrow[③+①]{②-2\times①} \left[\begin{array}{ccc|ccc} 1 & -2 & 3 & 0 & -1 & 0 \\ 0 & 2 & -3 & 1 & 2 & 0 \\ 0 & 1 & -2 & 0 & -1 & 1 \end{array}\right] \xrightarrow{②\leftrightarrow③} \left[\begin{array}{ccc|ccc} 1 & -2 & 3 & 0 & -1 & 0 \\ 0 & 1 & -2 & 0 & -1 & 1 \\ 0 & 2 & -3 & 1 & 2 & 0 \end{array}\right]$$

$$\xrightarrow[③-2\times②]{①+2\times②} \left[\begin{array}{ccc|ccc} 1 & 0 & -1 & 0 & -3 & 2 \\ 0 & 1 & -2 & 0 & -1 & 1 \\ 0 & 0 & 1 & 1 & 4 & -2 \end{array}\right] \xrightarrow[②+2\times③]{①+③} \underbrace{\left[\begin{array}{ccc|ccc} 1 & 0 & 0 & 1 & 1 & 0 \\ 0 & 1 & 0 & 2 & 7 & -3 \\ 0 & 0 & 1 & 1 & 4 & -2 \end{array}\right]}_{[E\,|\,A^{-1}]}$$

以上より，$A=\begin{bmatrix} 2 & -2 & 3 \\ -1 & 2 & -3 \\ -1 & 3 & -5 \end{bmatrix}$ の逆行列 $A^{-1}=\begin{bmatrix} 1 & 1 & 0 \\ 2 & 7 & -3 \\ 1 & 4 & -2 \end{bmatrix}$ である。

これで間違いないか？ 検算したかったら，実際に $A\cdot A^{-1}$ を求めるといい。

$$A\cdot A^{-1}=\begin{bmatrix}2&-2&3\\-1&2&-3\\-1&3&-5\end{bmatrix}\begin{bmatrix}1&1&0\\2&7&-3\\1&4&-2\end{bmatrix}=\begin{bmatrix}1&0&0\\0&1&0\\0&0&1\end{bmatrix}=E$$ となって，

（$2\cdot1-2\cdot2+3\cdot1$，$\cancel{-1\cdot0}-3\cdot3+5\cdot2$）

計算ミスのないことが確認できるんだね。

それでは，もう **1** 題，掃き出し法による逆行列の問題を解いておこう。

例題 **35**　$A=\begin{bmatrix}2&3&5\\1&1&2\\2&5&6\end{bmatrix}$ が正則であることを示し，この

逆行列 A^{-1} を掃き出し法を使って求めよう。

まず，A の行列式 $|A|$ を求めると，

$$|A|=\begin{vmatrix}2&3&5\\1&1&2\\2&5&6\end{vmatrix}\underset{①\leftrightarrow②}{=}-\begin{vmatrix}1&1&2\\2&3&5\\2&5&6\end{vmatrix}\underset{③-2\times①}{\overset{②-2\times①}{=}}-\begin{vmatrix}1&1&2\\0&1&1\\0&3&2\end{vmatrix}$$

$$=-(1\cdot1\cdot2-1\cdot3\cdot1)=-2+3=1\ (\neq0)$$

よって，$|A|\neq0$ より，A は正則なので，逆行列 A^{-1} をもつ。この A^{-1} を掃き出し法を使って求めよう。

$$[A\,|\,E]=\left[\begin{array}{ccc|ccc}2&3&5&1&0&0\\1&1&2&0&1&0\\2&5&6&0&0&1\end{array}\right]$$

$$\xrightarrow{①\leftrightarrow②}\left[\begin{array}{ccc|ccc}1&1&2&0&1&0\\2&3&5&1&0&0\\2&5&6&0&0&1\end{array}\right]\xrightarrow[③-2\times①]{②-2\times①}\left[\begin{array}{ccc|ccc}1&1&2&0&1&0\\0&1&1&1&-2&0\\0&3&2&0&-2&1\end{array}\right]$$

$$\xrightarrow[③-3\times②]{①-②}\left[\begin{array}{ccc|ccc}1&0&1&-1&3&0\\0&1&1&1&-2&0\\0&0&-1&-3&4&1\end{array}\right]\xrightarrow{-1\times③}\left[\begin{array}{ccc|ccc}1&0&1&-1&3&0\\0&1&1&1&-2&0\\0&0&1&3&-4&-1\end{array}\right]$$

$$\xrightarrow[②-③]{①-③}\left[\begin{array}{ccc|ccc}1&0&0&-4&7&1\\0&1&0&-2&2&1\\0&0&1&3&-4&-1\end{array}\right]=[E\,|\,A^{-1}]$$ である。

（左側：E，右側：A^{-1}）

以上より，$A=\begin{bmatrix} 2 & 3 & 5 \\ 1 & 1 & 2 \\ 2 & 5 & 6 \end{bmatrix}$ の逆行列 $A^{-1}=\begin{bmatrix} -4 & 7 & 1 \\ -2 & 2 & 1 \\ 3 & -4 & -1 \end{bmatrix}$ である。

これも，$A \cdot A^{-1}=E$ となることを自分で確認しておこう！

これで，正則な3次正方行列の逆行列の求め方もマスターできたと思う。ン？ 正則でない3次正方行列が逆行列をもたないことは分かるけれど，そのような係数行列をもつ3元1次の連立方程式の解がどうなるのかって!? 良い質問だね。これから，順を追って詳しく解説していこう。

● 行列にはランク(階数)がある！

一般に，行列に行基本変形を行うことにより，**階段行列**(かいだんぎょうれつ)を作ることができる。3次正方行列 A に行基本変形を行った場合，図1(i)，(ii)，(iii)に，そのイメージを示すような階段行列を作ることができる。図1の中で"$*$"は0以外の数を表しており，(i)，(ii)，(iii)に示すように $*$ (または，0) が階段状に存在するので，これを階段行列というんだね。

図1　3次正方行列の階段行列のイメージ

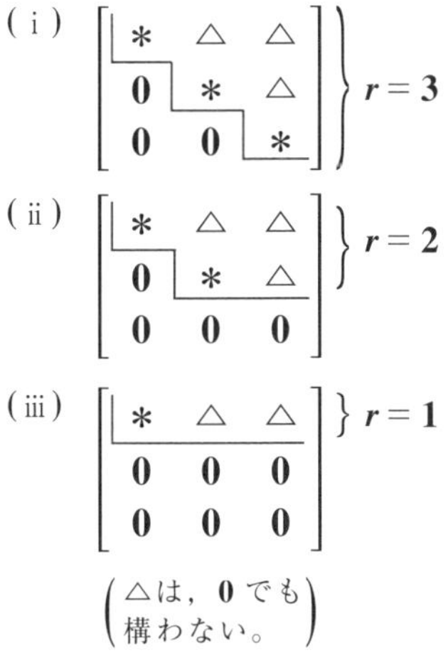

このように階段行列で表したとき，少なくとも1つは0でない成分をもつ行の個数を**ランク**(**階数**(かいすう))と呼び，r で表す。従って，図1(i)のランクは $r=3$ であり，(ii)のランクは $r=2$，(iii)のランクは $r=1$ であると言えるんだね。

それでは，次の例題で，様々な3次の正方行列のランク r を求めてみよう。

例題 **36**　次の各行列のランク (階数) を求めよう。

(1) $A=\begin{bmatrix}1&2&-1\\2&3&0\\1&3&2\end{bmatrix}$　(2) $B=\begin{bmatrix}1&-1&2\\3&-1&5\\1&3&0\end{bmatrix}$　(3) $C=\begin{bmatrix}2&2&-1\\4&4&-2\\-6&-6&3\end{bmatrix}$

(1) 行列 A に行基本変形を行うと，

$$A=\begin{bmatrix}1&2&-1\\2&3&0\\1&3&2\end{bmatrix}\xrightarrow[③-①]{②-2\times①}\begin{bmatrix}1&2&-1\\0&-1&2\\0&1&3\end{bmatrix}\xrightarrow{③+②}\begin{bmatrix}1&2&-1\\0&-1&2\\0&0&5\end{bmatrix}\Big\}r=3$$

となるので，Aのランクは，$rank\,A=3$ である。

(これを $rank\,A$ と表してもよい) ← (同様に B のランクは $rank\,B$，C のランクは $rank\,C$ などと表す)

(2) 行列 B に行基本変形を行うと，

$$B=\begin{bmatrix}1&-1&2\\3&-1&5\\1&3&0\end{bmatrix}\xrightarrow[③-①]{②-3\times①}\begin{bmatrix}1&-1&2\\0&2&-1\\0&4&-2\end{bmatrix}\xrightarrow{③-2\times②}\begin{bmatrix}1&-1&2\\0&2&-1\\0&0&0\end{bmatrix}\Big\}r=2$$

となるので，B のランクは，$rank\,B=2$ になる。

(3) 行列 C に行基本変形を行うと，

$$C=\begin{bmatrix}2&2&-1\\4&4&-2\\-6&-6&3\end{bmatrix}\xrightarrow[③+3\times①]{②-2\times①}\begin{bmatrix}2&2&-1\\0&0&0\\0&0&0\end{bmatrix}\Big\}r=1$$

となるので，C のランクは，$rank\,C=1$ となるんだね。大丈夫？

では，例題 **36** と関連する次の **3** 元 **1** 次連立方程式を解いてみよう。

例題 **37**　次の **3** 元 **1** 次の連立方程式を解こう。

(1) $\begin{cases}x+2y-z=0\\2x+3y=0\\x+3y+2z=0\end{cases}$ ……①　(2) $\begin{cases}x-y+2z=0\\3x-y+5z=0\\x+3y=0\end{cases}$ ……②

(3) $\begin{cases}2x+2y-z=0\\4x+4y-2z=0\\-6x-6y+3z=0\end{cases}$ ……③

(1) ①を変形すると，

$$\underbrace{\begin{bmatrix} 1 & 2 & -1 \\ 2 & 3 & 0 \\ 1 & 3 & 2 \end{bmatrix}}_{A\ (\text{例題 }36(1)\text{ の行列})}\begin{bmatrix} x \\ y \\ z \end{bmatrix} = \begin{bmatrix} 0 \\ 0 \\ 0 \end{bmatrix} \cdots\cdots ①'$$

このように，定数項の列ベクトル $\boldsymbol{b}$ が $\boldsymbol{0}$（零ベクトル）である連立方程式を**同次連立方程式**（どうじ）という。

$A = \begin{bmatrix} 1 & 2 & -1 \\ 2 & 3 & 0 \\ 1 & 3 & 2 \end{bmatrix}$ とおいて，これに行基本変形を行うと，例題 **36 (1)** の結果より，①′は，

$$\begin{bmatrix} 1 & 2 & -1 \\ 0 & -1 & 2 \\ 0 & 0 & 5 \end{bmatrix}\begin{bmatrix} x \\ y \\ z \end{bmatrix} = \begin{bmatrix} x+2y-z \\ -y+2z \\ 5z \end{bmatrix} = \begin{bmatrix} 0 \\ 0 \\ 0 \end{bmatrix}$$ となる。よって，

$x + 2\underset{0}{y} - \underset{0}{z} = 0$，$-y + 2\underset{0}{z} = 0$，$5z = 0$ より，$\begin{bmatrix} x \\ y \\ z \end{bmatrix} = \begin{bmatrix} 0 \\ 0 \\ 0 \end{bmatrix}$ となり，

これを自明の解という。

$rank\,A = 3$ より，A は逆行列 A^{-1} をもつ。よって，$A\boldsymbol{x} = \boldsymbol{0}$ ……①′の両辺に A^{-1} を左からかけて $\underbrace{A^{-1}A}_{E}\boldsymbol{x} = \underbrace{A^{-1}\boldsymbol{0}}_{\boldsymbol{0}}$ より $\boldsymbol{x} = \boldsymbol{0}$ となって，自明の解のみをもつんだね。（これは書かないでイー）これに対して，**(2)**, **(3)** の係数行列 B, C のランクは，$rank\,B = 2$，$rank\,C = 1$ より，**(2)**, **(3)** は自明の解以外の解ももつことになる。これからやってみよう。

(2) ②を変形すると，

$$\underbrace{\begin{bmatrix} 1 & -1 & 2 \\ 3 & -1 & 5 \\ 1 & 3 & 0 \end{bmatrix}}_{B\ (\text{例題 }36(2)\text{ の行列})}\begin{bmatrix} x \\ y \\ z \end{bmatrix} = \begin{bmatrix} 0 \\ 0 \\ 0 \end{bmatrix} \cdots\cdots ②'$$ となる。ここで，

$B = \begin{bmatrix} 1 & -1 & 2 \\ 3 & -1 & 5 \\ 1 & 3 & 0 \end{bmatrix}$ とおいて，これに行基本変形を行うと，例題 **36 (2)** の結果より，②′は，

$$r=2\left\{\begin{bmatrix}1&-1&2\\0&2&-1\\0&0&0\end{bmatrix}\begin{bmatrix}x\\y\\z\end{bmatrix}=\begin{bmatrix}x-y+2z\\2y-\ z\\0\end{bmatrix}=\begin{bmatrix}0\\0\\0\end{bmatrix}\right.$$ となる。

$rank\,B=2$ ということは，3つの未知数 x, y, z に対して，実質的な方程式は，$x-y+2z=0$ ……㋐ と $2y-z=0$ ……㋑ の2つしかないということなんだね。したがって，これは，自明な解 $\boldsymbol{x}=\begin{bmatrix}x\\y\\z\end{bmatrix}=\begin{bmatrix}0\\0\\0\end{bmatrix}$ 以外の解ももつ。

ここで，$y=k$（任意の定数）とおくと，㋑より $z=2k$

㋐より，$x=y-2z=k-2\cdot 2k=-3k$ となる。これから，②の解は，

$$\begin{bmatrix}x\\y\\z\end{bmatrix}=\begin{bmatrix}-3k\\k\\2k\end{bmatrix}$$ （k：任意定数）となるんだね。

たとえば，$k=1$ のとき $\begin{bmatrix}x\\y\\z\end{bmatrix}=\begin{bmatrix}-3\\1\\2\end{bmatrix}$，$k=\sqrt{2}$ のとき $\begin{bmatrix}x\\y\\z\end{bmatrix}=\begin{bmatrix}-3\sqrt{2}\\\sqrt{2}\\2\sqrt{2}\end{bmatrix}$ など…，無数の解の組合せが存在する。

(3) $\begin{cases}2x+2y-\ z=0\\4x+4y-2z=0\\-6x-6y+3z=0\end{cases}$ ……③ を変形すると，

$$\begin{bmatrix}2&2&-1\\4&4&-2\\-6&-6&3\end{bmatrix}\begin{bmatrix}x\\y\\z\end{bmatrix}=\begin{bmatrix}0\\0\\0\end{bmatrix}$$ ……③′ となる。ここで，

（左辺の係数行列：C（例題36(3)の行列））

$C=\begin{bmatrix}2&2&-1\\4&4&-2\\-6&-6&3\end{bmatrix}$ とおいて，これに行基本変形を行うと，例題36 (3) の結果より，③′は，

$$r=1\left\{\begin{bmatrix}2&2&-1\\0&0&0\\0&0&0\end{bmatrix}\begin{bmatrix}x\\y\\z\end{bmatrix}=\begin{bmatrix}2x+2y-z\\0\\0\end{bmatrix}=\begin{bmatrix}0\\0\\0\end{bmatrix}\right.$$ となる。

$rank\,C=1$ ということは，3つの未知数 x，y，z に対して，実質的な方程式は，$2x+2y-z=0$ ……㋒ の1つしかないということなんだね。よって，これも自明な解 $\boldsymbol{x}=\boldsymbol{0}$ 以外の解ももつ。

ここで，$x=k_1$，$y=k_2$ （k_1，k_2：任意定数）とおくと，㋒より，$z=2x+2y=2k_1+2k_2$ となる。これから，③の解は，

$$\begin{bmatrix}x\\y\\z\end{bmatrix}=\begin{bmatrix}k_1\\k_2\\2k_1+2k_2\end{bmatrix}$$ （k_1，k_2：任意定数） となるんだね。大丈夫だった？

> 3元1次連立方程式の未知数の個数3から，実質的な方程式の数（ランク）r を引いたものを自由度 f という。そして，(2)では，自由度 $f=3-2=1$ より，任意定数の個数は k の1個になり，(3)では，自由度 $f=3-1=2$ より，任意定数の個数は k_1 と k_2 の2個になったんだね。

● 非同次の3元1次連立方程式も解いてみよう！

3元1次の連立方程式 $A\boldsymbol{x}=\boldsymbol{b}$ ……① （A：3次正方行列）において，定数項の列ベクトル $\boldsymbol{b}$ が $\boldsymbol{0}$ でない場合を，非同次の連立方程式という。

この非同次の連立方程式において，A が A^{-1} をもたない，つまり，A のランク（階数）が2以下の場合，どうなるかについて，次の例題を具体的に解きながら解説しよう。

例題38　次の3元1次の連立方程式を解こう。

(1) $\begin{cases}2x-4y+3z=4\\x-3y+2z=1\\x-y+z=3\end{cases}$ ……①　　(2) $\begin{cases}x+y-4z=2\\3x+6y-11z=5\\2x+5y-7z=6\end{cases}$ ……②

(1) $\begin{cases} 2x-4y+3z=4 \\ x-3y+2z=1 \\ x-\ \ y+\ \ z=3 \end{cases}$ ……① を変形して，

$$\begin{bmatrix} 2 & -4 & 3 \\ 1 & -3 & 2 \\ 1 & -1 & 1 \end{bmatrix}\begin{bmatrix} x \\ y \\ z \end{bmatrix}=\begin{bmatrix} 4 \\ 1 \\ 3 \end{bmatrix} \quad \cdots\cdots ①'$$ となる。

（$\boldsymbol{b} \neq \boldsymbol{0}$ なので，これは，非同次の連立方程式だね。）

①′は非同次の連立方程式なので，

係数行列 $A=\begin{bmatrix} 2 & -4 & 3 \\ 1 & -3 & 2 \\ 1 & -1 & 1 \end{bmatrix}$ に定数項の列ベクトル $\boldsymbol{b}=\begin{bmatrix} 4 \\ 1 \\ 3 \end{bmatrix}$ を

加えた拡大係数行列 $A_a=[A \mid \boldsymbol{b}]$ に対して行基本変形を行うと，

$$[A \mid \boldsymbol{b}]=\left[\begin{array}{ccc|c} 2 & -4 & 3 & 4 \\ 1 & -3 & 2 & 1 \\ 1 & -1 & 1 & 3 \end{array}\right] \xrightarrow{①\leftrightarrow②} \left[\begin{array}{ccc|c} 1 & -3 & 2 & 1 \\ 2 & -4 & 3 & 4 \\ 1 & -1 & 1 & 3 \end{array}\right]$$

$$\xrightarrow[③-①]{②-2\times①} \left[\begin{array}{ccc|c} 1 & -3 & 2 & 1 \\ 0 & 2 & -1 & 2 \\ 0 & 2 & -1 & 2 \end{array}\right] \xrightarrow{③-②} \left[\begin{array}{ccc|c} 1 & -3 & 2 & 1 \\ 0 & 2 & -1 & 2 \\ 0 & 0 & 0 & 0 \end{array}\right]$$

（$r=2$：rank A）（$r=2$：rank A_a）

となるので A と A_a のランクは等しく，$rank\,A=rank\,A_a=2$ となる。

よって，この自由度 $f=3-2=1$ となる。これから①の方程式は実質的に次の 2 つなんだね。

（3：未知数 x，y，z の個数）

$\begin{cases} x-3y+2z=1 & \cdots\cdots ㋐ \\ \quad\ \ 2y-\ \ z=2 & \cdots\cdots ㋑ \end{cases}$ よって，$y=k$（任意定数）とおくと，

（自由度 $f=1$ より，1つの任意定数で表せる。）

㋑より，$z=2k-2$

㋐より，$x=3y-2z+1=3k-2(2k-2)+1=-k+5$

∴①の解は，$\begin{bmatrix} x \\ y \\ z \end{bmatrix}=\begin{bmatrix} -k+5 \\ k \\ 2k-2 \end{bmatrix}$ （k：任意定数）となるんだね。

大丈夫だった？

(2) $\begin{cases} x+y-4z=2 \\ 3x+6y-11z=5 \\ 2x+5y-7z=6 \end{cases}$ ……② を変形して，

$b \neq 0$ なので，これは，非同次の連立方程式だね。

$$\begin{bmatrix} 1 & 1 & -4 \\ 3 & 6 & -11 \\ 2 & 5 & -7 \end{bmatrix}\begin{bmatrix} x \\ y \\ z \end{bmatrix}=\begin{bmatrix} 2 \\ 5 \\ 6 \end{bmatrix}$$ ……②′ となる。

②′は非同次の連立方程式なので，拡大係数行列 $A_a=[A\,|\,b]$ に対して行基本変形を行うと，

$$[A\,|\,b]=\left[\begin{array}{ccc|c} 1 & 1 & -4 & 2 \\ 3 & 6 & -11 & 5 \\ 2 & 5 & -7 & 6 \end{array}\right] \xrightarrow[③-2\times①]{②-3\times①} \left[\begin{array}{ccc|c} 1 & 1 & -4 & 2 \\ 0 & 3 & 1 & -1 \\ 0 & 3 & 1 & 2 \end{array}\right]$$

$$\xrightarrow{③-②} \underbrace{r=2}_{rank\,A} \left\{ \left[\begin{array}{ccc|c} 1 & 1 & -4 & 2 \\ 0 & 3 & 1 & -1 \\ 0 & 0 & 0 & 3 \end{array}\right] \right\} \underbrace{r=3}_{rank\,A_a}$$

となって，A のランク $rank\,A=2$ に対して，A_a のランク $rank\,A_a=3$ の方が大きくなっている。よって，これを連立方程式の形に書き換えると，

$$\begin{bmatrix} 1 & 1 & -4 \\ 0 & 3 & 1 \\ 0 & 0 & 0 \end{bmatrix}\begin{bmatrix} x \\ y \\ z \end{bmatrix}=\begin{bmatrix} 2 \\ -1 \\ 3 \end{bmatrix}$$ より，

$\begin{cases} x+y-4z=2 \\ 3y+z=-1 \\ 0=3 \ (???) \end{cases}$ となって，$0=3$ が現れる。これは明らかに矛盾なので，②の非同次連立方程式の解は存在しないということが分かったんだね。納得いった？

以上で，**3** 元 **1** 次の連立方程式の講義は終了です。正則な **3** 次の正方行列 A の逆行列 A^{-1} の計算の仕方まで含めて，内容が濃かったと思う。この後，さらに演習問題をやって，実力を確実なものにしていこう！

演習問題 40　●3次正方行列の逆行列●

行列 $A=\begin{bmatrix} 1 & a & 3 \\ 1 & 1 & 2 \\ 2 & 3 & a \end{bmatrix}$ (a：実数定数) の行列式 $|A|=3$ である。

このとき，次の各問いに答えよ。

(1) 定数 a の値を求めよ。

(2) 行列 A の逆行列 A^{-1} を求めよ。

ヒント！ (1) $|A|=3$ から，a の2次方程式が導けるので，相異なる2つの a の値が求まるはずだ。(2) 2つの a の値それぞれについて，A の逆行列 A^{-1} を掃き出し法により求めよう。計算は少し大変だけど頑張ろう！

解答＆解説

(1) $A=\begin{bmatrix} 1 & a & 3 \\ 1 & 1 & 2 \\ 2 & 3 & a \end{bmatrix}$ の行列式 $\begin{vmatrix} 1 & a & 3 \\ 1 & 1 & 2 \\ 2 & 3 & a \end{vmatrix}=3$ ……① より，

サラスの公式を用いると，

$a+4a+9-6-6-a^2=3$　　$a^2-5a+6=0$

$(a-2)(a-3)=0$　　$\therefore a=2$ または 3 ……………………………………(答)

(2) (1)の結果より，(i) $a=2$ のときと，(ii) $a=3$ のとき，それぞれの場合の A の逆行列 A^{-1} を掃き出し法により求める。

(i) $a=2$ のとき，$A=\begin{bmatrix} 1 & 2 & 3 \\ 1 & 1 & 2 \\ 2 & 3 & 2 \end{bmatrix}$ より，この逆行列 A^{-1} を求める。

$$[A\,|\,E]=\left[\begin{array}{ccc|ccc} 1 & 2 & 3 & 1 & 0 & 0 \\ 1 & 1 & 2 & 0 & 1 & 0 \\ 2 & 3 & 2 & 0 & 0 & 1 \end{array}\right]$$

$$\xrightarrow[③-2\times①]{②-①}\left[\begin{array}{ccc|ccc} 1 & 2 & 3 & 1 & 0 & 0 \\ 0 & -1 & -1 & -1 & 1 & 0 \\ 0 & -1 & -4 & -2 & 0 & 1 \end{array}\right]\xrightarrow[-1\times③]{-1\times②}\left[\begin{array}{ccc|ccc} 1 & 2 & 3 & 1 & 0 & 0 \\ 0 & 1 & 1 & 1 & -1 & 0 \\ 0 & 1 & 4 & 2 & 0 & -1 \end{array}\right]$$

$$\xrightarrow[\text{③}-\text{②}]{\text{①}-2\times\text{②}}\left[\begin{array}{ccc|ccc} 1 & 0 & 1 & -1 & 2 & 0 \\ 0 & 1 & 1 & 1 & -1 & 0 \\ 0 & 0 & 3 & 1 & 1 & -1 \end{array}\right]$$

$$\xrightarrow{\frac{1}{3}\times\text{③}}\left[\begin{array}{ccc|ccc} 1 & 0 & 1 & -1 & 2 & 0 \\ 0 & 1 & 1 & 1 & -1 & 0 \\ 0 & 0 & 1 & \frac{1}{3} & \frac{1}{3} & -\frac{1}{3} \end{array}\right]\xrightarrow[\text{②}-\text{③}]{\text{①}-\text{③}}\left[\begin{array}{ccc|ccc} 1 & 0 & 0 & -\frac{4}{3} & \frac{5}{3} & \frac{1}{3} \\ 0 & 1 & 0 & \frac{2}{3} & -\frac{4}{3} & \frac{1}{3} \\ 0 & 0 & 1 & \frac{1}{3} & \frac{1}{3} & -\frac{1}{3} \end{array}\right]$$

(E)　(A^{-1})

∴求める A の逆行列 A^{-1} は,

$$A^{-1}=\frac{1}{3}\begin{bmatrix} -4 & 5 & 1 \\ 2 & -4 & 1 \\ 1 & 1 & -1 \end{bmatrix}$$ である。……………………………………(答)

(ii) $a=3$ のとき, $A=\begin{bmatrix} 1 & 3 & 3 \\ 1 & 1 & 2 \\ 2 & 3 & 3 \end{bmatrix}$ より, この逆行列 A^{-1} を求める。

$$[A|E]=\left[\begin{array}{ccc|ccc} 1 & 3 & 3 & 1 & 0 & 0 \\ 1 & 1 & 2 & 0 & 1 & 0 \\ 2 & 3 & 3 & 0 & 0 & 1 \end{array}\right]\xrightarrow[\text{③}-2\times\text{①}]{\text{②}-\text{①}}\left[\begin{array}{ccc|ccc} 1 & 3 & 3 & 1 & 0 & 0 \\ 0 & -2 & -1 & -1 & 1 & 0 \\ 0 & -3 & -3 & -2 & 0 & 1 \end{array}\right]$$

$$\xrightarrow[-1\times\text{③}]{-\frac{1}{2}\times\text{②}}\left[\begin{array}{ccc|ccc} 1 & 3 & 3 & 1 & 0 & 0 \\ 0 & 1 & \frac{1}{2} & \frac{1}{2} & -\frac{1}{2} & 0 \\ 0 & 3 & 3 & 2 & 0 & -1 \end{array}\right]\xrightarrow[\text{③}-3\times\text{②}]{\text{①}-3\times\text{②}}\left[\begin{array}{ccc|ccc} 1 & 0 & \frac{3}{2} & -\frac{1}{2} & \frac{3}{2} & 0 \\ 0 & 1 & \frac{1}{2} & \frac{1}{2} & -\frac{1}{2} & 0 \\ 0 & 0 & \frac{3}{2} & \frac{1}{2} & \frac{3}{2} & -1 \end{array}\right]$$

$$\xrightarrow{\frac{2}{3}\times\text{③}}\left[\begin{array}{ccc|ccc} 1 & 0 & \frac{3}{2} & -\frac{1}{2} & \frac{3}{2} & 0 \\ 0 & 1 & \frac{1}{2} & \frac{1}{2} & -\frac{1}{2} & 0 \\ 0 & 0 & 1 & \frac{1}{3} & 1 & -\frac{2}{3} \end{array}\right]\xrightarrow[\text{②}-\frac{1}{2}\times\text{③}]{\text{①}-\frac{3}{2}\times\text{③}}\left[\begin{array}{ccc|ccc} 1 & 0 & 0 & -1 & 0 & 1 \\ 0 & 1 & 0 & \frac{1}{3} & -1 & \frac{1}{3} \\ 0 & 0 & 1 & \frac{1}{3} & 1 & -\frac{2}{3} \end{array}\right]$$

(E)　(A^{-1})

∴求める A の逆行列 A^{-1} は,

$$A^{-1}=\frac{1}{3}\begin{bmatrix} -3 & 0 & 3 \\ 1 & -3 & 1 \\ 1 & 3 & -2 \end{bmatrix}$$ である。……………………………………(答)

演習問題 41 ●同次 3 元 1 次連立方程式●

次の連立方程式を解け。

$$\begin{cases} x-2y+2z=0 \\ 2x-\ \ y+4z=0 \\ x+\ \ y+2z=0 \end{cases} \quad \cdots\cdots ①$$

ヒント！ ①は，同次連立方程式なので，$A\boldsymbol{x}=\boldsymbol{0}$ の形に書き換えて，A に行基本変形を行えば，これはランク $rank\,A=2$ であることが分かるはずだ。

解答＆解説

①を変形すると，

$$\underbrace{\begin{bmatrix} 1 & -2 & 2 \\ 2 & -1 & 4 \\ 1 & 1 & 2 \end{bmatrix}}_{A\text{とおく}}\begin{bmatrix} x \\ y \\ z \end{bmatrix}=\begin{bmatrix} 0 \\ 0 \\ 0 \end{bmatrix} \cdots\cdots ①' \text{ となる。ここで，}$$

（これが $\boldsymbol{0}$ より，①′は同次連立方程式だ。）

$A=\begin{bmatrix} 1 & -2 & 2 \\ 2 & -1 & 4 \\ 1 & 1 & 2 \end{bmatrix}$ とおいて，これに行基本変形を行うと，

$$A=\begin{bmatrix} 1 & -2 & 2 \\ 2 & -1 & 4 \\ 1 & 1 & 2 \end{bmatrix}\xrightarrow[③-①]{②-2\times①}\begin{bmatrix} 1 & -2 & 2 \\ 0 & 3 & 0 \\ 0 & 3 & 0 \end{bmatrix}\xrightarrow{③-②}\begin{bmatrix} 1 & -2 & 2 \\ 0 & 3 & 0 \\ 0 & 0 & 0 \end{bmatrix}\Big\}\, r=2$$

より，$rank\,A=2$ である。よって，①′を変形すると，

$$\begin{bmatrix} 1 & -2 & 2 \\ 0 & 3 & 0 \\ 0 & 0 & 0 \end{bmatrix}\begin{bmatrix} x \\ y \\ z \end{bmatrix}=\begin{bmatrix} x-2y+2z \\ 3y \\ 0 \end{bmatrix}=\begin{bmatrix} 0 \\ 0 \\ 0 \end{bmatrix} \text{ となるので，}$$

（自由度 $f=3-2=1$（2 は r）　∴解は 1 つの任意定数 k で表される。）

実質的に 2 つの方程式：$x-2y+2z=0$ ……㋐（$2y$ は 0）　$3y=0$ ……㋑（$y=0$）

ここで，$z=k$（任意定数）とおくと，$x=-2z=-2k$，$y=0$

$$\therefore ①\text{の解は，}\begin{bmatrix} x \\ y \\ z \end{bmatrix}=\begin{bmatrix} -2k \\ 0 \\ k \end{bmatrix}\ (k:\text{任意定数})\ \text{である。} \cdots\cdots(\text{答})$$

演習問題 42 ● 非同次 3 元 1 次連立方程式（Ⅰ）●

次の連立方程式を解け。

$$\begin{cases} x+\ \ y-2z=-1 \\ 3x+5y-3z=\ 4 \\ 2x+4y+\ \ z=\ 7 \end{cases} \quad \cdots\cdots①$$

ヒント！ ①は非同次連立方程式なので，$A\boldsymbol{x}=\boldsymbol{b}$ の形に変形して，拡大係数行列 $[A\,|\,\boldsymbol{b}]$ に行基本変形を行って，階段行列を作って解いてみよう。

解答＆解説

①を変形して $A\boldsymbol{x}=\boldsymbol{b}$ の形にすると，
（$\boldsymbol{b}$：これは $\boldsymbol{0}$ ではないので，非同次連立方程式だ。）

$$A=\begin{bmatrix} 1 & 1 & -2 \\ 3 & 5 & -3 \\ 2 & 4 & 1 \end{bmatrix},\ \boldsymbol{b}=\begin{bmatrix} -1 \\ 4 \\ 7 \end{bmatrix}$$ であり，これから拡大係数行列 $A_a=[A\,|\,\boldsymbol{b}]$

を作って，行基本変形を行って，階段行列を作ると，

$$[A\,|\,\boldsymbol{b}]=\left[\begin{array}{ccc|c} 1 & 1 & -2 & -1 \\ 3 & 5 & -3 & 4 \\ 2 & 4 & 1 & 7 \end{array}\right] \xrightarrow[③-2\times①]{②-3\times①} \left[\begin{array}{ccc|c} 1 & 1 & -2 & -1 \\ 0 & 2 & 3 & 7 \\ 0 & 2 & 5 & 9 \end{array}\right]$$

$$\xrightarrow{③-②} \left[\begin{array}{ccc|c} 1 & 1 & -2 & -1 \\ 0 & 2 & 3 & 7 \\ 0 & 0 & 2 & 2 \end{array}\right] \Big\}\ r=3$$ となるので，

$$\begin{bmatrix} 1 & 1 & -2 \\ 0 & 2 & 3 \\ 0 & 0 & 2 \end{bmatrix}\begin{bmatrix} x \\ y \\ z \end{bmatrix}=\begin{bmatrix} x+y-2z \\ 2y+3z \\ 2z \end{bmatrix}=\begin{bmatrix} -1 \\ 7 \\ 2 \end{bmatrix}$$ となる。よって，

$x+\underset{②}{y}-2\underset{①}{z}=-1$ ……㋐，$2y+3\underset{1}{z}=7$ ……㋑，$2z=2$ ……㋒ となる。

よって，㋒より $z=1$，㋑より $y=2$，㋐より $x=-1$

$$\therefore ①の解は，\begin{bmatrix} x \\ y \\ z \end{bmatrix}=\begin{bmatrix} -1 \\ 2 \\ 1 \end{bmatrix}$$ である。 ……………………………………………(答)

演習問題 43　●非同次 3 元 1 次連立方程式 (Ⅱ)●

次の連立方程式を解け。

$$\begin{cases} x+2y-z=2 \\ 4x+6y-3z=9 \\ x-2y+z=4 \end{cases} \quad \cdots\cdots①$$

ヒント！ ①は非同次連立方程式なので，拡大係数行列 $[A\,|\,\boldsymbol{b}]$ に行基本変形を行って，階段行列を作ると，$rank\,A=rank\,A_a=2$ となるはずだ。

解答＆解説

①を変形して，$A\boldsymbol{x}=\boldsymbol{b}$ ……①′ の形にすると，

$$A=\begin{bmatrix}1&2&-1\\4&6&-3\\1&-2&1\end{bmatrix},\ \boldsymbol{b}=\begin{bmatrix}2\\9\\4\end{bmatrix}$$ である。これから拡大係数行列

$A_a=[A\,|\,\boldsymbol{b}]$ を作り，行基本変形を行って階段行列を作ると，

$$[A\,|\,\boldsymbol{b}]=\left[\begin{array}{ccc|c}1&2&-1&2\\4&6&-3&9\\1&-2&1&4\end{array}\right]\xrightarrow[③-①]{②-4\times①}\left[\begin{array}{ccc|c}1&2&-1&2\\0&-2&1&1\\0&-4&2&2\end{array}\right]$$

$$\xrightarrow{③-2\times②}\ \underbrace{r=2}_{rank\,A}\left\{\left[\begin{array}{ccc|c}1&2&-1&2\\0&-2&1&1\\0&0&0&0\end{array}\right]\right\}\underbrace{r=2}_{rank\,A_a}$$ となる。よって，①′は，

$$\begin{bmatrix}1&2&-1\\0&-2&1\\0&0&0\end{bmatrix}\begin{bmatrix}x\\y\\z\end{bmatrix}=\begin{bmatrix}x+2y-z\\-2y+z\\0\end{bmatrix}=\begin{bmatrix}2\\1\\0\end{bmatrix}$$ となって，実質的に 2 つの方程式

$x+2y-z=2$ ……㋐ と $-2y+z=1$ ……㋑ となる。

ここで，自由度 $f=3-2=1$ より，$y=k$ （任意定数）とおくと，

㋑より $z=2k+1$，㋐より $x=-2y+z+2=-\cancel{2k}+\cancel{2k}+1+2=3$

$$\therefore ①の解は，\begin{bmatrix}x\\y\\z\end{bmatrix}=\begin{bmatrix}3\\k\\2k+1\end{bmatrix}$$ （k：任意定数）である。……………………(答)

演習問題 44 ● 非同次 3 元 1 次連立方程式 (III) ●

次の連立方程式を解け。

$$\begin{cases} 3x-2y+\ \ z=2 \\ 6x-4y+2z=4 \\ -3x+2y-\ \ z=-1 \end{cases} \quad \cdots\cdots①$$

ヒント！ ①は非同次連立方程式なので，拡大係数行列 $[A\,|\,\boldsymbol{b}]$ に行基本変形を行って，階段行列を作ろう。その結果，$rank\,A < rank\,A_a$ となるので，これは解なしとなることを示せばいいんだね。

解答＆解説

①を変形して，$A\boldsymbol{x}=\boldsymbol{b}$ ……①´ の形にすると，

$$A=\begin{bmatrix} 3 & -2 & 1 \\ 6 & -4 & 2 \\ -3 & 2 & -1 \end{bmatrix},\ \boldsymbol{b}=\begin{bmatrix} 2 \\ 4 \\ -1 \end{bmatrix}$$ である。これから拡大係数行列

$A_a=[A\,|\,\boldsymbol{b}]$ を作り，行基本変形を行って階段行列を作ると，

$$[A\,|\,\boldsymbol{b}]=\left[\begin{array}{ccc|c} 3 & -2 & 1 & 2 \\ 6 & -4 & 2 & 4 \\ -3 & 2 & -1 & -1 \end{array}\right] \xrightarrow[③+①]{②-2\times①} \left[\begin{array}{ccc|c} 3 & -2 & 1 & 2 \\ 0 & 0 & 0 & 0 \\ 0 & 0 & 0 & 1 \end{array}\right]$$

$$\xrightarrow{②\longleftrightarrow③} \underset{rank\,A}{r=1}\left\{\left[\begin{array}{ccc|c} 3 & -2 & 1 & 2 \\ 0 & 0 & 0 & 1 \\ 0 & 0 & 0 & 0 \end{array}\right]\right\}\underset{rank\,A_a}{r=2}$$ となる。

よって，$rank\,A=1$，$rank\,A_a=2$，すなわち $rank\,A < rank\,A_a$

より，①´は $\begin{bmatrix} 3 & -2 & 1 \\ 0 & 0 & 0 \\ 0 & 0 & 0 \end{bmatrix}\begin{bmatrix} x \\ y \\ z \end{bmatrix}=\begin{bmatrix} 2 \\ 1 \\ 0 \end{bmatrix}$ となるので，方程式：

$3x-2y+z=2$ ……㋐ と $0=1$ ……㋑ が導かれるが，㋑は明らかに矛盾である。よって，①の解は存在しない。…………………………………………(答)

§3. 3次正方行列の対角化

では，これから，3次正方行列 A の対角化について解説しよう。2次の正方行列の対角化のときと同様に，3次の正方行列の対角化でも，まず，$A\boldsymbol{x}=\lambda\boldsymbol{x}$ をみたす固有値 λ と固有ベクトル $\boldsymbol{x}$ を求めるんだね。ただし，ここでは，この固有値が異なる3つの値を取る場合を扱う。したがって，それぞれの固有値に対応して，3つの固有ベクトルを求め，それから変換行列 P を作り，$P^{-1}AP$ によって，A を対角化できるんだね。

ン？ 2次の正方行列の対角化のときとソックリだって!? 原理的には，その通りだね。でも，3次の正方行列が対象なので，計算の質も量も大幅に増えるから，気持ちを新たに取り組んでほしい。

また，ここでは，3次の複素正方行列の対角化まで解説しよう。最後まで，内容が盛り沢山だけれど，また分かりやすく教えるつもりだ。

● 固有値 λ と固有ベクトル $\boldsymbol{x}$ から始めよう！

3次の正方行列 A についての固有値と固有ベクトルの定義を下に示す。

固有値と固有ベクトル

3次の正方行列 A に対して，

$$A\begin{bmatrix} x \\ y \\ z \end{bmatrix}=\lambda\begin{bmatrix} x \\ y \\ z \end{bmatrix} \cdots\cdots(*) \quad \text{をみたす}$$

（$\begin{bmatrix} x \\ y \\ z \end{bmatrix}$：固有ベクトル，$\lambda$：固有値，$\begin{bmatrix} x \\ y \\ z \end{bmatrix}$：固有ベクトル）

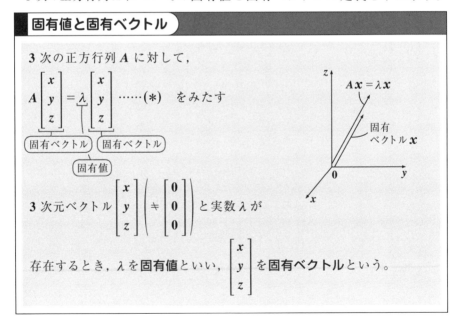

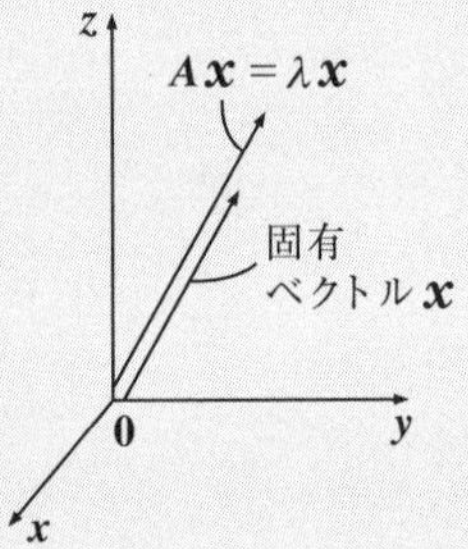

3次元ベクトル $\begin{bmatrix} x \\ y \\ z \end{bmatrix}\left(\neq\begin{bmatrix} 0 \\ 0 \\ 0 \end{bmatrix}\right)$ と実数 λ が

存在するとき，λ を**固有値**といい，$\begin{bmatrix} x \\ y \\ z \end{bmatrix}$ を**固有ベクトル**という。

固有値λは，正・負いずれの場合もあるんだけれど，固有ベクトル $\boldsymbol{x}=\begin{bmatrix} x \\ y \\ z \end{bmatrix}$ は $\boldsymbol{0}=\begin{bmatrix} 0 \\ 0 \\ 0 \end{bmatrix}$ ではないものとする。一般に，ベクトル $\boldsymbol{x}=\begin{bmatrix} x \\ y \\ z \end{bmatrix}$ に行列 A をかけた $A\boldsymbol{x}$ は，$\boldsymbol{x}$ とは方向の異なるベクトルになる場合がほとんどなんだけれど，たまたま $A\boldsymbol{x}$ と $\boldsymbol{x}$ の方向が同じになる場合，$A\boldsymbol{x}=\lambda\boldsymbol{x}$ ……(*)　($\boldsymbol{x}\neq\boldsymbol{0}$) が成り立つんだね。

そして，(*) の式から固有値λと固有ベクトル $\boldsymbol{x}$ を求める手法は，2 次の正方行列のときとまったく同様だ。(*) を変形して，

$\underbrace{(A-\lambda E)}_{T}\boldsymbol{x}=\boldsymbol{0}$ ……(*)′　($\boldsymbol{x}\neq\boldsymbol{0}$) となる。ここで，$T=A-\lambda E$ とおく。

T が逆行列 T^{-1} をもつとき，$T\boldsymbol{x}=\boldsymbol{0}$ ……(*)′ の両辺に T^{-1} を左からかけて，

$\underbrace{T^{-1}\cdot T}_{E}\boldsymbol{x}=\underbrace{T^{-1}\boldsymbol{0}}_{\boldsymbol{0}}$ より $\boldsymbol{x}=\boldsymbol{0}$（自明の解）となって，$\boldsymbol{x}\neq\boldsymbol{0}$ の条件に反する。

（これは，書かないでイー！）

よって，T は T^{-1} をもたないんだね。よって，$|T|=0$ から，λ の 3 次方程式を導き，これから $\lambda=\lambda_1$，λ_2，λ_3 の 3 つの相異なる実数解を求める。そして，各λの値を (*)′ に代入すると，これは同次の 3 元 1 次連立方程式になるので，係数行列に行基本変形を行って，これからそれぞれの固有ベクトル $\boldsymbol{x}=\boldsymbol{x}_1$，$\boldsymbol{x}_2$，$\boldsymbol{x}_3$ を求めればいいんだね。ただし，これらの固有ベクトルは一意には定まらないことにも要注意だね。

では，次の例題で早速練習してみよう。

例題 39

行列 $A=\begin{bmatrix} 1 & 2 & 1 \\ 0 & 2 & 2 \\ 0 & 2 & -1 \end{bmatrix}$ の 3 つの固有値と，これらに対応する適当な固有ベクトルを求めよう。

行列 $A=\begin{bmatrix} 1 & 2 & 1 \\ 0 & 2 & 2 \\ 0 & 2 & -1 \end{bmatrix}$ の固有値を λ，固有ベクトルを $\boldsymbol{x}$ とおくと，

$A\boldsymbol{x}=\underbrace{\lambda\boldsymbol{x}}_{\lambda E\boldsymbol{x}\text{とする}}$ ……① より，$\underbrace{(A-\lambda E)}_{T\text{とおく}}\boldsymbol{x}=\boldsymbol{0}$ ……①′ となる。

ここで，$T=A-\lambda E=\begin{bmatrix} 1 & 2 & 1 \\ 0 & 2 & 2 \\ 0 & 2 & -1 \end{bmatrix}-\begin{bmatrix} \lambda & 0 & 0 \\ 0 & \lambda & 0 \\ 0 & 0 & \lambda \end{bmatrix}=\begin{bmatrix} 1-\lambda & 2 & 1 \\ 0 & 2-\lambda & 2 \\ 0 & 2 & -1-\lambda \end{bmatrix}$

とおくと，①′は，

$$\begin{bmatrix} 1-\lambda & 2 & 1 \\ 0 & 2-\lambda & 2 \\ 0 & 2 & -1-\lambda \end{bmatrix}\begin{bmatrix} x \\ y \\ z \end{bmatrix}=\begin{bmatrix} 0 \\ 0 \\ 0 \end{bmatrix} \quad \text{……①″ となる。}$$

ここで，$\boldsymbol{x}\neq\boldsymbol{0}$ (自明の解) より，T は逆行列 T^{-1} をもたない。よって，

$$|T|=\begin{vmatrix} 1-\lambda & 2 & 1 \\ 0 & 2-\lambda & 2 \\ 0 & 2 & -1-\lambda \end{vmatrix}=(1-\lambda)(2-\lambda)(-1-\lambda)-4(1-\lambda)=0 \text{ より，}$$

$-(\lambda-1)\{(\lambda-2)(\lambda+1)-4\}$
$=-(\lambda-1)(\lambda^2-\lambda-6)$
$=-(\lambda-1)(\lambda+2)(\lambda-3)$

λの固有方程式

$(\lambda+2)(\lambda-1)(\lambda-3)=0 \quad \therefore \lambda=\underbrace{-2}_{\lambda_1},\ \underbrace{1}_{\lambda_2},\ \underbrace{3}_{\lambda_3\text{とおこう}}$ となる。

(i) $\lambda_1=-2$ のとき，①″は，

$$\begin{bmatrix} 3 & 2 & 1 \\ 0 & 4 & 2 \\ 0 & 2 & 1 \end{bmatrix}\begin{bmatrix} x \\ y \\ z \end{bmatrix}=\begin{bmatrix} 0 \\ 0 \\ 0 \end{bmatrix} \text{ より，}$$

これは，同次3元1次の連立方程式なので，係数行列に行基本変形を行って，

$$\begin{bmatrix} 3 & 2 & 1 \\ 0 & 4 & 2 \\ 0 & 2 & 1 \end{bmatrix}\rightarrow\begin{bmatrix} 3 & 2 & 1 \\ 0 & 2 & 1 \\ 0 & 0 & 0 \end{bmatrix}\Big\} r=2$$

自由度 $f=3-2=1$ より，
1つの任意定数 k を使う。

$$\begin{bmatrix} 3 & 2 & 1 \\ 0 & 2 & 1 \\ 0 & 0 & 0 \end{bmatrix}\begin{bmatrix} x \\ y \\ z \end{bmatrix}=\begin{bmatrix} 0 \\ 0 \\ 0 \end{bmatrix}$$

よって，$3x+2y+z=0$ ……㋐　$2y+z=0$ ……㋑

$y=k$ (任意定数) とおくと，㋑より，$z=-2k$，㋐より，$x=0$

∴ $\lambda_1=-2$ のときの固有ベクトルを $\boldsymbol{x}_1$ とおいて，適当なものを1つ選ぶと，

$$\boldsymbol{x}_1=\begin{bmatrix}0\\k\\-2k\end{bmatrix}\ (k：任意定数)\ より，\ \boldsymbol{x}_1=\begin{bmatrix}0\\1\\-2\end{bmatrix}\ とする。$$

(ii) $\lambda_2=1$ のとき，①″は，

$$\begin{bmatrix}0&2&1\\0&1&2\\0&2&-2\end{bmatrix}\begin{bmatrix}x\\y\\z\end{bmatrix}=\begin{bmatrix}0\\0\\0\end{bmatrix}\ より，$$

$$\begin{bmatrix}0&1&2\\0&0&1\\0&0&0\end{bmatrix}\begin{bmatrix}x\\y\\z\end{bmatrix}=\begin{bmatrix}0\\0\\0\end{bmatrix}$$

係数行列の行基本変形

$$\begin{bmatrix}0&2&1\\0&1&2\\0&2&-2\end{bmatrix}\to\begin{bmatrix}0&1&2\\0&2&1\\0&1&-1\end{bmatrix}\to\begin{bmatrix}0&1&2\\0&0&-3\\0&0&-3\end{bmatrix}\to\begin{bmatrix}0&1&2\\0&0&-3\\0&0&0\end{bmatrix}\to\begin{bmatrix}0&1&2\\0&0&1\\0&0&0\end{bmatrix}\Big\}r=2$$

自由度 $f=3-2=1$ より，1つの任意定数 k を用いる。

よって，$y+2z=0$ ……㋐　$z=0$ ……㋑ より，$y=0$，$z=0$

x は任意より，$x=k$（任意定数）

∴ $\lambda_2=1$ のときの固有ベクトルを $\boldsymbol{x}_2$ とおいて，適当なものを1つ選ぶと，

$$\boldsymbol{x}_2=\begin{bmatrix}k\\0\\0\end{bmatrix}\ (k：任意定数)\ より，\ \boldsymbol{x}_2=\begin{bmatrix}1\\0\\0\end{bmatrix}\ とする。$$

(iii) $\lambda_3=3$ のとき，①″は，

$$\begin{bmatrix}-2&2&1\\0&-1&2\\0&2&-4\end{bmatrix}\begin{bmatrix}x\\y\\z\end{bmatrix}=\begin{bmatrix}0\\0\\0\end{bmatrix}\ より，$$

$$\begin{bmatrix}2&-2&-1\\0&1&-2\\0&0&0\end{bmatrix}\begin{bmatrix}x\\y\\z\end{bmatrix}=\begin{bmatrix}0\\0\\0\end{bmatrix}$$

係数行列の行基本変形

$$\begin{bmatrix}-2&2&1\\0&-1&2\\0&2&-4\end{bmatrix}\to\begin{bmatrix}2&-2&-1\\0&1&-2\\0&2&-4\end{bmatrix}\to\begin{bmatrix}2&-2&-1\\0&1&-2\\0&0&0\end{bmatrix}\Big\}r=2$$

自由度 $f=3-2=1$ より，1つの任意定数 k を用いる。

よって，$2x-2y-z=0$ ……㋐　$y-2z=0$ ……㋑

$z=2k$ とおくと，㋑より $y=4k$，㋐より $2x=8k+2k$ から，$x=5k$

∴ $\lambda_3=3$ のときの固有ベクトルを $\boldsymbol{x}_3$ とおいて，適当なものを1つ選ぶと，

$$\boldsymbol{x}_3=\begin{bmatrix}5k\\4k\\2k\end{bmatrix}\ (k：任意定数)\ より，\ \boldsymbol{x}_3=\begin{bmatrix}5\\4\\2\end{bmatrix}\ とする。大丈夫だった？$$

● 3次正方行列を対角化しよう！

3次正方行列Aが，異なる**3**つの固有値λ_1，λ_2，λ_3をもち，それぞれの固有値に対して，適当な固有ベクトル$\boldsymbol{x}_1$，$\boldsymbol{x}_2$，$\boldsymbol{x}_3$が求まっているとき，

$A\boldsymbol{x}_1=\lambda_1\boldsymbol{x}_1$ ……①，　$A\boldsymbol{x}_2=\lambda_2\boldsymbol{x}_2$ ……②，　$A\boldsymbol{x}_3=\lambda_3\boldsymbol{x}_3$ ……③

となる。ここで，$\boldsymbol{x}_1=\begin{bmatrix} x_1 \\ y_1 \\ z_1 \end{bmatrix}$，$\boldsymbol{x}_2=\begin{bmatrix} x_2 \\ y_2 \\ z_2 \end{bmatrix}$，$\boldsymbol{x}_3=\begin{bmatrix} x_3 \\ y_3 \\ z_3 \end{bmatrix}$ とおくと，

①，②，③は，

$$A\begin{bmatrix} x_1 \\ y_1 \\ z_1 \end{bmatrix}=\begin{bmatrix} \lambda_1 x_1 \\ \lambda_1 y_1 \\ \lambda_1 z_1 \end{bmatrix} \cdots\cdots ①' \qquad A\begin{bmatrix} x_2 \\ y_2 \\ z_2 \end{bmatrix}=\begin{bmatrix} \lambda_2 x_2 \\ \lambda_2 y_2 \\ \lambda_2 z_2 \end{bmatrix} \cdots\cdots ②'$$

$$A\begin{bmatrix} x_3 \\ y_3 \\ z_3 \end{bmatrix}=\begin{bmatrix} \lambda_3 x_3 \\ \lambda_3 y_3 \\ \lambda_3 z_3 \end{bmatrix} \cdots\cdots ③'$$ となるんだね。

そして，これら①´，②´，③´は，次のように，まとめて**1**つの式で表すことができる。これは，対応する成分で考えると，①´，②´，③´別々に表現しても，次のように**1**つの式でまとめても同じになるからなんだね。

$$A\begin{bmatrix} x_1 & x_2 & x_3 \\ y_1 & y_2 & y_3 \\ z_1 & z_2 & z_3 \end{bmatrix}=\begin{bmatrix} \lambda_1 x_1 & \lambda_2 x_2 & \lambda_3 x_3 \\ \lambda_1 y_1 & \lambda_2 y_2 & \lambda_3 y_3 \\ \lambda_1 z_1 & \lambda_2 z_2 & \lambda_3 z_3 \end{bmatrix}$$

$\begin{bmatrix} x_1 & x_2 & x_3 \\ y_1 & y_2 & y_3 \\ z_1 & z_2 & z_3 \end{bmatrix}\begin{bmatrix} \lambda_1 & 0 & 0 \\ 0 & \lambda_2 & 0 \\ 0 & 0 & \lambda_3 \end{bmatrix}$ と変形できるね。

$$A\underbrace{\begin{bmatrix} x_1 & x_2 & x_3 \\ y_1 & y_2 & y_3 \\ z_1 & z_2 & z_3 \end{bmatrix}}_{P}=\underbrace{\begin{bmatrix} x_1 & x_2 & x_3 \\ y_1 & y_2 & y_3 \\ z_1 & z_2 & z_3 \end{bmatrix}}_{P}\begin{bmatrix} \lambda_1 & 0 & 0 \\ 0 & \lambda_2 & 0 \\ 0 & 0 & \lambda_3 \end{bmatrix}$$

ここで，$P=[\boldsymbol{x}_1\ \boldsymbol{x}_2\ \boldsymbol{x}_3]=\begin{bmatrix} x_1 & x_2 & x_3 \\ y_1 & y_2 & y_3 \\ z_1 & z_2 & z_3 \end{bmatrix}$ とおくと，

$\boldsymbol{AP} = \boldsymbol{P}\begin{bmatrix} \lambda_1 & 0 & 0 \\ 0 & \lambda_2 & 0 \\ 0 & 0 & \lambda_3 \end{bmatrix}$ ……④ となる。ここで，証明は略すけれど，$\boldsymbol{P}$ の逆行列 $\boldsymbol{P}^{-1}$ は存在するので，$\boldsymbol{P}^{-1}$ を④の両辺に左からかけよう。すると，

$$\boldsymbol{P}^{-1}\boldsymbol{AP} = \begin{bmatrix} \lambda_1 & 0 & 0 \\ 0 & \lambda_2 & 0 \\ 0 & 0 & \lambda_3 \end{bmatrix}$$

となって，$\boldsymbol{A}$ の対角化が完了するんだね。

では，例題 **39** (**P181**) の結果を利用して，実際に **3** 次正方行列の対角化をやってみよう。

例題 **40**

行列 $\boldsymbol{A} = \begin{bmatrix} 1 & 2 & 1 \\ 0 & 2 & 2 \\ 0 & 2 & -1 \end{bmatrix}$ の異なる **3** つの固有値とそれぞれに対応する適当な固有ベクトルを示すと，次のようになる。

(ⅰ) $\lambda_1 = -2$ のとき，$\boldsymbol{x}_1 = \begin{bmatrix} 0 \\ 1 \\ -2 \end{bmatrix}$　(ⅱ) $\lambda_2 = 1$ のとき，$\boldsymbol{x}_2 = \begin{bmatrix} 1 \\ 0 \\ 0 \end{bmatrix}$

(ⅲ) $\lambda_3 = 3$ のとき，$\boldsymbol{x}_3 = \begin{bmatrix} 5 \\ 4 \\ 2 \end{bmatrix}$

このとき，変換行列 $\boldsymbol{P}$ を求めて，$\boldsymbol{P}^{-1}\boldsymbol{AP}$ により，$\boldsymbol{A}$ を対角化しよう。

$\boldsymbol{A}$ の変換行列 $\boldsymbol{P}$ は $\boldsymbol{P} = [\boldsymbol{x}_1\ \boldsymbol{x}_2\ \boldsymbol{x}_3] = \begin{bmatrix} 0 & 1 & 5 \\ 1 & 0 & 4 \\ -2 & 0 & 2 \end{bmatrix}$ であり，これを用いて，

$\boldsymbol{P}^{-1}\boldsymbol{AP}$ により，行列 $\boldsymbol{A}$ は次のように対角化されるんだね。

$$\boldsymbol{P}^{-1}\boldsymbol{AP} = \begin{bmatrix} \lambda_1 & 0 & 0 \\ 0 & \lambda_2 & 0 \\ 0 & 0 & \lambda_3 \end{bmatrix} = \begin{bmatrix} -2 & 0 & 0 \\ 0 & 1 & 0 \\ 0 & 0 & 3 \end{bmatrix}$$

どう？ 最後はあっけない程，簡単に対角化できるでしょう。ン？ でも，$\boldsymbol{P}^{-1}$ を求めなくてもいいのかって!? 答案としては，これで間違いないんだけれど，

理論を鵜呑み(うの)にしないで，何でも自分で確かめたい気持ちは大事だと思う。

$\boldsymbol{P}=\begin{bmatrix} 0 & 1 & 5 \\ 1 & 0 & 4 \\ -2 & 0 & 2 \end{bmatrix}$ の逆行列 $\boldsymbol{P}^{-1}$ は，

$[\boldsymbol{P}|\boldsymbol{E}] \xrightarrow{\text{行基本変形}} [\boldsymbol{E}|\boldsymbol{P}^{-1}]$ として求めるんだったね。この計算は，結構メンドウなんだけれど，実際に計算すると，

$\boldsymbol{P}^{-1}=\dfrac{1}{10}\begin{bmatrix} 0 & 2 & -4 \\ 10 & -10 & -5 \\ 0 & 2 & 1 \end{bmatrix}$ となる。これから

$$\boldsymbol{P}^{-1}\boldsymbol{A}\boldsymbol{P}=\frac{1}{10}\begin{bmatrix} 0 & 2 & -4 \\ 10 & -10 & -5 \\ 0 & 2 & 1 \end{bmatrix}\begin{bmatrix} 1 & 2 & 1 \\ 0 & 2 & 2 \\ 0 & 2 & -1 \end{bmatrix}\begin{bmatrix} 0 & 1 & 5 \\ 1 & 0 & 4 \\ -2 & 0 & 2 \end{bmatrix}=\begin{bmatrix} -2 & 0 & 0 \\ 0 & 1 & 0 \\ 0 & 0 & 3 \end{bmatrix}$$

となることが確認できるんだね。実際に計算してみるといいよ。

では，もう **1** 題，**3** 次正方行列の対角化の問題を解いてみよう。

> 例題 **41**
>
> 行列 $\boldsymbol{A}=\begin{bmatrix} 1 & 1 & 2 \\ 0 & 2 & 2 \\ -1 & 1 & 3 \end{bmatrix}$ の変換行列 $\boldsymbol{P}$ を求め，
>
> $\boldsymbol{P}^{-1}\boldsymbol{A}\boldsymbol{P}$ によって，行列 $\boldsymbol{A}$ を対角化しよう。

行列 $\boldsymbol{A}$ の固有値を λ，固有ベクトルを $\boldsymbol{x}$ とおくと，

$\boldsymbol{A}\boldsymbol{x}=\lambda\boldsymbol{x}$ ……① より，$(\boldsymbol{A}-\lambda\boldsymbol{E})\boldsymbol{x}=\boldsymbol{0}$ ……①′ となる。

ここで，$\boldsymbol{T}=\boldsymbol{A}-\lambda\boldsymbol{E}=\begin{bmatrix} 1 & 1 & 2 \\ 0 & 2 & 2 \\ -1 & 1 & 3 \end{bmatrix}-\begin{bmatrix} \lambda & 0 & 0 \\ 0 & \lambda & 0 \\ 0 & 0 & \lambda \end{bmatrix}=\begin{bmatrix} 1-\lambda & 1 & 2 \\ 0 & 2-\lambda & 2 \\ -1 & 1 & 3-\lambda \end{bmatrix}$

とおくと，①′は，

$$\begin{bmatrix} 1-\lambda & 1 & 2 \\ 0 & 2-\lambda & 2 \\ -1 & 1 & 3-\lambda \end{bmatrix}\begin{bmatrix} x \\ y \\ z \end{bmatrix}=\begin{bmatrix} 0 \\ 0 \\ 0 \end{bmatrix} \quad \cdots\cdots ①'' \text{ となる。}$$

ここで，$\boldsymbol{x}\neq\boldsymbol{0}$ より，$\boldsymbol{T}$ は逆行列 $\boldsymbol{T}^{-1}$ をもたない。よって，$|\boldsymbol{T}|=\boldsymbol{0}$ より，

$$|T| = \begin{vmatrix} 1-\lambda & 1 & 2 \\ 0 & 2-\lambda & 2 \\ -1 & 1 & 3-\lambda \end{vmatrix}$$

$$= \underbrace{(1-\lambda)(2-\lambda)(3-\lambda)}_{-(\lambda-1)(\lambda-2)(\lambda-3)} \underbrace{-2+2(2-\lambda)-2(1-\lambda)}_{-2+4-2\lambda-2+2\lambda=0} = 0 \text{ より，}$$

λ の固有方程式 $(\lambda-1)(\lambda-2)(\lambda-3)=0$ を解いて，$\lambda = \underset{\lambda_1}{1},\ \underset{\lambda_2}{2},\ \underset{\lambda_3}{3}$ となる。

(i) $\lambda_1 = 1$ のとき，①″は，

$$\begin{bmatrix} 0 & 1 & 2 \\ 0 & 1 & 2 \\ -1 & 1 & 2 \end{bmatrix} \begin{bmatrix} x \\ y \\ z \end{bmatrix} = \begin{bmatrix} 0 \\ 0 \\ 0 \end{bmatrix} \text{ より，}$$

$$\begin{bmatrix} 1 & -1 & -2 \\ 0 & 1 & 2 \\ 0 & 0 & 0 \end{bmatrix} \begin{bmatrix} x \\ y \\ z \end{bmatrix} = \begin{bmatrix} 0 \\ 0 \\ 0 \end{bmatrix}$$

係数行列の行基本変形

$$\begin{bmatrix} 0 & 1 & 2 \\ 0 & 1 & 2 \\ -1 & 1 & 2 \end{bmatrix} \to \begin{bmatrix} 1 & -1 & -2 \\ 0 & 1 & 2 \\ 0 & 1 & 2 \end{bmatrix} \to \begin{bmatrix} 1 & -1 & -2 \\ 0 & 1 & 2 \\ 0 & 0 & 0 \end{bmatrix} \Big\} r = 2$$

$\therefore f = 3-2 = 1$

よって，$x-y-2z=0$ ……㋐　$y+2z=0$ ……㋑　ここで，

$z=k$ とおくと，㋑より，$y=-2k$　よって，㋐より，$x=0$

$\therefore \lambda_1 = 1$ のときの固有ベクトルを $\boldsymbol{x}_1$ とおいて，適当なものを選ぶと，

$$\boldsymbol{x}_1 = \begin{bmatrix} 0 \\ -2k \\ k \end{bmatrix} \ (k：\text{任意定数}) \text{ より，} \boldsymbol{x}_1 = \begin{bmatrix} 0 \\ -2 \\ 1 \end{bmatrix} \text{ とする。}$$

(ii) $\lambda_2 = 2$ のとき，①″は，

$$\begin{bmatrix} -1 & 1 & 2 \\ 0 & 0 & 2 \\ -1 & 1 & 1 \end{bmatrix} \begin{bmatrix} x \\ y \\ z \end{bmatrix} = \begin{bmatrix} 0 \\ 0 \\ 0 \end{bmatrix} \text{ より，}$$

$$\begin{bmatrix} 1 & -1 & -2 \\ 0 & 0 & 1 \\ 0 & 0 & 0 \end{bmatrix} \begin{bmatrix} x \\ y \\ z \end{bmatrix} = \begin{bmatrix} 0 \\ 0 \\ 0 \end{bmatrix}$$

係数行列の行基本変形

$$\begin{bmatrix} -1 & 1 & 2 \\ 0 & 0 & 2 \\ -1 & 1 & 1 \end{bmatrix} \to \begin{bmatrix} 1 & -1 & -2 \\ 0 & 0 & 1 \\ -1 & 1 & 1 \end{bmatrix} \to \begin{bmatrix} 1 & -1 & -2 \\ 0 & 0 & 1 \\ 0 & 0 & -1 \end{bmatrix} \to \begin{bmatrix} 1 & -1 & -2 \\ 0 & 0 & 1 \\ 0 & 0 & 0 \end{bmatrix} \Big\} r = 2$$

$\therefore f = 3-2 = 1$

よって，$x-y-2\underset{0}{z}=0$ ……㋐　$z=0$ ……㋑　ここで，

$y=k$ とおくと，㋐より，$x=k$

$\therefore \lambda_2 = 2$ のときの固有ベクトルを $\boldsymbol{x}_2$ とおいて，適当なものを選ぶと，

$$\boldsymbol{x}_2 = \begin{bmatrix} k \\ k \\ 0 \end{bmatrix} \ (k：任意定数) より，\boldsymbol{x}_2 = \begin{bmatrix} 1 \\ 1 \\ 0 \end{bmatrix} とする。$$

(iii) $\lambda_3 = 3$ のとき，$\begin{bmatrix} 1-\lambda & 1 & 2 \\ 0 & 2-\lambda & 2 \\ -1 & 1 & 3-\lambda \end{bmatrix} \begin{bmatrix} x \\ y \\ z \end{bmatrix} = \begin{bmatrix} 0 \\ 0 \\ 0 \end{bmatrix}$ ……①″ は，

$$\begin{bmatrix} -2 & 1 & 2 \\ 0 & -1 & 2 \\ -1 & 1 & 0 \end{bmatrix} \begin{bmatrix} x \\ y \\ z \end{bmatrix} = \begin{bmatrix} 0 \\ 0 \\ 0 \end{bmatrix} より，$$

$$\begin{bmatrix} 1 & -1 & 0 \\ 0 & 1 & -2 \\ 0 & 0 & 0 \end{bmatrix} \begin{bmatrix} x \\ y \\ z \end{bmatrix} = \begin{bmatrix} 0 \\ 0 \\ 0 \end{bmatrix}$$

係数行列の行基本変形

$$\begin{bmatrix} -2 & 1 & 2 \\ 0 & -1 & 2 \\ -1 & 1 & 0 \end{bmatrix} \to \begin{bmatrix} 1 & -1 & 0 \\ 0 & 1 & -2 \\ -2 & 1 & 2 \end{bmatrix} \to \begin{bmatrix} 1 & -1 & 0 \\ 0 & 1 & -2 \\ 0 & -1 & 2 \end{bmatrix} \to \begin{bmatrix} 1 & -1 & 0 \\ 0 & 1 & -2 \\ 0 & 0 & 0 \end{bmatrix} \Big\} r = 2$$

$\therefore f = 3 - r = 3 - 2 = 1$

よって，$x - y = 0$ ……㋐　$y - 2z = 0$ ……㋑

ここで，$z = k$ とおくと，㋑より，$y = 2k$　㋐より，$x = 2k$

$\therefore \lambda_3 = 3$ のときの固有ベクトルを $\boldsymbol{x}_3$ とおいて，適当なものを選ぶと，

$$\boldsymbol{x}_3 = \begin{bmatrix} 2k \\ 2k \\ k \end{bmatrix} (k：任意定数) より，\boldsymbol{x}_3 = \begin{bmatrix} 2 \\ 2 \\ 1 \end{bmatrix} とする。$$

以上，(i) $\lambda_1 = 1$ のとき，$\boldsymbol{x}_1 = \begin{bmatrix} 0 \\ -2 \\ 1 \end{bmatrix}$，　(ii) $\lambda_2 = 2$ のとき，$\boldsymbol{x}_2 = \begin{bmatrix} 1 \\ 1 \\ 0 \end{bmatrix}$，

(iii) $\lambda_3 = 3$ のとき，$\boldsymbol{x}_3 = \begin{bmatrix} 2 \\ 2 \\ 1 \end{bmatrix}$ より，

$\boldsymbol{A}$ の変換行列 $\boldsymbol{P}$ は，$\boldsymbol{P} = [\boldsymbol{x}_1\ \boldsymbol{x}_2\ \boldsymbol{x}_3] = \begin{bmatrix} 0 & 1 & 2 \\ -2 & 1 & 2 \\ 1 & 0 & 1 \end{bmatrix}$ であり，これを用いて，

$\boldsymbol{P}^{-1}\boldsymbol{A}\boldsymbol{P}$ により，行列 $\boldsymbol{A}$ を対角化すると，

$$P^{-1}AP=\begin{bmatrix}\lambda_1 & 0 & 0\\ 0 & \lambda_2 & 0\\ 0 & 0 & \lambda_3\end{bmatrix}=\begin{bmatrix}1 & 0 & 0\\ 0 & 2 & 0\\ 0 & 0 & 3\end{bmatrix}$$ となるんだね。大丈夫？

> この結果が間違いないことを確認したい人のために，P^{-1} を，
>
> $[P|E] \xrightarrow{\text{行基本変形}} [E|P^{-1}]$ から求めて，
>
> $$P^{-1}=\frac{1}{2}\begin{bmatrix}1 & -1 & 0\\ 4 & -2 & -4\\ -1 & 1 & 2\end{bmatrix}$$ となる。よって，
>
> $$P^{-1}AP=\frac{1}{2}\underbrace{\begin{bmatrix}1 & -1 & 0\\ 4 & -2 & -4\\ -1 & 1 & 2\end{bmatrix}\begin{bmatrix}1 & 1 & 2\\ 0 & 2 & 2\\ -1 & 1 & 3\end{bmatrix}}\begin{bmatrix}0 & 1 & 2\\ -2 & 1 & 2\\ 1 & 0 & 1\end{bmatrix}$$
>
> $$=\frac{1}{2}\underbrace{\begin{bmatrix}1 & -1 & 0\\ 8 & -4 & -8\\ -3 & 3 & 6\end{bmatrix}}\begin{bmatrix}0 & 1 & 2\\ -2 & 1 & 2\\ 1 & 0 & 1\end{bmatrix}=\frac{1}{2}\begin{bmatrix}2 & 0 & 0\\ 0 & 4 & 0\\ 0 & 0 & 6\end{bmatrix}$$
>
> $$=\begin{bmatrix}1 & 0 & 0\\ 0 & 2 & 0\\ 0 & 0 & 3\end{bmatrix}$$ と，対角化ができるんだね。納得いった？

● 3 次の複素正方行列も対角化しよう！

では次に，複素数を成分にもつ **3** 次の正方行列の対角化についても解説しよう。対角化の対象となる **3** 次の複素正方行列を $\boldsymbol{A}$ とおくと，$\boldsymbol{A}$ は次のような特徴をもつ。

$$A=\begin{bmatrix}a & \alpha & \beta\\ \overline{\alpha} & b & \gamma\\ \overline{\beta} & \overline{\gamma} & c\end{bmatrix}$$ （a，b，c：実数，α，β，γ：複素数）

対角線

$\overline{\alpha}$，$\overline{\beta}$，$\overline{\gamma}$ は，α，β，γ の共役複素数を表す。

つまり，複素行列 $\boldsymbol{A}$ の対角成分の a，b，c はすべて実数であり，この対角線に関して対称な複素数の成分は，α と $\overline{\alpha}$，β と $\overline{\beta}$，γ と $\overline{\gamma}$ のように互いに共役な関係でないといけないんだね。

たとえば，$\alpha=1+2i$ ならば，$\overline{\alpha}=1-2i$ となる。もちろん，たとえば，$\beta=0$ のように，β が実数のときは，$\overline{\beta}=\overline{0}=\overline{0+0i}=0-0i=0$ となって，同じ数になるのも大丈夫だね。

したがって，対角化の対象となる 3 次の複素行列 A の例として，

$A=\begin{bmatrix} 1 & \underset{\sim}{0} & \underline{\underline{2i}} \\ \underset{\sim}{0} & 2 & \underline{0} \\ \underline{\underline{-2i}} & \underline{0} & 1 \end{bmatrix}$ (i：虚数単位) を考えてみよう。対角成分は 1，2，1 とすべて実数であり，対角線に関して対称な $\underset{\sim}{0}$ と $\underset{\sim}{0}$，$\underline{\underline{2i}}$ と $\underline{\underline{-2i}}$，$\underline{0}$ と $\underline{0}$ は，互いに共役な複素数となっている。そして，このような複素行列のことを，**エルミート行列**と呼ぶことも覚えておいていいよ。

それでは，次の例題で，このエルミート行列 A について，変換行列 P を求め，$P^{-1}AP$ によって，この行列 A を対角化してみよう。

例題 42

行列 $A=\begin{bmatrix} 1 & 0 & 2i \\ 0 & 2 & 0 \\ -2i & 0 & 1 \end{bmatrix}$ (i：虚数単位) の変換行列 P を求め，

$P^{-1}AP$ によって，行列 A を対角化してみよう。

複素行列の対角化の操作は，実行列のときとまったく同様なので，まず A の固有値と固有ベクトルを求めることから始めよう。

エルミート行列 A の固有値を λ，固有ベクトルを $\boldsymbol{x}$ とおくと，

（λ：これは，実数になる。）

$A\boldsymbol{x}=\lambda\boldsymbol{x}$ ……① より，$(\underbrace{A-\lambda E}_{T\text{とおく}})\boldsymbol{x}=\boldsymbol{0}$ ……①′ となる。ここで，

$$T=A-\lambda E=\begin{bmatrix} 1 & 0 & 2i \\ 0 & 2 & 0 \\ -2i & 0 & 1 \end{bmatrix}-\begin{bmatrix} \lambda & 0 & 0 \\ 0 & \lambda & 0 \\ 0 & 0 & \lambda \end{bmatrix}=\begin{bmatrix} 1-\lambda & 0 & 2i \\ 0 & 2-\lambda & 0 \\ -2i & 0 & 1-\lambda \end{bmatrix}$$

とおくと，①′ は，

$$\begin{bmatrix} 1-\lambda & 0 & 2i \\ 0 & 2-\lambda & 0 \\ -2i & 0 & 1-\lambda \end{bmatrix}\begin{bmatrix} x \\ y \\ z \end{bmatrix}=\begin{bmatrix} 0 \\ 0 \\ 0 \end{bmatrix} \quad \cdots\cdots ①'' \text{ となる。}$$

ここで，$\boldsymbol{x} \neq \boldsymbol{0}$ より，T は逆行列 T^{-1} をもたない。よって，$|T| = 0$ より，

$$|T| = \begin{vmatrix} 1-\lambda & 0 & 2i \\ 0 & 2-\lambda & 0 \\ -2i & 0 & 1-\lambda \end{vmatrix} = (1-\lambda)^2(2-\lambda) - \underbrace{(-2i)\cdot 2i}_{-4i^2=4}(2-\lambda)$$

$$= (2-\lambda)\{\underbrace{(1-\lambda)^2-4}_{\lambda^2-2\lambda+1-4=\lambda^2-2\lambda-3=(\lambda+1)(\lambda-3)}\} = \boxed{-(\lambda+1)(\lambda-2)(\lambda-3) = 0}$$ より，

λ の固有方程式：$(\lambda+1)(\lambda-2)(\lambda-3) = 0$ を解いて，$\lambda = -1,\ 2,\ 3$ となる。

（実数係数の λ の3次方程式になった。）　（λ_1, λ_2, λ_3 とおく）

(i) $\lambda_1 = -1$ のとき，①″ は，

$$\begin{bmatrix} 2 & 0 & 2i \\ 0 & 3 & 0 \\ -2i & 0 & 2 \end{bmatrix}\begin{bmatrix} x \\ y \\ z \end{bmatrix} = \begin{bmatrix} 0 \\ 0 \\ 0 \end{bmatrix}$$ より，

$$\begin{bmatrix} 1 & 0 & i \\ 0 & 1 & 0 \\ 0 & 0 & 0 \end{bmatrix}\begin{bmatrix} x \\ y \\ z \end{bmatrix} = \begin{bmatrix} 0 \\ 0 \\ 0 \end{bmatrix}$$

係数行列の行基本変形

$$\begin{bmatrix} 2 & 0 & 2i \\ 0 & 3 & 0 \\ -2i & 0 & 2 \end{bmatrix} \rightarrow \begin{bmatrix} 1 & 0 & i \\ 0 & 1 & 0 \\ -i & 0 & 1 \end{bmatrix} \rightarrow \begin{bmatrix} 1 & 0 & i \\ 0 & 1 & 0 \\ 0 & 0 & 0 \end{bmatrix} \Big\} r = 2$$

$\therefore$ 自由度 $f = 3 - r = 3 - 2 = 1$

よって，$x + iz = 0$ ……㋐　$y = 0$ ……㋑　ここで，

$z = -k$ とおくと，㋐より，$x = ki$

$\therefore \lambda_1 = -1$ のときの固有ベクトルを $\boldsymbol{x}_1$ とおいて，適当なものを選ぶと，

$$\boldsymbol{x}_1 = \begin{bmatrix} ki \\ 0 \\ -k \end{bmatrix}$$ (k：任意定数) より，$$\boldsymbol{x}_1 = \begin{bmatrix} i \\ 0 \\ -1 \end{bmatrix}$$ とする。

(ii) $\lambda_2 = 2$ のとき，①″ は，

$$\begin{bmatrix} -1 & 0 & 2i \\ 0 & 0 & 0 \\ -2i & 0 & -1 \end{bmatrix}\begin{bmatrix} x \\ y \\ z \end{bmatrix} = \begin{bmatrix} 0 \\ 0 \\ 0 \end{bmatrix}$$ より，

$$\begin{bmatrix} 1 & 0 & -2i \\ 0 & 0 & 1 \\ 0 & 0 & 0 \end{bmatrix}\begin{bmatrix} x \\ y \\ z \end{bmatrix} = \begin{bmatrix} 0 \\ 0 \\ 0 \end{bmatrix}$$

係数行列の行基本変形

$$\begin{bmatrix} -1 & 0 & 2i \\ 0 & 0 & 0 \\ -2i & 0 & -1 \end{bmatrix} \rightarrow \begin{bmatrix} 1 & 0 & -2i \\ 2i & 0 & 1 \\ 0 & 0 & 0 \end{bmatrix} \rightarrow \begin{bmatrix} 1 & 0 & -2i \\ 0 & 0 & -3 \\ 0 & 0 & 0 \end{bmatrix} \rightarrow \begin{bmatrix} 1 & 0 & -2i \\ 0 & 0 & 1 \\ 0 & 0 & 0 \end{bmatrix} \Big\} r = 2$$

$\therefore$ 自由度 $f = 3 - r = 3 - 2 = 1$

よって，$x - 2iz = 0$ ……㋐　$z = 0$ ……㋑ より，$x = z = 0$

y は任意より，$y = k$ (k：任意定数) とおく。

$\therefore \lambda_2 = 2$ のときの固有ベクトルを $\boldsymbol{x}_2$ とおいて，適当なものを選ぶと，

$$\boldsymbol{x}_2 = \begin{bmatrix} 0 \\ k \\ 0 \end{bmatrix} \ (k：任意定数) より，\ \boldsymbol{x}_2 = \begin{bmatrix} 0 \\ 1 \\ 0 \end{bmatrix} とする。$$

(iii) $\lambda_3 = 3$ のとき，$\begin{bmatrix} 1-\lambda & 0 & 2i \\ 0 & 2-\lambda & 0 \\ -2i & 0 & 1-\lambda \end{bmatrix}\begin{bmatrix} x \\ y \\ z \end{bmatrix} = \begin{bmatrix} 0 \\ 0 \\ 0 \end{bmatrix}$ ……①″ は，

$$\begin{bmatrix} -2 & 0 & 2i \\ 0 & -1 & 0 \\ -2i & 0 & -2 \end{bmatrix}\begin{bmatrix} x \\ y \\ z \end{bmatrix} = \begin{bmatrix} 0 \\ 0 \\ 0 \end{bmatrix} より，$$

$$\begin{bmatrix} 1 & 0 & -i \\ 0 & 1 & 0 \\ 0 & 0 & 0 \end{bmatrix}\begin{bmatrix} x \\ y \\ z \end{bmatrix} = \begin{bmatrix} 0 \\ 0 \\ 0 \end{bmatrix}$$

係数行列の行基本変形

$$\begin{bmatrix} -2 & 0 & 2i \\ 0 & -1 & 0 \\ -2i & 0 & -2 \end{bmatrix} \to \begin{bmatrix} 1 & 0 & -i \\ 0 & 1 & 0 \\ 1 & 0 & -i \end{bmatrix} \to \begin{bmatrix} 1 & 0 & -i \\ 0 & 1 & 0 \\ 0 & 0 & 0 \end{bmatrix} \Big\} r = 2$$

$\therefore$ 自由度 $f = 3 - r = 3 - 2 = 1$

よって，$x - iz = 0$ ……㋐　$y = 0$ ……㋑ より，

ここで，$z = k$ とおくと，$x = ik$

$\therefore \lambda_3 = 3$ のときの固有ベクトルを $\boldsymbol{x}_3$ とおいて，適当なものを選ぶと，

$$\boldsymbol{x}_3 = \begin{bmatrix} ik \\ 0 \\ k \end{bmatrix} \ (k：任意定数) より，\ \boldsymbol{x}_3 = \begin{bmatrix} i \\ 0 \\ 1 \end{bmatrix} とする。$$

以上，(i) $\lambda_1 = -1$ のとき，$\boldsymbol{x}_1 = \begin{bmatrix} i \\ 0 \\ -1 \end{bmatrix}$，　(ii) $\lambda_2 = 2$ のとき，$\boldsymbol{x}_2 = \begin{bmatrix} 0 \\ 1 \\ 0 \end{bmatrix}$，

(iii) $\lambda_3 = 3$ のとき，$\boldsymbol{x}_3 = \begin{bmatrix} i \\ 0 \\ 1 \end{bmatrix}$ より，

$\boldsymbol{A}$ の変換行列 $\boldsymbol{P}$ は，$\boldsymbol{P} = [\boldsymbol{x}_1\ \boldsymbol{x}_2\ \boldsymbol{x}_3] = \begin{bmatrix} i & 0 & i \\ 0 & 1 & 0 \\ -1 & 0 & 1 \end{bmatrix}$ であり，これを用いて，

$\boldsymbol{P}^{-1}\boldsymbol{A}\boldsymbol{P}$ により，複素行列 $\boldsymbol{A}$ を対角化すると，

$$P^{-1}AP = \begin{bmatrix} \lambda_1 & 0 & 0 \\ 0 & \lambda_2 & 0 \\ 0 & 0 & \lambda_3 \end{bmatrix} = \begin{bmatrix} -1 & 0 & 0 \\ 0 & 2 & 0 \\ 0 & 0 & 3 \end{bmatrix}$$ となるんだね。これも，大丈夫？

これで，答案としては完璧なんだけれども，この結果を確認したい人のために，P^{-1} を，

$[P|E] \xrightarrow{\text{行基本変形}} [E|P^{-1}]$ から求めて，

$$P^{-1} = \frac{1}{2}\begin{bmatrix} -i & 0 & -1 \\ 0 & 2 & 0 \\ -i & 0 & 1 \end{bmatrix}$$ となる。よって，

$$P^{-1}AP = \frac{1}{2}\begin{bmatrix} -i & 0 & -1 \\ 0 & 2 & 0 \\ -i & 0 & 1 \end{bmatrix}\begin{bmatrix} 1 & 0 & 2i \\ 0 & 2 & 0 \\ -2i & 0 & 1 \end{bmatrix}\begin{bmatrix} i & 0 & i \\ 0 & 1 & 0 \\ -1 & 0 & 1 \end{bmatrix}$$

$$= \frac{1}{2}\begin{bmatrix} i & 0 & 1 \\ 0 & 4 & 0 \\ -3i & 0 & 3 \end{bmatrix}\begin{bmatrix} i & 0 & i \\ 0 & 1 & 0 \\ -1 & 0 & 1 \end{bmatrix}$$

$$= \frac{1}{2}\begin{bmatrix} -2 & 0 & 0 \\ 0 & 4 & 0 \\ 0 & 0 & 6 \end{bmatrix} = \begin{bmatrix} -1 & 0 & 0 \\ 0 & 2 & 0 \\ 0 & 0 & 3 \end{bmatrix}$$ と，対角化ができるんだね。

以上で「**初めから学べる 線形代数**」の講義はすべて終了です。みんな，よく頑張ったね！今，疲れている人は，少し休みをとってもかまわないけれど，この後，ご自身で納得がいくまで何度でも復習しておくことを勧めます。

これだけの内容をシッカリマスターしておけば，大学における本格的な“**複素関数論**”や“**線形代数**”の講義にも違和感なくスムーズに入っていけると思う。

読者の皆さんのさらなるご成長を，ボクを初めマセマ一同心より祈っています…。

マセマ代表　馬場敬之(けいし)

演習問題 45 ●3次正方行列の対角化●

行列 $A = \begin{bmatrix} 1 & 3 & 0 \\ 2 & 2 & 0 \\ 1 & 2 & 2 \end{bmatrix}$ の変換行列 P を求め，$P^{-1}AP$ により行列 A を対角化せよ。

ヒント！ A の固有値，固有ベクトルを求めて，P を求め，$P^{-1}AP$ により対角化しよう。

解答＆解説

行列 A の固有値を λ，固有ベクトルを $\boldsymbol{x}$ とおくと，

$A\boldsymbol{x} = \lambda\boldsymbol{x}$ ……① より，$(A-\lambda E)\boldsymbol{x} = \boldsymbol{0}$ ……①′ となる。

ここで，$T = A-\lambda E = \begin{bmatrix} 1-\lambda & 3 & 0 \\ 2 & 2-\lambda & 0 \\ 1 & 2 & 2-\lambda \end{bmatrix}$ とおくと，①′は，

$\begin{bmatrix} 1-\lambda & 3 & 0 \\ 2 & 2-\lambda & 0 \\ 1 & 2 & 2-\lambda \end{bmatrix}\begin{bmatrix} x \\ y \\ z \end{bmatrix} = \begin{bmatrix} 0 \\ 0 \\ 0 \end{bmatrix}$ ……①″ となる。ここで，$\boldsymbol{x} \neq \boldsymbol{0}$ より $|T| = 0$

$\therefore |T| = \begin{vmatrix} 1-\lambda & 3 & 0 \\ 2 & 2-\lambda & 0 \\ 1 & 2 & 2-\lambda \end{vmatrix} = (1-\lambda)(2-\lambda)^2 - 6(2-\lambda) = 0$ より，

$-(\lambda-2)\{(\lambda-1)(\lambda-2)-6\} = -(\lambda-2)(\lambda^2-3\lambda-4) = -(\lambda-2)(\lambda+1)(\lambda-4)$

$(\lambda+1)(\lambda-2)(\lambda-4) = 0$ $\quad \therefore \lambda = -1,\ 2,\ 4$ である。

（λ_1，λ_2，λ_3 とおく）

(i) $\lambda_1 = -1$ のとき，①″は，

$\begin{bmatrix} 2 & 3 & 0 \\ 2 & 3 & 0 \\ 1 & 2 & 3 \end{bmatrix}\begin{bmatrix} x \\ y \\ z \end{bmatrix} = \begin{bmatrix} 0 \\ 0 \\ 0 \end{bmatrix}$ より，

係数行列の行基本変形

$\begin{bmatrix} 2 & 3 & 0 \\ 2 & 3 & 0 \\ 1 & 2 & 3 \end{bmatrix} \to \begin{bmatrix} 1 & 2 & 3 \\ 2 & 3 & 0 \\ 2 & 3 & 0 \end{bmatrix} \to \begin{bmatrix} 1 & 2 & 3 \\ 2 & 3 & 0 \\ 0 & 0 & 0 \end{bmatrix}$

$\to \begin{bmatrix} 1 & 2 & 3 \\ 0 & -1 & -6 \\ 0 & 0 & 0 \end{bmatrix} \to \begin{bmatrix} 1 & 2 & 3 \\ 0 & 1 & 6 \\ 0 & 0 & 0 \end{bmatrix}$ $\Big\} r = 2$

$\therefore$ 自由度 $f = 3 - r = 3 - 2 = 1$

$\begin{bmatrix} 1 & 2 & 3 \\ 0 & 1 & 6 \\ 0 & 0 & 0 \end{bmatrix}\begin{bmatrix} x \\ y \\ z \end{bmatrix} = \begin{bmatrix} 0 \\ 0 \\ 0 \end{bmatrix}$

よって，$x+2y+3z = 0$ ……㋐ $\quad y+6z = 0$ ……㋑ $\quad$ ここで，

$z = k$ とおくと，㋑より，$y = -6k$ $\quad$ ㋐より，$x = -2y-3z = 12k-3k = 9k$

$\therefore \lambda_1 = -1$ のときの固有ベクトルを $\boldsymbol{x}_1$ とおいて，適当なものを選ぶと，

$$\boldsymbol{x}_1 = \begin{bmatrix} 9k \\ -6k \\ k \end{bmatrix} \ (k：任意定数) より，\boldsymbol{x}_1 = \begin{bmatrix} 9 \\ -6 \\ 1 \end{bmatrix} とする。$$

(ii) $\lambda_2 = 2$ のとき，①″は，

$$\begin{bmatrix} -1 & 3 & 0 \\ 2 & 0 & 0 \\ 1 & 2 & 0 \end{bmatrix} \begin{bmatrix} x \\ y \\ z \end{bmatrix} = \begin{bmatrix} 0 \\ 0 \\ 0 \end{bmatrix} より，$$

係数行列の行基本変形

$$\begin{bmatrix} -1 & 3 & 0 \\ 2 & 0 & 0 \\ 1 & 2 & 0 \end{bmatrix} \to \begin{bmatrix} 1 & -3 & 0 \\ 1 & 0 & 0 \\ 1 & 2 & 0 \end{bmatrix} \to \begin{bmatrix} 1 & -3 & 0 \\ 0 & 3 & 0 \\ 0 & 5 & 0 \end{bmatrix} \to \begin{bmatrix} 1 & -3 & 0 \\ 0 & 1 & 0 \\ 0 & 1 & 0 \end{bmatrix} \to \begin{bmatrix} 1 & -3 & 0 \\ 0 & 1 & 0 \\ 0 & 0 & 0 \end{bmatrix} \Big\} r = 2$$

$\therefore$ 自由度 $f = 3 - r = 3 - 2 = 1$

$$\begin{bmatrix} 1 & -3 & 0 \\ 0 & 1 & 0 \\ 0 & 0 & 0 \end{bmatrix} \begin{bmatrix} x \\ y \\ z \end{bmatrix} = \begin{bmatrix} 0 \\ 0 \\ 0 \end{bmatrix}$$

よって，$x - 3y = 0$ ……㋐　$y = 0$ ……㋑

㋐，㋑より，$x = 0$，$y = 0$　z は任意より，$z = k$ とおく。

$\therefore \lambda_2 = 2$ のときの固有ベクトルを $\boldsymbol{x}_2$ とおいて，適当なものを選ぶと，

$$\boldsymbol{x}_2 = \begin{bmatrix} 0 \\ 0 \\ k \end{bmatrix} \ (k：任意定数) より，\boldsymbol{x}_2 = \begin{bmatrix} 0 \\ 0 \\ 1 \end{bmatrix} とする。$$

(iii) $\lambda_3 = 4$ のとき，①″は，

$$\begin{bmatrix} -3 & 3 & 0 \\ 2 & -2 & 0 \\ 1 & 2 & -2 \end{bmatrix} \begin{bmatrix} x \\ y \\ z \end{bmatrix} = \begin{bmatrix} 0 \\ 0 \\ 0 \end{bmatrix} より，$$

係数行列の行基本変形

$$\begin{bmatrix} -3 & 3 & 0 \\ 2 & -2 & 0 \\ 1 & 2 & -2 \end{bmatrix} \to \begin{bmatrix} 1 & 2 & -2 \\ 2 & -2 & 0 \\ -3 & 3 & 0 \end{bmatrix} \to \begin{bmatrix} 1 & 2 & -2 \\ 1 & -1 & 0 \\ 1 & -1 & 0 \end{bmatrix} \to \begin{bmatrix} 1 & 2 & -2 \\ 0 & -3 & 2 \\ 0 & -3 & 2 \end{bmatrix} \to \begin{bmatrix} 1 & 2 & -2 \\ 0 & -3 & 2 \\ 0 & 0 & 0 \end{bmatrix} \Big\} r = 2$$

$\therefore$ 自由度 $f = 3 - r = 3 - 2 = 1$

$$\begin{bmatrix} 1 & 2 & -2 \\ 0 & -3 & 2 \\ 0 & 0 & 0 \end{bmatrix} \begin{bmatrix} x \\ y \\ z \end{bmatrix} = \begin{bmatrix} 0 \\ 0 \\ 0 \end{bmatrix}$$

よって，$x + 2y - 2z = 0$ ……㋐　$-3y + 2z = 0$ ……㋑　ここで，$y = 2k$ とおくと，㋑より，$z = 3k$　㋐より，$x = -2y + 2z = -4k + 6k = 2k$

$\therefore \lambda_3 = 4$ のときの固有ベクトルを $\boldsymbol{x}_3$ とおいて，適当なものを選ぶと，

$$\boldsymbol{x}_3 = \begin{bmatrix} 2k \\ 2k \\ 3k \end{bmatrix} \ (k：任意定数) より，\boldsymbol{x}_3 = \begin{bmatrix} 2 \\ 2 \\ 3 \end{bmatrix} とする。$$

以上，(i) $\lambda_1=-1$ のとき，$\boldsymbol{x}_1=\begin{bmatrix}9\\-6\\1\end{bmatrix}$，　(ii) $\lambda_2=2$ のとき，$\boldsymbol{x}_2=\begin{bmatrix}0\\0\\1\end{bmatrix}$，

(iii) $\lambda_3=4$ のとき，$\boldsymbol{x}_3=\begin{bmatrix}2\\2\\3\end{bmatrix}$ より，

行列 $\boldsymbol{A}$ の変換行列 $\boldsymbol{P}$ は，

$\boldsymbol{P}=[\boldsymbol{x}_1\ \boldsymbol{x}_2\ \boldsymbol{x}_3]=\begin{bmatrix}9&0&2\\-6&0&2\\1&1&3\end{bmatrix}$ である。……………………………………(答)

また，$|\boldsymbol{P}|=-12-18=-30\ (\neq 0)$ より，$\boldsymbol{P}$ は逆行列 $\boldsymbol{P}^{-1}$ をもつ。

よって，$\boldsymbol{P}^{-1}\boldsymbol{AP}$ により，行列 $\boldsymbol{A}$ は次のように対角化される。

$\boldsymbol{P}^{-1}\boldsymbol{AP}=\begin{bmatrix}\lambda_1&0&0\\0&\lambda_2&0\\0&0&\lambda_3\end{bmatrix}=\begin{bmatrix}-1&0&0\\0&2&0\\0&0&4\end{bmatrix}$ ……………………………………(答)

参考

$[\boldsymbol{P}|\boldsymbol{E}]\xrightarrow{\text{行基本変形}}[\boldsymbol{E}|\boldsymbol{P}^{-1}]$ により，$\boldsymbol{P}^{-1}$ を求めると，

$\boldsymbol{P}^{-1}=\dfrac{1}{30}\begin{bmatrix}2&-2&0\\-20&-25&30\\6&9&0\end{bmatrix}$ となる。よって，

$$\boldsymbol{P}^{-1}\boldsymbol{AP}=\frac{1}{30}\underbrace{\begin{bmatrix}2&-2&0\\-20&-25&30\\6&9&0\end{bmatrix}\begin{bmatrix}1&3&0\\2&2&0\\1&2&2\end{bmatrix}}\begin{bmatrix}9&0&2\\-6&0&2\\1&1&3\end{bmatrix}$$

$$=\frac{1}{30}\underbrace{\begin{bmatrix}-2&2&0\\40&50&60\\24&36&0\end{bmatrix}}\begin{bmatrix}9&0&2\\6&0&2\\1&1&3\end{bmatrix}$$

$$=\frac{1}{30}\begin{bmatrix}-30&0&0\\0&60&0\\0&0&120\end{bmatrix}=\begin{bmatrix}-1&0&0\\0&2&0\\0&0&4\end{bmatrix}$$ となる。

講義 3 ● 3 次の正方行列　公式エッセンス

1. サラスの公式

$$\begin{vmatrix} a_{11} & a_{12} & a_{13} \\ a_{21} & a_{22} & a_{23} \\ a_{31} & a_{32} & a_{33} \end{vmatrix} = a_{11}a_{22}a_{33} + a_{12}a_{23}a_{31} + a_{13}a_{21}a_{32} - a_{13}a_{22}a_{31} - a_{11}a_{23}a_{32} - a_{12}a_{21}a_{33}$$

2. 行列式の性質

$$\begin{vmatrix} a_{11} & a_{12} & a_{13} \\ ca_{21} & ca_{22} & ca_{23} \\ a_{31} & a_{32} & a_{33} \end{vmatrix} = c \begin{vmatrix} a_{11} & a_{12} & a_{13} \\ a_{21} & a_{22} & a_{23} \\ a_{31} & a_{32} & a_{33} \end{vmatrix}$$ など…。

3. 3 元 1 次の連立方程式

(i) 同次連立方程式 $\boldsymbol{A}\boldsymbol{x} = \boldsymbol{0}$ の場合，
係数行列 $\boldsymbol{A}$ に行基本変形を行って解く。

(ii) 非同次連立方程式 $\boldsymbol{A}\boldsymbol{x} = \boldsymbol{b}$ $(\boldsymbol{b} \neq \boldsymbol{0})$ の場合，
拡大係数行列 $[\boldsymbol{A} \mid \boldsymbol{b}]$ に行基本変形を行って解く。

4. 正則な 3 次正方行列 A の逆行列 A^{-1} (掃き出し法)

$[\boldsymbol{A} \mid \boldsymbol{E}] \xrightarrow{\text{行基本変形}} [\boldsymbol{E} \mid \boldsymbol{A}^{-1}]$ を使って，求める。

5. 3 次の実正方行列 A の対角化

$\boldsymbol{A}\boldsymbol{x} = \lambda\boldsymbol{x}$ をみたす固有値 $\lambda = \lambda_1$，λ_2，λ_3 と，これらに対応する適当な固有ベクトル $\boldsymbol{x}_1$，$\boldsymbol{x}_2$，$\boldsymbol{x}_3$ を求め，
変換行列 $\boldsymbol{P} = [\boldsymbol{x}_1 \ \boldsymbol{x}_2 \ \boldsymbol{x}_3]$ を用いて，

$$\boldsymbol{P}^{-1}\boldsymbol{A}\boldsymbol{P} = \begin{bmatrix} \lambda_1 & 0 & 0 \\ 0 & \lambda_2 & 0 \\ 0 & 0 & \lambda_3 \end{bmatrix}$$ として求める。

6. 3 次の複素正方行列 A の対角化

この場合の複素行列 $\boldsymbol{A}$ はエルミート行列になる。
実正方行列のときと同様に $\boldsymbol{P}^{-1}\boldsymbol{A}\boldsymbol{P}$ により，$\boldsymbol{A}$ を対角化する。

◆◆◆ Appendix(付録) ◆◆◆

補充問題 1　● 双曲線の回転 ●

xy 平面上における双曲線 $x^2-y^2=1$ ……①
を，原点のまわりに $\frac{\pi}{3}$ だけ回転してできる図形の方程式を求めよ。

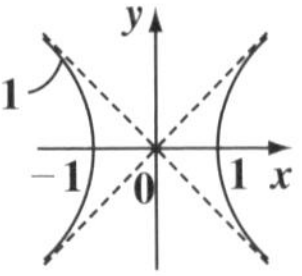

ヒント！ 回転の 1 次変換の行列を $R(\theta)$ とおく。回転後の図形を x' と y' の方程式で表すことにすると，$\begin{bmatrix} x' \\ y' \end{bmatrix}=R\left(\frac{\pi}{3}\right)\begin{bmatrix} x \\ y \end{bmatrix}$ となるんだね。

解答＆解説

双曲線 $x^2-y^2=1$ ……① を原点のまわりに $\frac{\pi}{3}$ だけ回転した図形を x' と y' の方程式で表すと，

$\begin{bmatrix} x' \\ y' \end{bmatrix}=R\left(\frac{\pi}{3}\right)\begin{bmatrix} x \\ y \end{bmatrix}$ ……② となる。

> 回転の行列 $R(\theta)=\begin{bmatrix} \cos\theta & -\sin\theta \\ \sin\theta & \cos\theta \end{bmatrix}$
> の逆行列 $R(\theta)^{-1}$ は，
> $R(\theta)^{-1}=\begin{bmatrix} \cos\theta & \sin\theta \\ -\sin\theta & \cos\theta \end{bmatrix}$ となる。

②の両辺に $R\left(\frac{\pi}{3}\right)^{-1}$ を左からかけて，

$$\begin{bmatrix} x \\ y \end{bmatrix}=R\left(\frac{\pi}{3}\right)^{-1}\begin{bmatrix} x' \\ y' \end{bmatrix}=\begin{bmatrix} \cos\frac{\pi}{3} & \sin\frac{\pi}{3} \\ -\sin\frac{\pi}{3} & \cos\frac{\pi}{3} \end{bmatrix}\begin{bmatrix} x' \\ y' \end{bmatrix}=\begin{bmatrix} \frac{1}{2} & \frac{\sqrt{3}}{2} \\ -\frac{\sqrt{3}}{2} & \frac{1}{2} \end{bmatrix}\begin{bmatrix} x' \\ y' \end{bmatrix}$$ より，

$$\begin{bmatrix} x \\ y \end{bmatrix}=\frac{1}{2}\begin{bmatrix} 1 & \sqrt{3} \\ -\sqrt{3} & 1 \end{bmatrix}\begin{bmatrix} x' \\ y' \end{bmatrix}=\frac{1}{2}\begin{bmatrix} x'+\sqrt{3}y' \\ -\sqrt{3}x'+y' \end{bmatrix}$$

$\therefore\ x=\frac{1}{2}(x'+\sqrt{3}\,y')$ ……③，$y=\frac{1}{2}(-\sqrt{3}\,x'+y')$ ……④

となる。③，④を①に代入して，

$$\frac{1}{4}(x'+\sqrt{3}\,y')^2-\frac{1}{4}(-\sqrt{3}\,x'+y')^2=1$$

> $x'^2+2\sqrt{3}\,x'y'+3y'^2$
> $-(3x'^2-2\sqrt{3}\,x'y'+y'^2)=4$
> $-2x'^2+4\sqrt{3}\,x'y'+2y'^2=4$
> 両辺を -2 で割って，
> $x'^2-2\sqrt{3}\,x'y'-y'^2=-2$

よって，①の回転後の方程式は，

$x^2-2\sqrt{3}\,xy-y^2=-2$ である。 ……(答)

◆ Term・Index ◆

あ行

1次結合 …… 29, 45
1次独立 …… 29
1次変換 …… 82
エルミート行列 …… 190
円 …… 36
大きさ …… 26

か行

階数 …… 167
外積 …… 48
階段行列 …… 167
回転行列 …… 84
拡大係数行列 …… 159
基底ベクトル …… 9
逆行列 …… 68, 164
逆ベクトル …… 27
球面 …… 50
行 …… 62
— 基本変形 …… 160
— ベクトル …… 29, 62
共役複素数 …… 8
行列 …… 62
—— 式 …… 68, 142
極形式 …… 15
虚軸 …… 9
虚数 …… 13
—— 単位 …… 8
虚部 …… 8
係数行列 …… 159
ケーリー・ハミルトンの定理 …… 70
合成変換 …… 83
弧度法 …… 16
固有値 …… 126, 180
固有ベクトル …… 126, 180
固有方程式 …… 127, 182

さ行

サラスの公式 …… 145
指数法則 …… 19
実軸 …… 9
実数 …… 8
実部 …… 8
始点 …… 29
自明の解 …… 169, 181
終点 …… 29
自由度 …… 171
純虚数 …… 8
ジョルダン細胞 …… 108
ジョルダン標準形 …… 132
スカラー …… 26

スカラー行列 …………………… 71
正規化 ………………………… 27
正射影 ………………………… 34
正則 ……………………… 68, 145
成分 ………………… 29, 45, 62, 142
正方行列 ……………………… 63
絶対値 ………………………… 11
零因子 ………………………… 67
零行列 …………………… 67, 143
零ベクトル …………………… 27
線分 …………………………… 39
相等 …………………………… 10

た行

対角行列 ……………… 102, 143
単位行列 ……………… 67, 143
単位ベクトル ……………… 27, 45
直線 ………………… 37, 39, 52
転置行列 ……………………… 143
同次連立方程式 ………………… 169
特性方程式 …………………… 104
ド・モアブルの定理 …………… 18

な行

内積 ………………………… 32, 46
ノルム ……………………… 26, 45

は行

媒介変数 ……………… 29, 37, 52
掃き出し法 …………………… 161
張られた空間 ………………… 45
張られた平面 ………………… 29
非同次の連立方程式 ………… 171
複素行列 ……………………… 111
複素数 ………………………… 8
———の実数条件 ……………… 14
———の純虚数条件 …………… 14
———平面 ……………………… 8
平面 …………………………… 56
ベクトル ……………………… 26
———方程式 ………………… 35
———(空間) ………………… 27
———(平面) ………………… 27
———(法線) ……………… 38, 55
偏角 …………………………… 15
変換行列 ……………………… 185

ま行

向き …………………………… 26

や行

有向線分 ……………………… 28
要素 …………………………… 62

ら行

ランク ………………………… 167
列 ……………………………… 62
— ベクトル ……………… 29, 62

メモ

メモ

大学数学入門編
初めから学べる 線形代数
キャンパス・ゼミ

マセマ

著　者　馬場 敬之
発行者　馬場 敬之
発行所　マセマ出版社
〒 332-0023 埼玉県川口市飯塚 3-7-21-502
TEL 048-253-1734　FAX 048-253-1729
Email：info@mathema.jp
https://www.mathema.jp

編　集　七里 啓之
校閲・校正　高杉 豊　秋野 麻里子
制作協力　久池井 茂　印藤 治　久池井 努
野村 直美　野村 烈　滝本 修二
平城 俊介　真下 久志　間宮 栄二
町田 朱美
カバーデザイン　馬場 冬之
ロゴデザイン　馬場 利貞
印刷所　中央精版印刷株式会社

令和 5 年 11 月 10 日　初版発行

ISBN978-4-86615-319-3 C3041